21 世纪高等院校计算机辅助设计规划教材

AutoCAD 2012 建筑制图

赵景伟 邓 芃 刘 艳 等编著

机械工业出版社

AutoCAD 是目前最流行的 CAD 软件之一。本书主要介绍了 AutoCAD 2012 中文版的绘图基础，绘制二维图形，二维图形的编辑，文字标注，尺寸标注，块、外部参照和设计中心，建筑图样样板的制作，建筑总平面图的绘制，建筑施工图的绘制，结构施工图的绘制，布局与打印出图。

　　本书特色鲜明，典型实用，图文并茂，实例丰富，解决了用户在使用 AutoCAD 2012 过程中所遇到的大量实际问题，适合作为 AutoCAD 2012 的基础培训教材，也适合具有一定 AutoCAD 基础知识的广大建筑设计人员使用。

　　本书可以作为高校教师教学和学生自学的教材，也可以作为 AutoCAD 2012 中文版绘图用户的参考资料。

图书在版编目（CIP）数据

AutoCAD 2012 建筑制图 / 赵景伟等编著. —北京：机械工业出版社，2012.12
21 世纪高等院校计算机辅助设计规划教材
ISBN 978-7-111-39799-1

Ⅰ. ①A⋯　Ⅱ. ①赵⋯　Ⅲ. ①机械制图－计算机辅助设计－AutoCAD 软件－高等学校－教材　Ⅳ. ①TU204

中国版本图书馆 CIP 数据核字（2012）第 222413 号

机械工业出版社（北京市百万庄大街 22 号　邮政编码 100037）
责任编辑：和庆娣
责任印制：张　楠

北京诚信伟业印刷有限公司印刷

2013 年 1 月第 1 版·第 1 次印刷
184mm×260mm·18 印张·446 千字
0001－3000 册
标准书号：ISBN 978-7-111-39799-1
　　　　　　ISBN 978-7-89433-751-1（光盘）
定价：45.00 元（含 1DVD）

凡购本书，如有缺页、倒页、脱页，由本社发行部调换

电话服务　　　　　　　　　　网络服务
社 服 务 中 心：（010）88361066　　教材网：http://www.cmpedu.com
销 售 一 部：（010）68326294　　机工官网：http://www.cmpbook.com
销 售 二 部：（010）88379649　　机工官博：http://weibo.com/cmp1952
读者购书热线：（010）88379203　　**封面无防伪标均为盗版**

前　言

　　AutoCAD 是由美国 Autodesk 公司研究开发的通用计算机辅助设计和制图软件，自 1982 年推出以来，已历经了数十次的升级，本书所采用的是较新的 AutoCAD 2012 中文版。

　　AutoCAD 是我国建筑设计领域及城市规划领域涉及最早、应用最广泛的 CAD 软件，在国内拥有众多的用户群体，几乎所有土木工程专业、建筑学专业、城市规划专业及相关专业等都开设了建筑 CAD 课程的教学。AutoCAD 主要用于绘制二维建筑图形，其三维功能也可用来建模、协助方案设计等，其矢量图形处理功能还可用来辅助进行一些技术参数的求解，其他一些二维或三维效果图制作软件也基本上都是依据 AutoCAD 设计图形。

　　本书主要讲述了利用 AutoCAD 2012 中文版绘制各种建筑图形的方法和技巧。本书通过详尽、典型的建筑图形及建筑实例，全面介绍了 AutoCAD 2012 中文版的各种命令、操作方法，以及绘制平面图形、建筑施工图、结构施工图等的方法。

　　本书共分 11 章，讲解了 AutoCAD 2012 绘图基础，绘制二维图形，二维图形的编辑，文字标注，尺寸标注，块、外部参照和设计中心，建筑图样样板的制作，建筑总平面图的绘制，建筑施工图的绘制，结构施工图的绘制，布局与打印出图。由于 AutoCAD 功能强大，同一个图形的绘制可以用多种途径完成，因此，读者在学完本书的内容后，完全可以根据自己的特点总结出一套绘图的思路与方法。

　　本书采用了循序渐进的教学方法，所选实例分类明确、由浅入深，注重理论联系实际。每章都是按实际教学的要求，围绕一个主题，把 AutoCAD 2012 中文版的众多命令进行分解，并以典型的建筑应用实例为线索将其有机地串联在一起，既详细介绍了各个命令有关选项的操作及提示说明，又通过特选的"思考与练习"给出了练习的内容与要点。同时，根据编者长期从事 CAD 教学和研究的体会，通过灵活的形式总结了许多经验和技巧。

　　为了方便读者的学习，书中实例和练习的绘图源文件（dwg）都收录在本书的配套光盘中，相信这些内容会对大家的学习和创作有所帮助。

　　本书主要由赵景伟、邓芃、刘艳编写，另外参与编写的还有张晓玮、武文斌、管殿柱、李文秋、宋一兵、王献红、段辉、刘娜、杨德平、褚忠。

　　由于编者水平所限，书中难免会有不足之处，敬请广大同仁和读者批评指正。

编　者

目　录

第1章 AutoCAD 2012 绘图基础

在建筑工程领域和产品设计行业中，设计人员可以利用 CAD（Computer Aided Design）进行分析计算、存储信息和制图等工作，从而高效、准确地完成计算和分析工作，并将设计思想完美地表达出来。AutoCAD 是由 Autodesk 公司于 1982 年推出的计算机辅助设计软件，可用于二维绘图、设计文档和三维设计，现已成为国际上广为流行的绘图软件之一。AutoCAD 2012 整合了制图功能，加快了任务的执行，能够满足用户的多样化需求，可更有效地执行 CAD 任务，极大地提高了工作效率。

本章重点

- 熟悉 AutoCAD 2012 的工作界面布局和界面配置方法
- 熟悉制图环境的设置方法和图形的显示控制
- 掌握 AutoCAD 2012 坐标的表示方法
- 掌握图层的管理和使用方法

1.1 AutoCAD 2012 的安装和启动

AutoCAD 2012 的安装对系统有着较高的要求，本节介绍了面向 32 位和面向 64 位 AutoCAD 2012 安装的系统要求以及启动方式。另外，图形文件的创建、打开和保存有很多方法，读者可以根据个人习惯灵活采用。

1.1.1 AutoCAD 2012 的安装

1. AutoCAD 2012 系统要求

（1）面向 32 位 AutoCAD 2012 的系统要求

- Microsoft Windows 7 Enterprise、Ultimate、Professional 或 Home Premium；Windows Vista（SP2）Enterprise、Business、Ultimate 或 Home Premium；Windows XP Professional 或 Home 版（SP3 或更高版本）。
- 支持 SSE2 技术的 Intel Pentium 4 或 AMD Athlon 双核处理器（3.0 GHz 或更高）。
- 2 GB 内存（推荐 3 GB 内存），4 GB 可用磁盘空间（默认安装），或 5 GB 可用磁盘空间（完整安装）。
- 1024×768 真彩色显示器，推荐使用 1280×1024 真彩色显示器。
- 128 MB 显卡（推荐使用 256 MB 或更大显卡）、Pixel Shader 3.0 或更高、推荐使用支持 Direct3D 的工作站级 3D 显卡（目前支持的显卡）。
- Microsoft Internet Explorer 7.0 或更高版本。
- 兼容微软鼠标的定点设备。
- DVD 驱动器（仅用于安装）。

（2）面向 64 位 AutoCAD MEP 2012

● Microsoft Windows 7 Enterprise、Ultimate、Professional 或 Home Premium（SP2）；Windows Vista Enterprise、Business、Ultimate 或 Home Premium；Windows XP Professional 或 Home 版（SP2 或更高版本）。

● 支持 SSE2 技术和 Intel EM64T 的 Intel Pentium 4 处理器、支持 SSE2 技术和 Intel EM64T 的 Intel Xeon 处理器、支持 SSE2 技术的 AMD Opteron 处理器、支持 SSE2 技术的 AMD Athlon 处理器。

● 2 GB 内存（推荐 4 GB 内存），4 GB 可用磁盘空间（默认安装），或 5 GB 可用磁盘空间（完整安装）。

● 1024×768 真彩色显示器，推荐使用 1280×1024 真彩色显示器。

● 128 MB 显卡（最低），推荐使用 256 MB 或更大的与 Direct3D 兼容的工作站级 3D 显卡（目前支持的显卡硬件）。

● Microsoft Internet Explorer 7.0 或更高版本。

● 兼容微软鼠标的定点设备。

● DVD 驱动器（仅用于安装）。

（3）面向三维建模的其他系统要求

● 推荐使用 Windows 7。

● Intel Pentium 4 处理器或 AMD Athlon 处理器（3GHz 或更高主频）；Intel 或 AMD 双核处理器（2 GHz 或更高主频）。

● 4 GB 或更大内存，4 GB 默认安装磁盘空间，或 5 GB 完整安装磁盘空间。

● 1 280×1 024 真彩色视频显示适配器。128 MB 显卡或更高显卡（推荐使用 256 MB）、Pixel Shader 3.0 或更高、推荐使用支持 Direct3D 的工作站级 3D 显卡。

2. 安装的简要步骤

安装 AutoCAD 2012 的过程由图 1-1 所示的 3 个主要步骤组成。

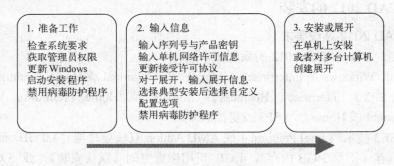

图 1-1　安装简要步骤

对于使用默认选项的典型安装，只要在安装程序中单击并提供产品序列号、产品密钥和许可信息，预先选中的组件将与 AutoCAD 一起安装。

对于使用选定选项的自定义安装，除了上面为典型安装列出的项目外，还需要确定以下内容：哪些附加的套装产品（如 Autodesk Design Review）将与 AutoCAD 一起安装、哪些功能（如 Express Tools）将与 AutoCAD 一起安装、选择要安装的标准内容库、是否接受默认值以创建桌面快捷方式、是否要从 Autodesk、本地或网络驱动器安装任何可用的 Service

Pack。具体内容可以参见 AutoCAD 的帮助手册。

1.1.2　AutoCAD 2012 的启动

启动 AutoCAD 2012 主要采用以下 3 种方法：
- 双击桌面上的 AutoCAD 2012 图标 。
- 双击工作文件夹中扩展名为 dwg 的文件。
- 单击"开始"按钮，选择"所有程序"→"Autodesk"→"AutoCAD 2012 – Simplified Chinses"命令。

1.1.3　图形文件的新建、打开与保存

1．创建图形文件

图形文件是基于默认的图形样板文件或用户创建的自定义图形样板文件来创建的，所谓图形样板文件是存储图形的默认设置、样式和其他数据的文件。图形样板文件可以通过"选择样板"对话框打开，打开"选择样板"对话框有以下 3 种方法：
- 单击菜单浏览器中的按钮 ，打开"选择样板"对话框。
- 选择菜单栏中的"文件"→"新建"命令，打开"选择样板"对话框。
- 单击"标准"工具栏中的按钮 ，打开"选择样板"对话框。

图 1-2 所示为"选择样板"对话框，用户可以根据需要在其中选择合适的样板文件。需要注意的是，系统变量"STARTUP"控制程序启动时是否显示"启动"对话框。如果系统变量设定为 0，程序将不显示图 1-3 所示的"创建新图形"对话框。

图 1-2　"选择样板"对话框

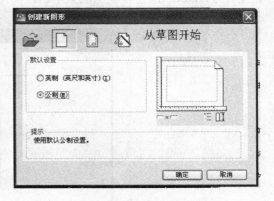

图 1-3　"创建新图形"对话框

2．打开文件

打开文件的方法有很多，常用的方法有以下 3 种：
- 单击菜单浏览器中的按钮 。
- 选择菜单栏中的"文件"→"打开"命令。
- 单击"标准"工具栏中的按钮 。

3．保存文件

保存文件可采用以下 4 种方法：

- 单击菜单浏览器中的按钮🖫。
- 选择菜单栏中的"文件"→"保存"命令。
- 单击"标准"工具栏中的按钮🖫。
- 按〈Ctrl+S〉组合键。

1.2 AutoCAD 2012 的工作界面

AutoCAD 2012 工作空间是一组菜单、工具栏、选项板和功能区面板的集合，用户可对其进行编组和组织来创建基于任务的绘图环境。除"AutoCAD 经典"工作空间外，每个工作空间都显示功能区和应用程序菜单。AutoCAD 2012 可用的工作空间包括草图与注释、三维基础、三维建模和 AutoCAD 经典。如果用户要切换工作空间，可在快速访问工具栏上单击"工作空间"下拉列表，然后选择需要的工作空间；或者在应用程序状态栏上单击"工作空间切换"按钮进行切换。

AutoCAD 2012 软件整合了制图和可视化功能，使用户可以灵活地进行二维和三维设计，通过对面、边和顶点进行推拉来创建各种复杂形状的几何模型、添加平滑曲面等。另外，可视化功能可以用逼真的方式实现设计创意的可视化，从而实现更精确的、照片般真实的渲染图。另外，AutoCAD 2012 还允许用户定制个性化界面。

1.2.1 AutoCAD 2012 工作界面的布局

AutoCAD 2012 工作界面与以前的版本有所不同，浏览器以垂直的菜单形式代替以往水平显示的 AutoCAD 窗口顶部的菜单栏，如图 1-4 所示。

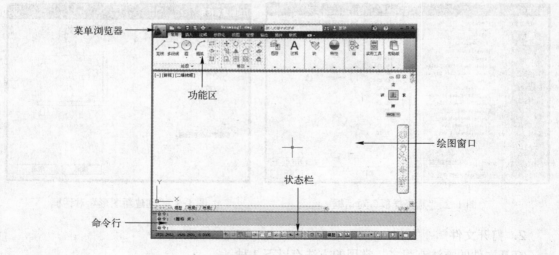

图 1-4 AutoCAD 2012 的工作界面

1. 菜单浏览器

单击菜单浏览器按钮⬛可快速访问工具栏、应用程序菜单和功能区中的命令，如图 1-5 所示。

4

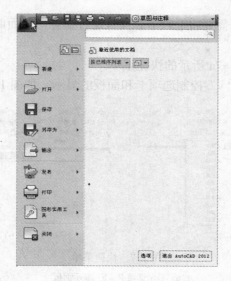

图 1-5　菜单浏览器下拉菜单

2．功能区选项卡和面板

AutoCAD 2012 功能区是显示基于任务的工具和控件的选项板，程序默认显示功能区。功能区选项卡集合了"常用"、"插入"、"注释"等工程设计中的常用工具包含"绘图"、"修改"、"图层"、"注释"和"块"等多个面板，这些面板被组织到依任务进行标记的选项卡中，单击面板中的"▼"将显示各面板所包含的工具，如图 1-6 所示。

图 1-6　功能区选项卡和面板

3．绘图窗口

用户进行工作的区域。

4．命令行

用户可以在命令行中输入命令进行操作，包括二维和三维图形的绘制和编辑、文字的输入和修改，以及在命令行中输入系统变量的设置。

5．状态栏

状态栏位于 AutoCAD 2012 工作界面的底部，用于显示各种工具的开关状态、进行各种模式的设置和切换。

1.2.2　AutoCAD 2012 工作界面的设置

AutoCAD 2012 工作界面中设置较多的选项卡虽然可以提高工作效率，但会占用较多的空间，操作时用户可以根据需要将选项卡和面板进行调整，从而制定个性化的工作界面。相关操作如下：

- 右击面板弹出如图 1-7a 所示的快捷菜单。
- 单击快捷菜单中的"√"控制选项卡和面板的显示，如图 1-7b 所示。

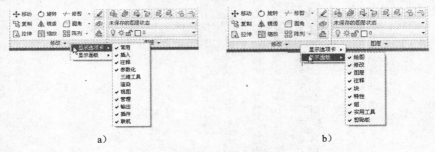

a）   b）

图 1-7　快捷菜单

a）显示选项卡　b）显示面板

1.2.3　AutoCAD 经典工作界面

用户可以单击快速访问工具栏右侧的"▼"，在弹出的下拉菜单中选择"AutoCAD 经典"命令，显示 AutoCAD 经典工作界面，如图 1-8 所示。

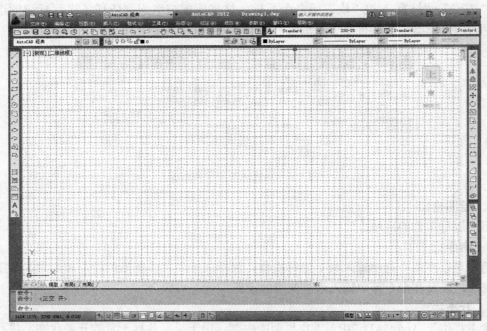

图 1-8　AutoCAD 经典工作界面

1.3　使用捕捉、栅格和正交功能定位点

为了提高计算机绘图的效率和精度，在工程中需要使用捕捉、栅格及正交等功能进行图

形的精确绘制、图形特殊点的快速捕捉等。

1.3.1 设置栅格和捕捉

1. 功能

绘制图形时可移动光标来指定点的位置，但却很难精确地定点。在 AutoCAD 中，使用"捕捉"和"栅格"功能可以精确地定点。"捕捉"用于设定光标移动的间距，"栅格"是一些标定位置的小点，起坐标纸的作用，可以提供直观的距离和位置参照。

2. 打开或关闭捕捉和栅格

- 在 AutoCAD 2012 程序窗口状态栏中，单击"捕捉"按钮■和"栅格"按钮■可控制捕捉和栅格的关闭和打开。
- 按〈F7〉键打开或关闭"栅格"，按〈F9〉键打开或关闭"捕捉"。

图 1-9 所示为"草图设置"对话框的"捕捉和栅格"选项卡，该选项卡中包括以下内容。

- 启用捕捉：打开或关闭捕捉模式。用户也可以通过单击状态栏上的"捕捉"按钮，或按〈F9〉键，或使用 SNAPMODE 系统变量，来打开或关闭捕捉模式。
- 捕捉间距：控制捕捉位置的不可见矩形栅格的尺寸。该选项组中包含 3 个选项，其中，"捕捉 X 轴间距"用于指定 X 方向的捕捉间距，间距值必须为正实数。"捕捉 Y 轴间距"：指定 Y 方向的捕捉间距，间距值必须为正实数。"X 轴间距和 Y 轴间距相等"用于指定捕捉间距和栅格间距使用同一 X 和 Y 间距值。捕捉间距可以与栅格间距不同。
- 极轴间距：控制 PolarSnap 增量距离。当设置"捕捉类型"为 PolarSnap 时，"极轴距离"用于设定捕捉增量距离。如果该值为 0，则 PolarSnap 距离采用"捕捉 X 轴间距"的值。"极轴距离"设置与极坐标追踪和对象捕捉追踪结合使用。如果两个追踪功能都未启用，则"极轴距离"设置无效。

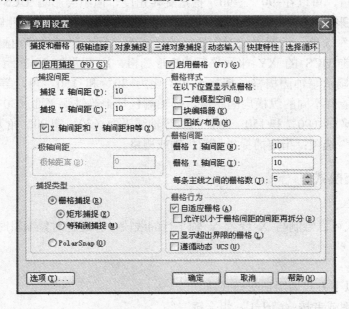

图 1-9 "草图设置"对话框中的"捕捉和栅格"选项卡

1.3.2 使用 GRID 与 SNAP 命令

用户不仅可以通过"草图设置"对话框设置栅格和捕捉参数，还可以通过 GRID 与 SNAP 命令来设置。

1．使用 GRID 命令

使用 GRID 命令时，命令行提示如下。

命令: grid

指定栅格间距 (X) 或 [开(ON)/关(OFF)/捕捉(S)/纵横向间距(A)] <10.0000>:

默认情况下，需要设置栅格间距值。该间距不能设置得太小，否则将导致图形模糊及屏幕重画太慢，甚至无法显示栅格。该命令提示中其他选项的功能如下。

- "开(ON)/关(OFF)"选项：打开或关闭当前栅格。
- "捕捉(S)"选项：将栅格间距设置为由 SNAP 命令指定的捕捉间距。
- "纵横向间距(A)"选项：设置栅格的 X 轴和 Y 轴间距值。

2．使用 SNAP 命令

使用 SNAP 命令时，命令行提示如下。

命令: snap

指定捕捉间距或 [开(ON)/关(OFF)/纵横向间距(A)/旋转(R)/样式(S)/类型(T)] <10.0000>:

默认情况下，需要指定捕捉间距值，并使用"开(ON)"选项，以当前栅格的分辨率、旋转角度和样式激活捕捉模式；使用"关(OFF)"选项，关闭捕捉模式，但保留当前设置。此外，该命令提示中其他选项的功能如下。

- "纵横向间距(A)"选项：在 X 和 Y 方向上指定不同的间距。如果当前捕捉模式为等轴测，则不能使用该选项。
- "旋转(R)"选项：设置捕捉栅格的原点和旋转角度。旋转角度相对于当前用户坐标系进行度量，可以在-90°～90°指定旋转角度，但不会影响 UCS 的原点和方向。正角度使栅格绕其基点逆时针旋转，负角度使栅格绕其基点顺时针旋转。
- "样式(S)"选项：设置"捕捉"栅格的样式为"标准"或"等轴测"。"标准"样式显示与当前 UCS 的 XY 平面平行的矩形栅格，X 间距与 Y 间距可能不同；"等轴测"样式显示等轴测栅格，栅格点初始化为 30°和 150°角，等轴测捕捉可以旋转，但不能有不同的纵横向间距值，等轴测包括上等轴测平面（30°和 150°角）、左等轴测平面（90°和 150°角）和右等轴测平面（30°和 90°角）。
- "类型(T)"选项：指定捕捉类型为极轴或栅格。

1.3.3 使用正交模式

1．功能

使用正交模式可以绘制与 X 或者 Y 轴平行的线段，在进行对象编辑时也便于控制光标移动的方向。

2．命令调用

用户可通过以下方式调用正交模式：

- 按〈F8〉键或者按〈Ctrl+L〉组合键。

● 单击状态栏中的"正交模式"按钮■。

1.4 使用自动追踪

在 AutoCAD 中借助其他点来定位的方法称为追踪，AutoCAD 中的"自动追踪"方便用户指定角度，或者绘制与其他对象有特定关系的对象。打开自动追踪后，可以利用屏幕上的追踪线精确地指定位置和角度。

1.4.1 极轴追踪与对象捕捉

1．功能

"极轴追踪"是指用户确定点位置时，拖动光标使其靠近预先设定的方向（即极轴追踪方向），程序自动将橡皮筋线吸附到该方向，同时浮出标签，显示沿该方向极轴追踪的矢量。

使用"对象捕捉追踪"可以沿对齐路径进行追踪，对齐路径基于对象捕捉点，已获取的点将显示一个小加号"+"。获取点之后，当在绘图路径上移动光标时，将显示易于获取点的水平、垂直或极轴对齐路径。例如，用户可以基于对象端点、中点或者对象的交点，沿着某个路径选择一点。

2．命令调用

● 按〈F10〉、〈F11〉键进行"极轴追踪"和"对象捕捉追踪"的打开或关闭。

● 单击"极轴追踪"按钮◢或者"对象捕捉追踪"按钮◣打开或关闭。

3．操作示例 1

绘制一个长度为 10 个单位且与 X 轴成 60°角的直线段，以演示极轴追踪的使用。

1）进行"极轴追踪"选项卡的设置：右击状态栏中的按钮◢，在弹出的快捷菜单中选择"设置"命令，弹出"草图设置"对话框，并显示"极轴追踪"选项卡。

2）启用极轴追踪：选择"启用极轴追踪(F10)"复选框。

3）极轴角设置：在"增量角"下拉列表中选择或输入"60"，如图 1-10 所示。

4）启动直线命令：在命令行中输入"Line"，然后按〈Enter〉键。

5）在命令行中输入直线第 1 点的坐标："0, 0"，然后按〈Enter〉键。

6）用极轴追踪确定下一点：慢慢移动光标，当其接近 60°角时，绘图窗口高亮显示对齐路径，工具栏显示"128.2742<60°"，在命令行中输入"100"，按〈Enter〉键，如图 1-11 所示。

4．操作示例 2

已知有一条水平直线"12"，要绘制一条与水平线成 60°角，且其一个端点过点"1"，另一个端点与点"2"的连线与直线"12"垂直。

1）"极轴追踪"的设置：单击状态栏中的按钮◢，程序显示"极轴开"。

2）"对象捕捉"的设置：右击状态栏中的按钮◣，在弹出的快捷菜单中选择"设置"命令，弹出"草图设置"对话框，并显示"对象捕捉"选项卡，如图 1-12 所示。

3）"对象捕捉模式"的设置：在"对象捕捉模式"选项组中选择"端点"复选框。

4）启动直线命令：在命令行中输入"Line"，并按〈Enter〉键。

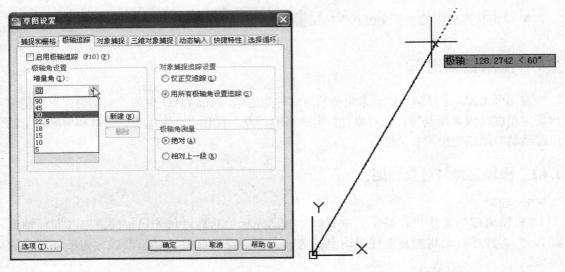

图 1-10 "极轴追踪"选项卡 　　　　　　　　图 1-11 极轴追踪"点"

5）确定第 1 点"端点 1"，并移动光标靠近端点 1，待程序显示"端点"标签时单击以完成对直线端点的捕捉。

6）利用对象捕捉追踪定点：将光标移动至端点 2 并显示"□"，标签提示"端点"。

7）利用极轴追踪定点：在端 2 上且沿 1-2 方向缓慢移动光标，待标签显示"极轴:<60°，垂足:<60°"时单击，如图 1-13 所示。

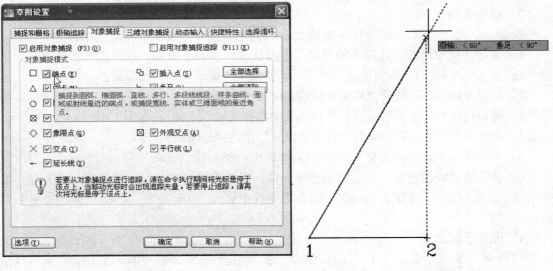

图 1-12 "对象捕捉"选项卡 　　　　　　　　图 1-13 极轴追踪直线

1.4.2 临时追踪点和捕捉自工具

1. 功能

"临时追踪点"以及"捕捉自"需配合"对象捕捉"功能，因为只有捕捉到对象上的特征点后，才能引出相应的临时追踪虚线，从而在临时追踪虚线上精确定位。"临时追踪虚线"和"捕捉自"在使用时与"对象追踪虚线"有所不同，虽然二者都是向两个方向无限延伸，但"临时追踪虚线"必须拾取一点才能作为追踪点；而"对象追踪虚线"只要将光标停留在特征点上，系统便会自动拾取该点作为追踪点。

2．命令调用

- 同时按下鼠标右键和按〈Shift〉键或者〈Ctrl〉键打开右键快捷菜单，如图 1-14 所示。
- 单击"对象捕捉"工具栏。注意，需要事先设置"对象捕捉"工具栏，将光标放置在"标准"工具栏空白处并右击，在弹出的快捷菜单中选择"对象捕捉"命令可将该工具栏显示。

3．操作示例

对图 1-15 所示的图形进行操作。

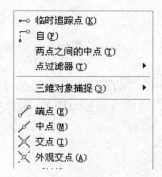

图 1-14　右键快捷菜单-临时追踪点

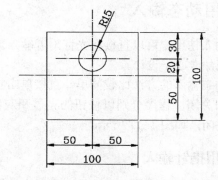

图 1-15　临时追踪示例

1）右击状态栏中的按钮□，在弹出的快捷菜单中选择"设置"命令，弹出"草图设置"对话框，选择"启用对象捕捉"、"启用对象捕捉追踪"复选框，以及"对象捕捉模式"选项组中的"中点"复选框，如图 1-16 所示。

2）在"绘图"工具栏中单击按钮□，根据命令行的提示，在绘图区域创建外轮廓线。

　　命令：_rectang

　　指定第一个角点或 [倒角(C)/标高(E)/圆角(F)/厚度(T)/宽度(W)]: 0,0

　　指定另一个角点或 [面积(A)/尺寸(D)/旋转(R)]: 100,100

3）在"绘图"工具栏中单击按钮⊙，命令行提示如下。

　　命令：_circle 指定圆的圆心或 [三点(3P)/两点(2P)/切点、切点、半径(T)]:

4）单击"对象捕捉"工具栏中的按钮➝，命令行提示如下。

　　命令：_circle 指定圆的圆心或 [三点(3P)/两点(2P)/切点、切点、半径(T)]: _tt 指定临时对象追踪点:（单击"对象捕捉"工具栏上的按钮➝，然后移动光标至矩形上端线的中心，待显示"△"后单击表示确定，向下缓慢移动光标并等待出现追踪线后输入"20"）

　　　　指定圆的圆心或 [三点(3P)/两点(2P)/切点、切点、半径(T)]: 15✓　　　（确定圆形坐标）

　　　　指定圆的半径或 [直径(D)] <5.0000>: 15✓　　　　　　　　　　　　（输入圆的半径"15"）

用户也可以使用"捕捉自"来实现上述功能，由于二者的操作类似，此处不再赘述。

11

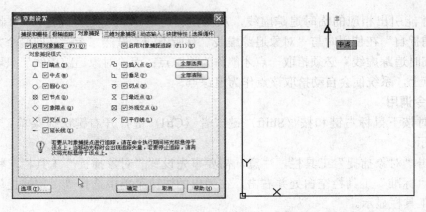

图 1-16　临时追踪示例-草图设置

1.5　使用动态输入

动态输入使用户可以直接在光标附近输入数据和选项，而不必在命令行中输入，从而使用户可以更加专心于设计。

启动动态输入的方法比较简单，直接单击状态栏中的"动态输入"按钮 可执行动态输入的使用和关闭，程序分别以按钮的亮显和灰色表示，也可直接按〈F12〉键执行动态输入的打开或关闭，如图 1-17 所示。

1.5.1　启用指针输入

在"动态输入"选项卡中选择"启用指针输入"复选框可启动指针输入功能。所谓指针输入是指操作过程中十字光标位置的坐标值将显示在光标旁边。当命令行提示用户输入点时，可以在工具提示（而非命令窗口）中输入坐标值。单击"指针输入"中的按钮 设置(S)... 可弹出"指针输入设置"对话框，对输入工具的格式和可见性进行设置。如图 1-18 所示，所设置的格式为"极轴格式"、"相对坐标"，可见性为"命令需要一个点时"。

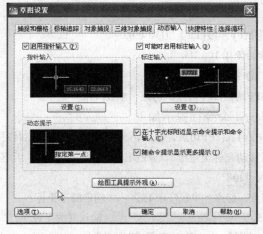

图 1-17　"动态输入"选项卡

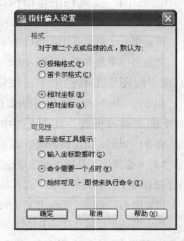

图 1-18　"指针输入设置"对话框

由图 1-19 所示的直线输入可见，输入下一点采用上文所述格式，用户可直接输入相应数据，也可按〈Tab〉键在提示框中进行切换。

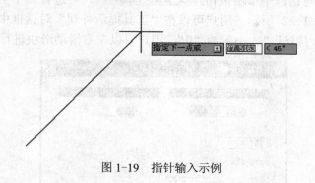

图 1-19　指针输入示例

1.5.2　启用标注输入

标注输入是当命令行提示用户输入第二个点或距离时，将显示标注和距离值与角度值的工具提示，标注工具提示中的值将随光标的移动而改变。用户可以在"草图设置"对话框中单击"标注输入"中的按钮 设置(S)… ，弹出如图 1-20 所示的"标注输入的设置"对话框进行设置。

图 1-21 所示为绘制直线时标注输入方式的显示效果，用户可以在提示框中输入距离和角度值，并按〈Tab〉键进行切换。

如果同时打开指针输入和标注输入，则标注输入在可用时将取代指针输入。

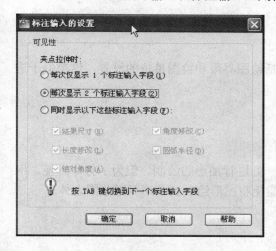

图 1-20　"标注输入的设置"对话框

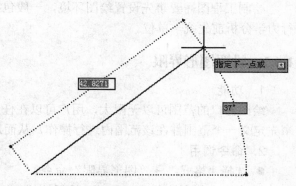

图 1-21　标注输入示例

1.5.3　显示动态提示

在"草图设置"对话框中选择"在十字光标附近显示命令提示和命令输入"复选框，程序将在绘制和编辑图形时在光标附近显示命令的输入情况；选择"随命令提示显示更多提示"复选框，可控制是否显示使用〈Shift〉键和〈Ctrl〉键进行夹点操作的提示。

1.5.4 设置工具栏提示外观

在"草图设置"对话框中单击按钮 绘图工具提示外观(A)... ，可进行模型空间和布局空间提示栏外观的调整，如图 1-22 所示。用户可以在"工具提示外观"对话框中进行颜色、大小和透明度等内容的设置，默认"大小"为"0"，用户可以左右滑动滑块进行外观尺寸的调整。

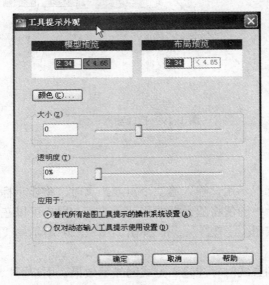

图 1-22 "工具提示外观"对话框

1.6 AutoCAD 绘图环境的设置

绘制工程图需要事先设置绘图环境，一般包括绘图界限和绘图单位的设置，这类似于进行力学分析前先统一单位。

1.6.1 设置图形界限

1．功能

绘图窗口的范围可以无限大，用户可以在任一处进行图形的绘制。但为了打印方便，应事先定义一个范围并在该范围内进行操作，从而避免将图形绘制到图形界限范围之外。

2．命令调用

● 选择"格式"→"图形界限"命令。

● 在命令行中输入"Limits"，然后按〈Enter〉键。

3．操作示例

根据上述方法进行操作后，命令行提示如下。

  指定左下角点或 [开(ON)/关(OFF)] <0.0000,0.0000>：（在命令行中输入绘图界限左下角的坐标，直接按〈Enter〉键表示采用当前<>显示的坐标）

  指定右上角点 <420.0000,297.0000>：（在命令行中输入绘图界限右上角的坐标，直接按〈Enter〉键表示采用当前<>显示的坐标）

14

命令行提示"指定左下角点或 [开(ON)/关(OFF)]"中,"ON"表示打开图形界限检查开关,如果在操作中输入点的坐标超过图形界限设置的范围,则命令行中将显示"**超出图形界限"提示用户注意;"OFF"表示关闭图形界限检查开关,如果绘图过程中输入的点未在图形界限范围内,则程序不进行提示。

1.6.2 设置绘图单位

1. 功能
程序默认的单位为十进制单位,用户可以根据需要调整单位类型、精度内容。

2. 命令调用
● 选择"格式"→"单位"命令。
● 在命令行中输入"Units",然后按〈Enter〉键。

3. 对话框功能解释
在图 1-23 所示的"图形单位"对话框中,"长度"用于指定测量的当前单位及当前单位的精度。用户可以在"精度"下拉列表中设置测量单位的当前格式,包括"建筑"、"小数"、"工程"、"分数"和"科学"。其中,"工程"和"建筑"格式提供英尺和英寸显示,并假定每个图形单位表示一英寸。其他格式可表示任何真实世界单位。至于精度,可以在"精度"下拉列表中根据类型和用户的需要指定。用户可以在"角度"中设置角度的精度。程序默认的正角度方向是逆时针方向,当然,用户也可以选择"顺时针"复选框调整角度的正负。图 1-24 所示为"方向控制"对话框,用户可以根据自己的工作习惯对方向进行调整。

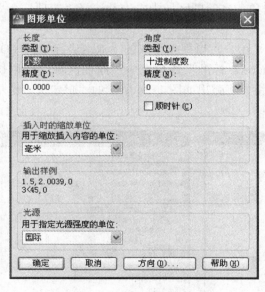

图 1-23 "图形单位"对话框

图 1-24 "方向控制"对话框

1.7 AutoCAD 的图形显示控制

在使用 AutoCAD 绘图时,经常涉及整体布局和局部修改,且一些细微部分常需要放大才能看清楚。通过 AutoCAD 的显示功能，不仅可以实现放大，还可以保存和恢复命名视图、设置多个视口等。

1.7.1　鼠标功能键的设置

鼠标操作是 AutoCAD 中最基本的操作方法，除选择菜单命令和单击工具栏中的按钮等 Windows 标准操作外，通过鼠标左键还可以实现绘图中点的定位、对象的选取和拖曳等 AutoCAD 基本操作。鼠标右键除了具备"确定"基本功能外，还可以和快捷菜单相结合，使绘图操作更加方便。

1. 鼠标左键功能
- 拾取要编辑的对象。
- 确定十字光标在绘图窗口中的位置。
- 单击工具栏上的某个按钮，执行相应的操作。
- 对菜单和对话框进行操作。

2. 鼠标右键设置

通常，用户有 3 种方法来进行鼠标右键的设置：
- 选择"工具"→"选项"命令，弹出"选项"对话框，切换到"用户系统配置"选项卡，如图 1-25 所示。
- 在命令行中输入"Options"并按〈Enter〉键，也可以打开"选项"对话框中的"用户系统配置"选项卡。
- 如未运行任何命令也未选择任何对象，在绘图区域中右击并选择"选项"命令，也可以打开"用户系统配置"选项卡。

在打开的"用户系统配置"选项卡中，用户可以根据个人的"双击进行编辑（O）"和作图习惯设置右键功能，包括选择"Windows 标准"选项组中"绘图区域中使用快捷菜单"复选框。单击"自定义右键单击"按钮，将弹出如图 1-26 所示的"自定义右键单击"对话框。

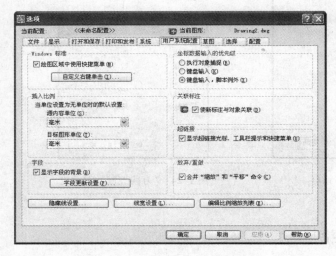

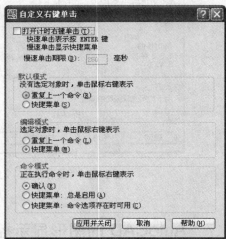

图 1-25　"用户系统配置"选项卡　　　　　　图 1-26　"自定义右键单击"对话框

- 打开计时右键单击：其作用是控制右击操作。
- 默认模式：没有选定对象且无命令运行时，在绘图区域中右击所产生的结果。
- 编辑模式：选中一个或多个对象且无命令运行时，在绘图区域中右击的结果。其中，"重复上一个命令"是选中了一个或多个对象且无命令运行时，在绘图区域中右击的功能同按〈Enter〉键，即重复上一次使用的命令。
- 命令模式：其功能是当命令正在运行时，在绘图区域中右击所产生的结果。其一是"确认"，功能同〈Enter〉键；其二是"快捷菜单：总是启用"；第三种是"快捷菜单：命令选项存在时可用"，当正在执行命令时，如果该命令存在选项，右击则弹出快捷菜单。

1.7.2　实时平移

1．功能

为便于观察所绘制的图形，用户在操作中经常需要使用"实时平移"命令调整图形的显示。注意，"实时平移"命令不改变图形的显示比例，只改变视图位置，可理解为移动图纸。

2．命令调用

- 选择"视图"→"实时平移"命令。
- 在"标准"工具栏中单击"实时平移"按钮🖑。
- 在命令行中输入"Pan"，然后按〈Enter〉键执行命令。

执行该命令后，光标变成一只手的形状（🖑），按住鼠标左键并拖动鼠标，可以使图形一起移动。按〈Esc〉键或〈Enter〉键则退出实时平移模式。

1.7.3　图形的缩放

1．功能

在需要进行图形细部的绘制或观察时，可用来放大图形的某一特定区域；当图形完成时，可用来观察其整体效果。图形缩放仅调整图形的显示，真实尺寸不会改变。

2．命令调用

- 选择"视图"→"缩放"→"实时"命令。
- 单击"标准"工具栏中的"缩放"按钮🔍。
- 单击"缩放"工具栏中的按钮🔍。
- 在命令行中输入"Zoom"，然后按〈Enter〉键执行命令。

1.7.4　图形的重画

1．功能

在绘图和编辑的过程中，屏幕上常常会留下对象的拾取标记，这些临时标记并不是图形中的对象，会使当前图形画面显得混乱，这时可以使用 AutoCAD 的重画命令清除。

2．命令调用

选择"视图"→"重画"命令。

1.7.5 图形的重生成

1. 功能

利用"重生成"命令可重新生成屏幕，此时系统从磁盘中调用当前图形的数据。执行该命令时由于要重新计算，所以图形生成的速度较慢，更新屏幕花费的时间较长。使用"全部重生成"命令，可以同时更新多个视口。

2. 命令调用

● 选择"视图"→"重生成"命令。

● 选择"视图"→"全部重生成"命令。

1.7.6 使用命名视图

1. 功能

绘制图形时需要经常在图形的不同部分进行转换。如绘制一栋建筑物的平面图，有时需要将建筑物中的特定位置进行放大，然后缩小图形以观察整个建筑。虽然用户可以使用平移或缩放命令来调整视图，但如果将图形的不同视图保存成命名视图，通过在这些命名视图间进行切换，将会使上述操作更加方便。

在"视图管理器"对话框中，用户可以创建、设置、重命名及删除命名视图。其中，"当前视图"选项后显示了当前视图的名称；"查看"选项组的列表框中列出了已命名的视图和可作为当前视图的类别。

2. 命令调用

● 选择"视图"→"命名视图"命令。

● 单击"视图"工具栏中的"命名视图"按钮 。

● 在命令行中输入"View"，然后按〈Enter〉键。

3. 操作示例

1）选择"视图"→"命名视图"命令，弹出"视图管理器"对话框，如图1-27所示。

2）单击对话框中的"新建"按钮，弹出"新建视图/快照特性"对话框，如图 1-28所示。

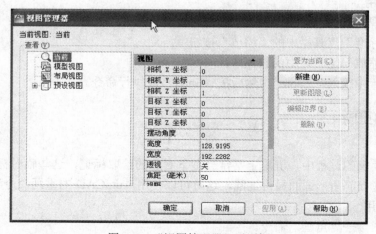

图1-27 "视图管理器"对话框

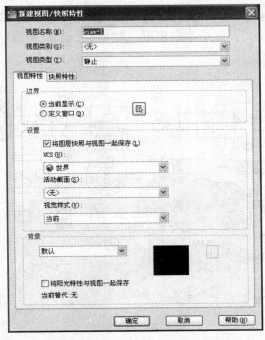

图 1-28 "新建视图/快照特性"对话框

3）在对话框的"视图名称"文本框中给新建视图命名，例如，"View-1"，如图 1-28 所示。

4）在"视图特性"选项卡中选择"定义窗口"单选按钮，然后单击按钮▣，对话框暂时被隐蔽并回到模型空间，如图 1-29 所示。在圆形周围指定两个对角点后按〈Enter〉键，可以在屏幕上显示所选的区域，如图 1-30 所示。

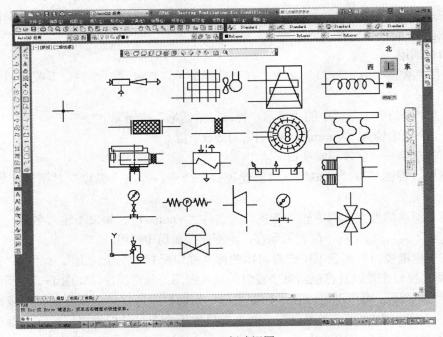

图 1-29 新建视图

如果需要使用"View-1"所设定的视图，可以选择"视图"→"命名视图"命令，在弹出的对话框中选择"View-1"，然后单击按钮 置为当前© ，视图窗口中将显示刚才两个对角点包含的区域。

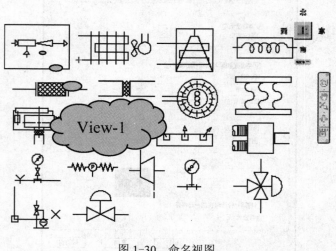

图 1-30　命名视图

1.7.7　使用平铺视口

1．功能

绘图时常常需要将图形的局部进行放大，以观察图形的细节，当同时需要观察图形的整体效果时，仅使用单一的绘图视口已无法满足工作的需要，此时可利用 AutoCAD 的平铺视口功能，将绘图窗口划分为若干视口。用户可以在"视口"对话框中创建新的视口配置，命名、保存模型空间视口配置。

2．命令调用

● 选择"视图"→"视口"命令，打开其子菜单，选择"一个视口"或"两个视口"等。
● 单击"视口"工具栏中的"显示'视口'对话框"按钮。
● 在命令行中输入"Vports"，然后按〈Enter〉键。

3．操作示例——创建平铺视口

1）选择"视图"→"视口"→"新建视口"命令，弹出"视口"对话框，如图 1-31 所示。

2）在"新名称"文本框中输入新视口的名称"Vports-1"。如果不输入名称，则将应用视口配置但不保存。如果视口配置未保存，将不能在布局中使用。

3）在"标准视口"列表框中选择可用的标准视口配置"三个：上"，此时，"预览"区中将显示所选视口配置以及已赋给每个视口的默认视图的预览图像，如图 1-32 所示。

在日常操作中，用户也可以在"标准视口"列表框中直接单击需要的标准视口，或者利用"视口"菜单中的"一个视口"、"两个视口"等命令，并根据提示，在命令行中输入相应的选项来完成视口形式的选择。

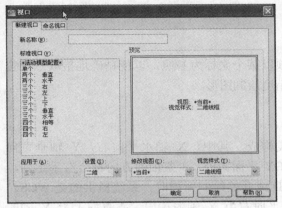
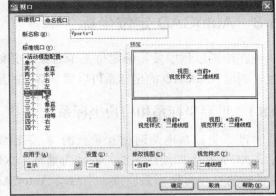

图 1-31 "视口"对话框 1   图 1-32 "视口"对话框 2

1.7.8　打开或关闭可见元素

1．功能

在 AutoCAD 中，图形的复杂程度直接影响系统刷新屏幕或命令的执行。为提高程序的性能，可以关闭文字、线宽或填充显示。打印图形时可打开这些元素，以便按照要求打印图形。另外，还可以通过关闭一些特性，如亮显所选对象以及在图形中指定位置时创建的标记，以此提高程序的运行性能。

2．命令调用

● 选择"工具"→"选项"，弹出"选项"对话框，切换到"显示"选项卡，在"显示性能"选项组中选择"应用实体填充"复选框。

● 在命令行中输入"Fill"，然后按〈Enter〉键。

3．操作示例

在命令行中输入"Fill"，并按〈Enter〉键，命令行提示如下。

命令: Fill

输入模式 [开(ON)/关(OFF)] <关>:

用户可以在此输入 ON 或者 OFF 指定显示的打开或关闭。为检验"Fill"命令的功能，用户可以输入"Donut"命令观察圆环填充的效果，如图 1-33 所示。其中，图 1-33a 为"ON"模式下的显示效果，图 1-33b 为"OFF"下的显示效果，此处"Donut"的内径为"20"、外径为"50"。

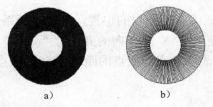

a)   b)

图 1-33　打开或关闭可见元素示例

a）打开模式　b）关闭模式

1.8 AutoCAD 定位坐标

在绘图过程中要精确定位某个对象，必须以某个坐标为参照，以便精确地拾取点的位置。利用 AutoCAD 的坐标系可以用非常高的精度绘制图形。

1.8.1 世界坐标系和用户坐标系

世界坐标系由两两相互垂直的 3 条轴线构成，其中，X 轴水平向右，Y 轴垂直向上，XOY 平面即绘图平面，Z 轴为垂直于 XOY 平面向外，3 条轴的方向符合右手定则，3 条轴的交点为坐标系原点。当启动 AutoCAD 或开始绘制新图时，系统提供的是 WCS。绘图平面的左下角为坐标系原点"0,0,0"，水平向右为 X 轴的正向，垂直向上为 Y 轴的正向，由屏幕向外指向用户为 Z 轴的正向。对于二维图形，点的坐标可以用"X,Y"表示，当 AutoCAD 要求用户输入"X"、"Y"坐标而省略了"Z"坐标时，系统将以用户所设的当前高度（XOY 平面为当前高度）的值作为"Z"坐标。图 1-34 所示为世界坐标系和用户坐标系。

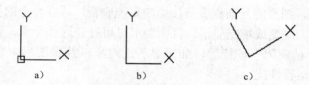

图 1-34 世界坐标系和用户坐标系

a）世界坐标系 b）用户坐标系 1 c）用户坐标系 2

1.8.2 坐标的表示方法

AutoCAD 中的绝对坐标是指相对于当前坐标系原点的坐标，相对坐标是指使用相对于前一个点的坐标增量来表示的坐标。因此，AutoCAD 的坐标可分为 4 类：绝对直角坐标、绝对极坐标、相对直角坐标和相对极坐标。

1. 绝对直角坐标

以"X,Y,Z"形式表示一个点的位置。在绘制二维图形时，只需输入 X、Y 坐标，Z 坐标可以省略，如"20,30"表示点的坐标为"20,30,0"。AutoCAD 的坐标原点"0,0"默认在绘图窗口的左下角，X 坐标向右为正，Y 坐标向上为正。当使用键盘输入点的 X、Y 坐标时，二者之间用逗号","隔开，不能加括号。另外，坐标值可以为负值。

2. 绝对极坐标

以"距离<角度"的形式表示一个点的位置，它以坐标系原点为基准，以原点与该点的连线长度为"距离"，以连线与 X 轴正向的夹角为"角度"来确定点的位置。例如，输入点的极坐标"50<30"，则表示该点到原点的距离为 50，该点与原点的连线与 X 轴正向的夹角为 30°。

3. 相对直角坐标

相对直角坐标在输入坐标值前必须加"@"符号。例如，已知前一个点（即基准点）的坐标为"20,20"，如果在输入点的提示后输入相对直角坐标为"@10,20"，则该点的绝对坐标为"30,40",即相对于前一点,沿"X"正方向移动 10,"Y"正方向移动 20。

4．相对极坐标

在距离值前加"@"符号。例如"@10<60",表示输入点与前一点的连线距离为 10,连线与 X 轴正向的夹角为 60°。通过鼠标指定坐标,只需在对应的绘图区坐标点上单击即可。

1.8.3 控制坐标的显示

在绘图窗口中移动光标的十字指针时,状态栏上将动态显示当前指针的坐标。在 AutoCAD 2012 中,坐标的显示取决于所选择的模式和程序中运行的命令,包括静态显示、动态显示,以及距离和角度显示。静态显示仅当指定点时才更新,动态显示随着光标移动更新,而距离和角度显示是指随光标移动而更新相对距离(距离<角度),该选项只有在绘制需要输入多个点的直线或其他对象时才可用。

用户可以在命令行中输入"Coords"来控制状态行上坐标的格式和更新频率。根据提示,常用的输入包括"0"、"1"和"2"。

输入"0"时,坐标将不会动态更新,只有在用光标拾取一个新点时,显示才会更新;输入"1"时,显示光标的绝对坐标,该值是动态更新的,会随着光标在绘图窗口中的移动实时显示光标所在点的绝对坐标,在默认情况下,显示方式是打开的;输入"2"则显示一个相对坐标,选择该方式时,如果当前处在拾取点状态,则系统将显示光标所在位置相对于上一个点的距离和角度。当离开拾取点状态时,系统将恢复到模式 1,显示绝对坐标。

1.8.4 创建坐标系

1．功能

用户坐标系(UCS)为 AutoCAD 软件中的可移动坐标系。设置 UCS 可以使设计者处理图形的特定部分变得更加容易,如旋转 UCS 可帮助用户在三维或旋转视图中指定点。

2．命令调用

● 选择"工具""新建 UCS",命令,在其子菜单中选择相应的方式创建坐标系。

● 单击"UCS"工具栏中的"UCS"按钮 。

● 在命令行中输入"UCS",然后按〈Enter〉键。

3．操作示例 1

根据图 1-35a 所示的点 1(50,50)和点(80,80)来确定用户坐标系。

在命令行中输入"UCS"并按〈Enter〉键,命令行提示如下。

命令: UCS↙

当前 UCS 名称: *世界*

指定 UCS 的原点或 [面(F)/命名(NA)/对象(OB)/上一个(P)/视图(V)/世界(W)/X/Y/Z/Z 轴(ZA)] <世界>:

程序提供了指定原点或者面、对象等多个选项,其中,"指定 UCS 的原点"表示用户可以使用一点、两点或三点定义一个新的 UCS。如指定单个点,当前 UCS 的原点将会移动且不会更改 X、Y 和 Z 轴的方向;如指定第二个点,则 UCS 将旋转,以将正 X 轴通过该点;如指定第三个点,则 UCS 绕新的 X 轴旋转来定义正 Y 轴,这 3 点可指定原点、正 X 轴上的点及正 XY 平面上的点。

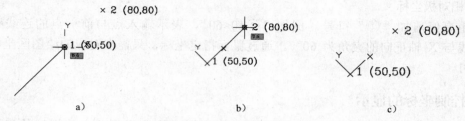

图 1-35 操作示例 1-创建 UCS

a）原坐标 b）确定新原点 c）新坐标系

设置用户坐标系的目的是为了每次使用更加便捷，在此将需要使用的用户坐标系进行定义并根据工作需要随时调用，因此，将所设置的用户坐标系命名并保存。操作如下。

命令: UCS↙

当前 UCS 名称: *没有名称*

指定 UCS 的原点或 [面(F)/命名(NA)/对象(OB)/上一个(P)/视图(V)/世界(W)/X/Y/Z/Z 轴(ZA)] <世界>: NA↙

输入选项 [恢复(R)/保存(S)/删除(D)/?]: S↙

输入保存当前 UCS 的名称或 [?]: UCS-1↙

用户可以根据需要在 WCS 或 UCS 中进行调整，选择"工具"→"命名 UCS"命令，将弹出的对话框切换到"命名 UCS"选项卡，选择"UCS-1"，并单击右侧的按钮 置为当前©，可将世界坐标系和用户所设定的坐标系进行转换。

根据命令行提示，利用鼠标定点的方式捕捉点"1"以确定新的原点，如图 1-35b 所示。命令行继续提示输入 X 轴上一点以确定 X 轴的方位，此处再次利用鼠标定点的方式捕捉点"2"，命令行继续提示输入"XY"平面上的点以确定 Y 轴的位置，此处按〈Enter〉键表示接受。

指定 XY 平面上的点或 <接受>:↙

新的坐标系如图 1-35c 所示。

4. 操作示例 2

利用图 1-36a 中的棱柱体斜面确定用户坐标系。

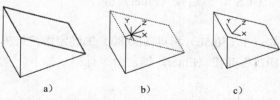

图 1-36 操作示例 2-创建 UCS

a）棱柱体 b）选择面 c）生成 UCS

在命令行中输入"UCS"并按〈Enter〉键，命令行提示如下。

命令: UCS

当前 UCS 名称: *世界*

指定 UCS 的原点或 [面(F)/命名(NA)/对象(OB)/上一个(P)/视图(V)/世界(W)/X/Y/Z/Z 轴(ZA)] <世界>:

此处采用选择对象的"面"来确定用户坐标系，因此，需要在命令行中输入"F"以选择"面(F)"的方式。命令行提示如下：

指定 UCS 的原点或 [面(F)/命名(NA)/对象(OB)/上一个(P)/视图(V)/世界(W)/X/Y/Z/Z 轴(ZA)] <世界>：F✓

选择实体面、曲面或网格：

移动光标靠近棱柱体的斜面并等待该区域出现高亮显示，然后按下鼠标左键选择该区域，如图 1-36b 所示。命令行提示如下。

输入选项 [下一个(N)/X 轴反向(X)/Y 轴反向(Y)] <接受>：✓

结果如图 1-36c 所示。

用户可以按〈Enter〉键表示接受该状态，也可以按〈N〉键，或者通过 X、Y 坐标来调整状态，在此不再赘述。

1.8.5　命名和使用用户坐标系

1．功能

在 AutoCAD 中，用户可以使用"UCS"命令将设置的用户坐标系命名将其保存或加载。当创建的用户坐标系数目增加时，只使用"UCS"命令对其进行相关操作显得很不方便。针对这种情况，AutoCAD 提供了一个管理 UCS 的工具，即 UCS 管理器。通过 UCS 管理器，用户可对自己定义的坐标系方便地进行存储、删除及调用等操作。

需要注意的是，在设置正交用户坐标系时，需要在"UCS"对话框的"正交 UCS"选项卡中的"相对于"下拉列表中选择定义正交 UCS 的基准坐标系。默认情况下，WCS 是基准坐标系，即程序自动转入到 WCS 下。因此，必须更改"相对于"的设置进入到正交用户坐标系下。

2．命令调用

● 选择"工具"→"命名 UCS"命令，弹出"UCS"对话框。
● 在命令行中输入"+Ucsman"，根据命令行提示输入"0"或者"1"可进入到"UCS"中的"命名 UCS"选项卡或"正交 UCS"选项卡中。

3．操作示例 1

在此以图 1-37 所设置的"UCS-1"和"UCS-2"为例进行阐述，两个用户坐标系分别对应图 1-37a 和图 1-37b。

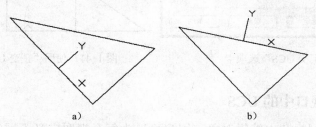

图 1-37　操作示例-创建 UCS

a）UCS-1　b）UCS-2

1）在命令行中输入"UCS"，根据提示创建两个用户坐标系，并分别命名为"UCS-1"和"UCS-2"，如图 1-38 所示。

2）选择"工具"→"命名 UCS"命令，弹出"UCS"对话框，切换到"命名 UCS"选项卡，可以看到当前存在"UCS-1"、"UCS-2"及"世界"坐标系，可以将所设置的 UCS-1 坐标系置为当前，绘图窗口中将显示所设置的用户坐标系，如图 1-39 所示。

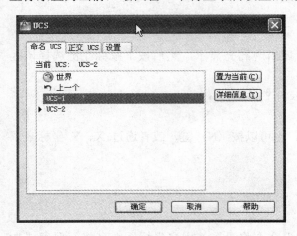

图 1-38 "命名 UCS"选项卡

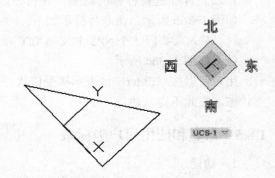

图 1-39 将 UCS-1 置为当前

3）切换到"正交"选项卡，在"相对于"下拉列表中选择"UCS-1"，如图 1-40 所示。

4）选择"视图"→"三维视图"命令，在打开的子菜单中选择"俯视"命令，绘图窗口中将显示出用户正交坐标系的结果，如图 1-41 所示。

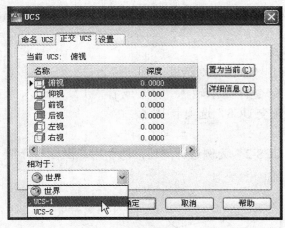

图 1-40 "正交 UCS"选项卡

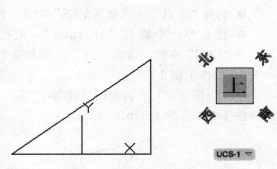

图 1-41 使用"正交 UCS"-俯视

1.8.6 设置当前视口中的 UCS

为了便于在不同视图中编辑对象，用户可以为每个视图定义不同的 UCS。多个视口可提供模型的不同视图，例如，可以设置显示俯视图、主视图、右视图和等轴测视图的视口。每次将视口置为当前之后，都可以在此视口中使用它上一次作为当前视口时使用的 UCS。

每个视口中的 UCS 都由 UCSVP 系统变量控制。如果某视口中的 UCSVP 设定为 1，则上一次在该视口中使用的 UCS 与视口一起保存，并且在该视口再次成为当前视口时恢复。如果某视口中的 UCSVP 设定为 0，则该视口的 UCS 始终与当前视口中的 UCS 相同。

对于图 1-42 所示的棱锥体，如果将 3 个视口的"UCSVP"都设为"0"，则可以看到，当在右侧视口中改变 UCS 时，3 个视口都会发生变化；如果将左上角的"俯视图"视口的"UCSVP"设为"1"，可以发现，改变 UCS 时该图仍旧采用原来的坐标系。

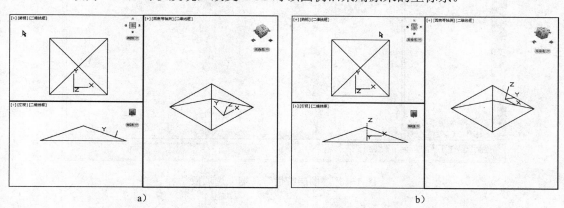

图 1-42 设置当前视口的 UCS

a）UCSVP 设为"0"   b）UCSVP 设为"1"

1.9 规划与管理图层

可以将"层"设想为若干张无厚度的透明胶片重叠在一起，这些胶片完全对齐，即同一坐标点相互对齐。每一层上的对象具有各自的颜色、线型和线宽，从而使该层上的对象具有相同的特性。

1. 功能

用户需要根据工作性质和图形的特点创建图层，对于土木工程专业人员而言，绘制建筑平面图需设置轴线、墙体、柱、门和门开启线、窗、楼梯、室内设施及文字和尺寸标注等必要的图层。绘制比较简单的结构施工图，如结构平面布置图，轴线、梁、柱、钢筋、文字和尺寸都是必要的。

2. 命令调用

● 选择"格式"→"图层"命令。

● 在命令行中输入"Layer"。

● 单击"图层"工具栏中的按钮。

3. 操作示例 1——设置图层

1）在命令行中输入"Layer"并按〈Enter〉键，程序将弹出"图层特性管理器"选项板，如图 1-43 所示。如果采用"acadiso.dwt"样板文件，"0"图层将采用其设置。

2）单击"图层特性管理器"上部的按钮可创建新的图层，如图 1-44 所示。此时程序将增加新的图层，名称为"图层 1"，其属性继承"0"图层的特征。连续单击该按钮可连续增加新的图层，图层名称分别为"图层 2"、"图层 3"等，属性同"图层 1"。

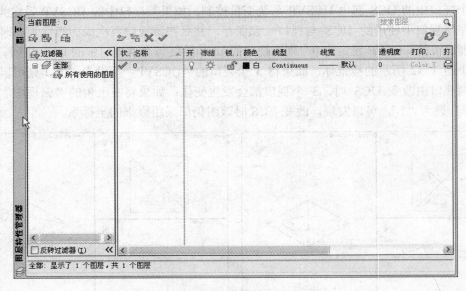

图 1-43 "图层特性管理器"选项板

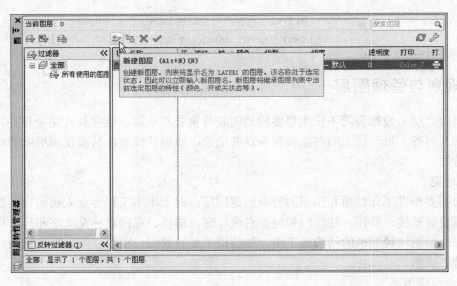

图 1-44 增加新的图层

3）修改图层名称。单击"名称"列中要修改名称的图层，然后右击，在弹出的快捷菜单中选择"重命名图层"命令，可重新命名图层为"CENT"。修改图层名称的方法比较灵活，用户也可以在选择要修改名称的图层后按〈F2〉键，进入名称的修改状态，还可以在间隔状态下双击要修改名称的图层，进入名称的修改状态。

4）修改图层的颜色。移动光标至"CENT"图层的"颜色"列下，单击颜色按钮可弹出"选择颜色"对话框，如图 1-45 所示。在其中选择合适的颜色，此处选择"红"。

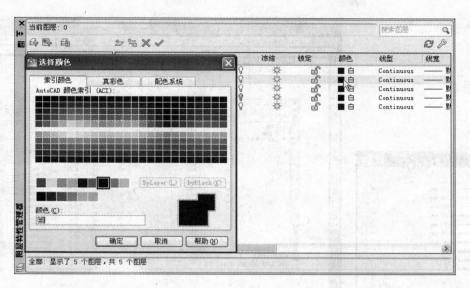

图 1-45　改变图层的颜色

5）修改图层的线型。移动光标至"CENT"图层的"线型"列下，单击"Continuous"，程序将弹出"选择线型"对话框，此时仅有"Continuous"一种线型，其外观和说明如图 1-46 所示。增加"CENT"图层所需要的点画线，单击"选择线型"对话框中的按钮 加载(L)...，程序弹出"加载或者重载线型"对话框，选择"ACAD_ISO04W100"，将该线型载入"选择线型"对话框，然后选择该线型并单击按钮 确定，为"CENT"设置新的线型。

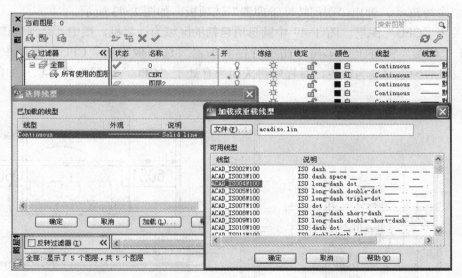

图 1-46　设置图层的线型

6）修改图层的线宽。移动光标至"CENT"图层的"线宽"列下，单击"默认"可弹出"线宽"对话框，如图 1-47 所示。选择合适的线宽，此处选择"0.25mm"。

7）单击"置为当前"按钮，将所设置的"CENT"图层置为当前。

其余图层的设置同上，如图 1-48 所示，用户可根据需要进行设置，在此不再赘述。

图 1-47 "线宽"对话框

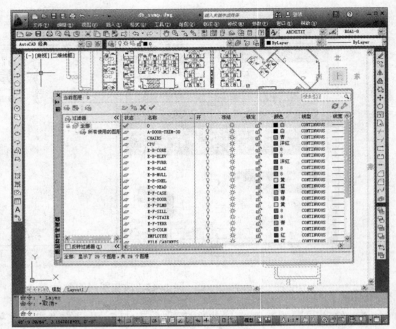

图 1-48 设置图层

4.操作示例2——图层管理

打开 AutoCAD 所带的图形文件,此处打开的文件为"DB_sample.dwg"。

1)单击按钮 ,弹出"图层特性管理器"选项板,如图 1-43 所示。

2)关闭"CPU"图层。图 1-49 中圆形所包括的区域为计算机,图中其余部位该类型的图形处于"CPU"图层上。单击"图层特性管理器"选项板中的"CPU"图层中的按钮 ,该按钮的颜色将变为灰色,且程序将关闭所有处于"CPU"图层上的对象,如图 1-50 所示。

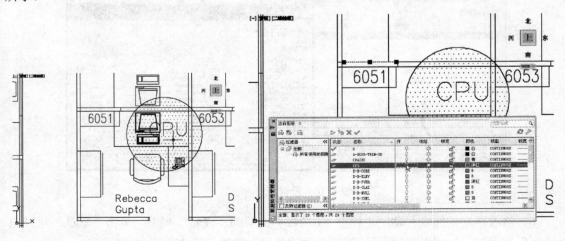

图 1-49 CPU 区域   图 1-50 操作结果

3)打开"CPU"图层进行操作,单击按钮 ,可打开"CPU"图层。

4）冻结"CPU"图层。按照步骤 3）可重新打开"CPU"图层，窗口将继续显示该图层上所有的计算机图形。单击按钮 ☼，程序将冻结"CPU"图层，此时按钮呈 ❄ 状，表示该图形被冻结。单击 ❄ 可执行解冻，按钮恢复原状。执行冻结的结果和关闭图层类似，但仍存在差别，主要体现为解冻图层时将重生成图形，而重新打开图层时，不会重新生成图形。

5）锁定"CPU"图层。按照上文所述的方法，单击按钮 🔓，可发现按钮转换为 🔒 状，表示该图层被锁定。用户可以在退出"图层特性管理"选项板后，执行"Erase"命令，待命令行提示选择对象时，输入"All"并按〈Enter〉键，可发现程序提示有对象被锁定，然后可发现除"CPU"图层上的对象外，其余对象将被完全删除。

1.10 思考与练习

1．如何精确指定点的某一位置？
2．如何设置绘图环境？
3．图形的显示控制可以方便地解决什么问题？有哪些操作类型？

第 2 章 绘制二维图形

在工程制图中，无论是多么复杂的图形，都是由一个或多个基本对象组成的，用户可通过使用鼠标定点或命令行操作来绘制基本对象。二维图形对象是整个 AutoCAD 的绘图基础，主要有点、直线、多段线、构造线、射线、多线、圆、圆弧、椭圆、椭圆弧、矩形、正多边形、圆环和样条曲线等内容。用户应熟练地掌握这些基本图形对象的绘制方法和技巧，这些命令对后面章节中复杂图形的绘制和三维图形的绘制有着非常重要的作用。本章将介绍如何应用 AutoCAD 2012 绘制二维平面图形。

本章重点
- 绘制线
- 绘制多边形
- 绘制曲线

2.1 绘制直线

直线是各种绘图中最常用、最简单的一类图形对象，只要指定起点和终点即可绘制直线。在 AutoCAD 中，可以用二维坐标（x,y）或三维坐标（x,y,z）来指定直线的两个端点。如果输入二维坐标，AutoCAD 将会用当前的高度作为 Z 轴坐标值，默认值为 0。

1．功能

在所有的图形对象中，直线是最基本的图形对象。使用直线命令可生成单条直线，也可生成连续折线。

2．命令调用

用户可采用以下方法之一绘制直线：
- 单击"绘图"工具栏中的按钮 。
- 选择"绘图"→"直线"命令。
- 从命令行中输入"LINE"或"L"，并按〈Enter〉键。

3．操作示例

绘制图 2-1 所示的图形，执行"直线"命令，可采用上述方法中的任何一种。

命令行提示如下。

  _line 指定第一点：（可使用定点设备拾取 A 点，也可以在命令提示下输入坐标）。

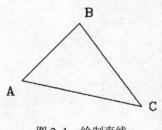

图 2-1　绘制直线

    指定下一点或 [放弃(U)]：（此时可拾取 B 点）
    指定下一点或 [放弃(U)]：（此时可拾取 C 点）
    指定下一点或 [放弃(U)]：（可拾取 A 点，或者在命令行中输入"c"，并按〈Enter〉键）

2.2 绘制圆、圆弧、椭圆和椭圆弧

在 AutoCAD 中，圆、圆弧、椭圆和椭圆弧都属于曲线对象，其绘制方法相对直线而言要复杂一些，但是方法比较多，可通过多种命令绘制各种有条件限制的圆、圆弧、椭圆和椭圆弧。

2.2.1 绘制圆

绘制圆的方法有多种，如指定圆心和半径；指定圆上的三点；指定两个切点及半径等。绘制圆时，应根据具体的条件，视其方便程度，灵活地采用不同的绘制方法。AutoCAD 2012 默认的绘制圆的方法是指定圆心和半径。

1．功能

圆既能够作为独立的图形存在，也可以用来平滑地连接两个图形，一般根据需要选择适当的绘制方法。

2．命令调用

用户可以采用以下方法之一对进行圆的绘制：

- 选择"绘图"→"圆"中合适的子命令，如图 2-2 所示。
- 单击"绘图"工具栏中的按钮 。
- 在命令行中输入"CIRCLE"或"C"，并按〈Enter〉键。

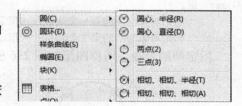

图 2-2　绘制圆命令

3．操作示例

根据上述方法执行"圆"命令，选择需要的方式绘制圆。下面分别介绍绘制圆的几种方式。

（1）圆心、半径（或直径）

执行"圆"（C）命令，命令行提示如下。

　_circle 指定圆的圆心或 [三点(3P)/两点(2P)/切点、切点、半径(T)]：（可在图形中拾取圆心，或者在命令行中输入圆心坐标）

　　　指定圆的半径或 [直径(D)]：（默认为指定半径，在命令行中输入"D"并按〈Enter〉键，为指定直径。可在图形中拾取两点作为半径（或直径）长度，也可以在命令行中输入具体数值，并按〈Enter〉键结束操作）

所得图形如图 2-3 所示。

（2）两点

执行"圆"（C）命令，命令行提示如下。

　"_circle 指定圆的圆心或 [三点(3P)/两点(2P)/切点、切点、半径(T)]"，（输入"2P"，并按〈Enter〉键）

　　　指定圆直径的第一个端点：（指定 A 点）

　　　指定圆直径的第二个端点：（指定 B 点）

所得图形如图 2-4 所示。

（3）三点

执行"圆"（C）命令，命令行提示如下。

图 2-3　通过指定圆心和半径绘制圆　　　图 2-4　通过指定两点绘制圆

　　　"_circle 指定圆的圆心或 [三点(3P)/两点(2P)/切点、切点、半径(T)]"，（输入 "3P"，并按〈Enter〉键）

　　　　　指定圆上的第一个点：（指定 A 点）
　　　　　指定圆上的第二个点：（指定 B 点）
　　　　　指定圆上的第三个点：（指定 C 点）
　　所得图形如图 2-5 所示。
　　（4）相切、相切、半径（T）
　　执行"圆"（C）命令，命令行提示如下。

　　　"_circle 指定圆的圆心或 [三点(3P)/两点(2P)/切点、切点、半径(T)]"，（输入 "T"，并按〈Enter〉键。）

　　　　　指定对象与圆的第一个切点：（指定 A 点）
　　　　　指定对象与圆的第二个切点：（指定 B 点）
　　指定圆的半径。所得图形如图 2-6 所示。

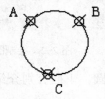 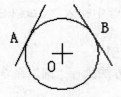

图 2-5　通过指定三点绘制圆　　　图 2-6　用"相切、相切、半径"方式绘制圆

　　（5）相切、相切、相切（A）
　　选择"绘图"→"圆"→"相切、相切、相切"命令。

　　　_circle 指定圆的圆心或 [三点(3P)/两点(2P)/切点、切点、半径(T)]: _3p 指定圆上的第一个点: _tan 到，（此时可在图形中拾取第一个切点 A）

　　　"指定圆上的第二个点: _tan 到"，（此时可在图形中拾取第二个切点 B）

　　　"指定圆上的第三个点: _tan 到"，（此时可在图形中拾取第三个切点 C）

　　完成图形的绘制，如图 2-7 所示。

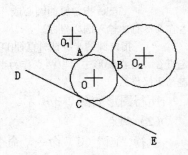

图 2-7　用"相切、相切、相切"
方式绘制圆

2.2.2　绘制圆弧

　　AutoCAD 2012 提供了丰富的绘制圆弧的方式。当需要用到圆弧时，用户应根据具体的条件，选择合适方式进行绘制。AutoCAD 2012 默认的绘制圆弧的方式为指定三点的位置绘制圆弧。

1．功能

圆弧是圆的一部分，常用的绘制方法有：起点、圆心、端点；起点、圆心、长度；起点、圆心、角度；起点、端点、角度；起点、端点、半径等。

2．命令调用

● 单击"绘图"工具栏上的按钮 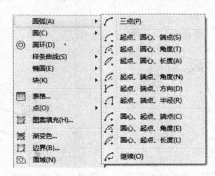。

● 选择"绘图"→"圆弧"中的子命令，如图 2-8 所示。

图 2-8　绘制圆弧命令

● 在命令行中输入"ARC"或"A"，然后按〈Enter〉键执行命令。

3．操作示例

AutoCAD 2012 提供了 11 种绘制圆弧的方式，下面分别给出示例。

（1）三点（P）

1）执行"圆弧"命令。

2）指定圆弧的起点 A。

3）指定圆弧的第二个点 B。

4）指定圆弧的终点 C。所得图形如图 2-9 所示。

（2）起点、圆心、端点（S）

1）执行"圆弧"命令。

2）指定圆弧的起点 A。

3）指定圆弧的圆心 O。

4）指定圆弧的终点 B。所得图形如图 2-10 所示。

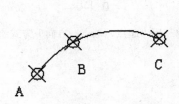

图 2-9　用"三点"方式绘制圆弧

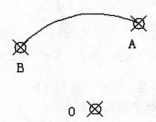

图 2-10　用"起点、圆心、端点"方式绘制圆弧

（3）起点、圆心、角度（T）

1）执行"圆弧"命令。

2）指定圆弧的起点 A。

3）指定圆弧的圆心 O。

4）指定包含角 60°（逆时针方向为正），以确定圆弧形状。所得图形如图 2-11 所示。

（4）起点、圆心、长度（A）

1）执行"圆弧"命令。

2）指定圆弧的起点 A。

3）指定圆弧的圆心 O。

4）指定圆弧的弦长 600。所得图形如图 2-12 所示。

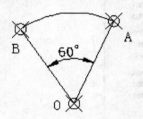 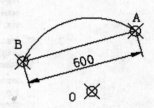

图 2-11　用"起点、圆心、角度"方式绘制圆弧　　图 2-12　用"起点、圆心、长度"方式绘制圆弧

（5）起点、端点、角度（N）

1）执行"圆弧"命令。

2）指定圆弧的起点 A。

3）指定圆弧的端点 B。

4）指定包含角 60°。所得图形如图 2-13 所示。

（6）起点、端点、方向（D）

1）执行"圆弧"命令。

2）指定圆弧的起点 A。

3）指定圆弧的端点 B。

4）指定圆弧起点 A 处的切线方向，即 AC 方向。所得图形如图 2-14 所示。

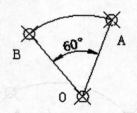 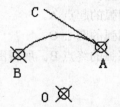

图 2-13　用"起点、终点、角度"方式绘制圆弧　　图 2-14　用"起点、端点、方向"方式绘制圆弧

（7）起点、端点、半径（R）

1）执行"圆弧"命令。

2）指定圆弧的起点 A。

3）指定圆弧的端点 B。

4）指定圆弧的半径 R。所得图形如图 2-15 所示。

（8）圆心、起点、端点（C）

1）执行"圆弧"命令。

2）指定圆弧的圆心 O。

3）指定圆弧的起点 A。

4）指定圆弧的端点 B。所得图形如图 2-16 所示。

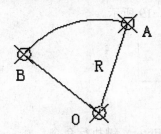 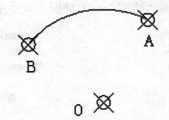

图 2-15　用"起点、端点、半径"方式绘制圆弧　　　图 2-16　用"圆心、起点、端点"方式绘制圆弧

（9）圆心、起点、角度（E）

1）执行"圆弧"命令。

2）指定圆弧的圆心 O。

3）指定圆弧的起点 A。

4）指定圆弧的包含角 80°。所得图形如图 2-17 所示。

（10）圆心、起点、长度（L）

1）执行"圆弧"命令。

2）指定圆弧的圆心 O。

3）指定圆弧的起点 A。

4）指定圆弧的弦长 500。所得图形如图 2-18 所示。

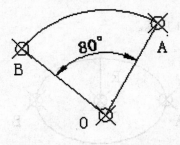 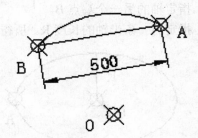

图 2-17　用"圆心、起点、角度"方式绘制圆弧　　　图 2-18　用"圆心、起点、长度"方式绘制圆弧

（11）继续（O）

该绘制方式以最后一次绘制的线段或圆弧的终点为新圆弧的起点，以最后所绘线段的方向或圆弧终止点处的切线方向为新圆弧在起点处的切线方向，然后再指定一点，就可以绘制出一个圆弧。

2.2.3　绘制椭圆

1．功能

椭圆是常见的图形单元，形状由其长轴和短轴决定。在 AutoCAD 2012 中，椭圆的默认画法是指定一根轴的两个端点和另一根轴的半轴长度。

2．命令调用
用户可以采用以下方法之一绘制椭圆：
- 单击功能区"常用"选项卡中的"绘图"面板上的"椭圆"按钮⬭。
- 选择"绘图"→"椭圆"菜单中的子命令，如图 2-19 所示。

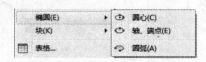

图 2-19　绘制椭圆命令

- 在命令行中输入"ELLIPSE"或"EL"，然后按〈Enter〉键执行命令。

3．操作示例
绘制椭圆通常有两种方式：一种是指定一个轴的两个端点及另一个轴的半轴长度；另一种是指定中心点及两个轴的端点。下面分别给出示例。

（1）圆心（C）
1）执行"椭圆"命令。
2）指定椭圆的中心点 O。
3）指定椭圆的轴端点 A。
4）指定另一条半轴的长度 R。所得图形如图 2-20 所示。

（2）轴、端点（E）
1）执行"椭圆"命令。
2）指定椭圆的轴端点 A。
3）指定轴的另一个端点 B。
4）指定另一条半轴的长度 R。所得图形如图 2-21 所示。

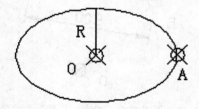
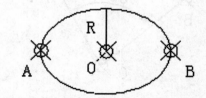

图 2-20　用"圆心"方式绘制椭圆　　　　图 2-21　用"轴、端点"方式绘制椭圆

2.2.4　绘制椭圆弧

1．功能
椭圆弧作为椭圆的一部分，其绘制方法为先绘制椭圆，然后选取椭圆弧的起点角度和端点角度。

2．命令调用
- 单击功能区"常用"选项卡中的"绘图"面板上的"椭圆弧"按钮⬭。

- 选择"绘图"→"椭圆"菜单中的最后一个子命令，如图 2-19 所示。
- 在命令行中输入"ELLIPSE"或"EL"，然后按〈Enter〉键执行命令，命令行会出现提示"指定椭圆的轴端点或 [圆弧(A)/中心点(C)]"，输入"A"，按〈Enter〉键执行命令。

3. 操作示例

1）执行"椭圆弧"命令。
2）指定椭圆弧的轴端点。
3）指定轴的另一个端点。
4）指定另一条半轴的长度。
5）指定起点角度，即 OA 方向。
6）指定端点角度，即 OB 方向。所得图形如图 2-22 所示。
AutoCAD 2012 中默认的 0° 为 OB 方向，并且以逆时针方向为正。

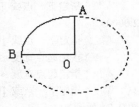

图 2-22　椭圆弧的绘制

2.3　绘制与编辑多段线

在 AutoCAD 中，多段线是一种非常有用的线段对象，它是由多条直线或圆弧组成的一个组合体，既可以一起编辑，也可以分别编辑，还可以具有不同的宽度。

2.3.1　绘制多段线

多段线是由多条直线或圆弧构成的连续线条，在 AutoCAD 2012 中，它是作为一个独立的图形对象存在的。

1. 功能

与单一的直线相比，多段线有其独特的优势，它提供了单个直线所不具备的编辑功能，可直可曲、可宽可窄，宽度既可固定也可变化；既能以一个整体一起编辑，也可以分段分别编辑，并可用适当的曲线拟合多段线。在绘制复杂图形时，多段线是非常有用的。

2. 命令调用

- 单击功能区"常用"选项卡中的"绘图"面板上的"多段线"按钮 。
- 选择"绘图"→"多段线"命令，如图 2-23 所示。
- 在命令行中输入"PLINE"或"PL"，然后按〈Enter〉键执行命令。

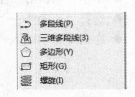

图 2-23　绘制多段线命令

3. 操作示例

执行多段线命令，命令行提示如下。

命令: _pline
指定起点:（拾取 A 点）
指定下一点或 [圆弧(A)/闭合(C)/半宽(H)/长度(L)/放弃(U)/宽度(W)]：（拾取 B 点）
指定下一点或 [圆弧(A)/闭合(C)/半宽(H)/长度(L)/放弃(U)/宽度(W)]: A（切换到画圆弧模式）
指定圆弧的端点或[角度(A)/圆心(CE)/闭合(CL)/方向(D)/半宽(H)/直线(L)/半径(R)/第二个点(S)/放弃(U)/宽度(W)]:（拾取 C 点）
指定圆弧的端点或[角度(A)/圆心(CE)/闭合(CL)/方向(D)/半宽(H)/直线(L)/半径(R)/第二个点(S)/放

弃(U)/宽度(W)]:H（设定线宽）

指定起点半宽 <0.0000>: 5

指定端点半宽 <5.0000>: 1

指定圆弧的端点或[角度(A)/圆心(CE)/闭合(CL)/方向(D)/半宽(H)/直线(L)/半径(R)/第二个点(S)/放弃(U)/宽度(W)]:（拾取 D 点）

指定圆弧的端点或[角度(A)/圆心(CE)/闭合(CL)/方向(D)/半宽(H)/直线(L)/半径(R)/第二个点(S)/放弃(U)/宽度(W)]:L（切换到画直线模式）

指定下一点或 [圆弧(A)/闭合(C)/半宽(H)/长度(L)/放弃(U)/宽度(W)]:（拾取 E 点，此时的线宽为 2.0000）

指定下一点或 [圆弧(A)/闭合(C)/半宽(H)/长度(L)/放弃(U)/宽度(W)]:W（设置线宽）

指定起点宽度 <2.0000>:0

指定起点宽度 <0.0000>:0

指定下一点或 [圆弧(A)/闭合(C)/半宽(H)/长度(L)/放弃(U)/宽度(W)]: C（闭合多段线，所得图形如图 2-24 所示）

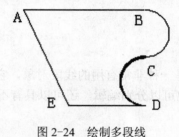

图 2-24　绘制多段线

2.3.2　编辑多段线

1．功能
完成多段线的绘制后，还可以对其进行修改编辑。

2．命令调用
● 单击"修改Ⅱ"工具栏中的按钮 。
● 选择"修改"→"对象"→"多段线"命令，如图 2-25 所示。
● 在命令行中输入"PEDIT"或"PE"，然后按〈Enter〉键执行命令。

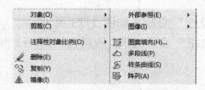

图 2-25　编辑多段线命令

3．操作示例
执行多段线编辑命令，命令行提示如下。

命令：_pedit

选择多段线或 [多条(M)]:（选取所要编辑的多段线，如图 2-26a 所示）

输入选项 [闭合(C)/合并(J)/宽度(W)/编辑顶点(E)/拟合(F)/样条曲线(S)/非曲线化(D)/线型生成(L)/反转(R)/放弃(U)]:C（闭合多段线，如图 2-26b 所示）

输入选项 [闭合(C)/合并(J)/宽度(W)/编辑顶点(E)/拟合(F)/样条曲线(S)/非曲线化(D)/线型生成(L)/反转(R)/放弃(U)]: W（编辑多段线的宽度，此处设为 10，如图 2-26c 所示）

输入选项 [闭合(C)/合并(J)/宽度(W)/编辑顶点(E)/拟合(F)/样条曲线(S)/非曲线化(D)/线型生成(L)/反转(R)/放弃(U)]: F（拟合多段线，如图 2-26d 所示）

输入选项 [闭合(C)/合并(J)/宽度(W)/编辑顶点(E)/拟合(F)/样条曲线(S)/非曲线化(D)/线型生成(L)/反转(R)/放弃(U)]: D（对图 2-26d 所示的图形执行该操作，即可得到图 2-26a 所示的图形）

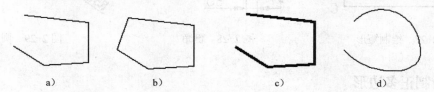

a)   b)   c)   d)

图 2-26　编辑多段线

a）多段线　b）闭合　c）宽度　d）拟合

2.4　绘制平面图形

矩形和多边形是常见的平面图形，AutoCAD 2012 提供了绘制矩形与多边形的方法，可以快速准确地绘制任意多边形。

2.4.1　绘制矩形

1. 功能

矩形是一个图形单元，可通过指定矩形对角点或指定一个顶点后，给出矩形的长、宽及方位等方式绘出。

2. 命令调用

● 单击功能区"常用"选项卡中的"绘图"面板上的"矩形"按钮囗。

● 选择"绘图"→"矩形"命令，如图 2-23 所示。

● 在命令行中输入"RECTANG"或"REC"，然后按〈Enter〉键执行命令。

3. 操作示例

执行矩形命令，命令行提示如下。

命令: _rectang
指定第一个角点或 [倒角(C)/标高(E)/圆角(F)/厚度(T)/宽度(W)]:（拾取 A 点）
指定另一个角点或 [面积(A)/尺寸(D)/旋转(R)]:（拾取 C 点，所得图形如图 2-27 所示）
命令: _rectang
指定第一个角点或 [倒角(C)/标高(E)/圆角(F)/厚度(T)/宽度(W)]:C
指定矩形的第一个倒角距离 <0.0000>: 50
指定矩形的第二个倒角距离 <0.0000>: 50
指定第一个角点或 [倒角(C)/标高(E)/圆角(F)/厚度(T)/宽度(W)]:
指定另一个角点或 [面积(A)/尺寸(D)/旋转(R)]:（指定对角点，所得图形如图 2-28 所示）
命令: _rectang
指定第一个角点或 [倒角(C)/标高(E)/圆角(F)/厚度(T)/宽度(W)]:F
指定矩形的圆角半径 <0.0000>: 50
指定第一个角点或 [倒角(C)/标高(E)/圆角(F)/厚度(T)/宽度(W)]:

指定另一个角点或 [面积(A)/尺寸(D)/旋转(R)]：（指定对角点，所得图形如图 2-29 所示）

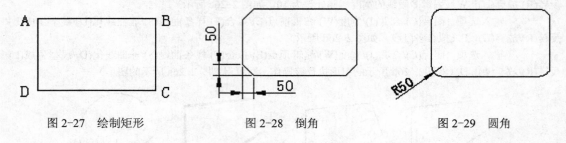

图 2-27　绘制矩形　　　　　　图 2-28　倒角　　　　　　　图 2-29　圆角

2.4.2　绘制正多边形

1．功能

多边形绘制命令可以用来绘制封闭的等边多边形，系统可以绘制边数为 3～1024 的等边多边形。

2．命令调用

用户可以采用以下方法之一绘制正多边形对象。

● 单击功能区"常用"选项卡中的"绘图"面板上的"多边形"按钮🔲。

● 选择"绘图"→"多边形"命令，如图 2-23 所示。

● 在命令行中输入"POLYGON"或"POL"，然后按〈Enter〉键执行命令。

3．操作示例

命令: _polygon
输入侧面数 <4>: 5
指定正多边形的中心点或 [边(E)]:
输入选项 [内接于圆(I)/外切于圆(C)] <I>:（系统默认为内接于圆）
指定圆的半径: 200（所得图形如图 2-30a 实线部分所示，若选择外切于圆，则如图 2-30b 所示）
命令: _polygon
输入侧面数 <4>: 6
指定正多边形的中心点或 [边(E)]:E
指定边的第一个端点:（拾取 A 点）
指定边的第二个端点:（拾取 B 点，所得图形如图 2-30c 所示。注意，选取点应按逆时针顺序选取）

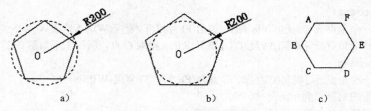

图 2-30　绘制正多边形

a) 半径为 200 的内接正多边形　b) 半径为 200 的外接正多边形　c) 用确定边的方式绘制正多边形

2.5　绘制和编辑多线

多线是由多条平行直线组成的图形对象，其中，每条平行直线称为元素。用户可以调整元素的数量、间距、颜色、线型及接头等，以满足不同的需要。多线常用于绘制建筑图中的墙体、电子线路图等平行线对象。

2.5.1 绘制多线

1. 功能

多线常用于绘制由多条平行线组成的实体对象。多线可具有不同的样式，在创建新图形时，AutoCAD 自动创建一个"标准"多线样式作为默认值。用户也可以根据需要，定义新的多线样式。

2. 命令调用

● 选择"绘图"→"多线"命令，如图 2-31 所示。

● 在命令行中输入"Mline"，然后按〈Enter〉键执行命令。

```
直线(L)
射线(R)
构造线(T)
多线(U)
多段线(P)
```

图 2-31　绘制多线命令

3. 操作示例

执行"多线"命令，命令行提示如下。

```
命令: _mline
当前设置: 对正 = 上，比例 = 10.00，样式 = STANDARD
指定起点或 [对正(J)/比例(S)/样式(ST)]: j（选择改变对正方式选项）
输入对正类型 [上(T)/无(Z)/下(B)] <上>: z（改为无对齐）
当前设置: 对正 = 下，比例 = 10.00，样式 = STANDARD
指定起点或 [对正(J)/比例(S)/样式(ST)]: s（选择更改比例选项）
输入多线比例 <10.00>: 2（新的比例为 2）
当前设置: 对正 = 无，比例 =2.00，样式 = STANDARD
指定起点或 [对正(J)/比例(S)/样式(ST)]: st（选择新的样式）
输入多线样式名或 [?]:（选"?"可以看到所有样式，按〈Enter〉键表示使用默认样式）
当前设置: 对正 = 无，比例 =20.00，样式 =窗
指定起点或 [对正(J)/比例(S)/样式(ST)]:（开始绘制多线）
```

按〈Enter〉键完成命令操作，绘制的多线及各选项的作用如图 2-32 所示。

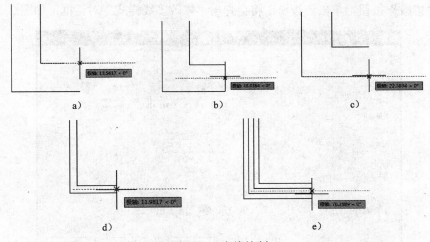

图 2-32　多线绘制

a）上对齐（默认）　b）无对齐　c）下对齐　d）缩小比例　e）更改样式

2.5.2 "多线样式" 对话框

　　除使用包含两条平行线的默认样式外，还可以根据需要创建不同的样式，以最大限度地满足用户的使用要求。在多线样式中，可以设定多线的线条数量、每条线的颜色和线型、线间的距离，还能指定多线端头的形式等。

　　"多线样式"对话框可通过菜单栏中的"格式"→"多线样式"命令打开，如图 2-33 所示。下面介绍其各选项的功能。

- "置为当前"按钮：用于选择所需要的多线样式作为当前样式。用户可在已有样式中选择一种，或者新建一种多线样式，然后单击"置为当前"按钮。
- "新建"按钮：创建新的多线样式。单击该按钮，将会弹出"创建新的多线样式"对话框，如图 2-34 所示。

图 2-33 "多线样式"对话框

图 2-34 "创建新的多线样式"对话框

- "修改"按钮：对已有的多线样式进行修改。用户可先选中要修改的多线样式，然后单击"修改"按钮。单击该按钮，将会弹出"修改多线样式"对话框，如图 2-35 所示。

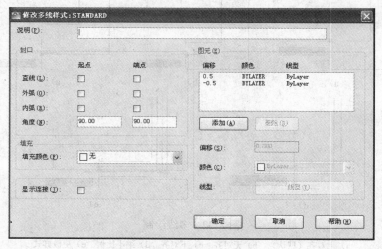

图 2-35 "修改多线样式"对话框

- "重命名"按钮：对已有的多线样式进行重新命名。用户可先选中需要重新命名的多线样式，然后单击"重命名"按钮，输入新的名称。
- "删除"按钮：删除不需要的多线样式。
- "加载"按钮：用于从多线样式库中加载多线样式到当前图形中。单击该按钮，将会弹出"加载多线样式"对话框，如图 2-36 所示。单击其中的"文件"按钮，弹出"加载多线样式"对话框，在其中可选择预设或自定义的多线样式文件（*.mln）。

图 2-36 "加载多线样式"对话框

- "保存"按钮：用于将当前的多线样式存入多线文件中。单击该按钮，将会弹出"保存多线样式"对话框，在"文件名"文本框中输入名称即可。

2.5.3 创建多线样式

用户可通过单击"多线样式"对话框中的"新建"按钮来创建新的多线样式。

单击"新建"按钮后，会弹出"创建新的多线样式"对话框，在"新样式名"文本框中输入新的样式名称（设为"样式一"），然后单击"继续"按钮。单击该按钮之后，将会弹出如图 2-35 的对话框，此时该对话框的名称为"新建多线样式：样式一"。下面介绍该对话框中各选项的功能。

- 说明：对多线样式附加的文字说明，最多可容纳 256 个字符。
- 封口：用于设置多线首尾两端的外观。其中包括 4 个选项，用于为多线的每个端点选择直线或半圆弧。其中，"直线"穿过整个多线的端点；"外弧"连接最外层元素的端点；"内弧"连接成对元素，如果多线由奇数条线组成，则位于中心处的线将独立存在；"角度"即多线某一端最外侧端点的连线与多线的夹角。
- 填充颜色：用于设置多线的填充颜色，默认颜色为无色。
- 显示连接：选择该复选框后，在多线的转折处将出现连接线，否则将不显示这些线条。
- 图元：显示当前多线样式中线条的位置、颜色和线型等特性。
- "添加"按钮：用于增加多线中线的数目，单击该按钮，将在"图元"列表中加入一个偏移量为 0 的新线。
- "删除"按钮：用于删除"图元"列表中选定的线元素。
- 偏移：用于设置"图元"列表中选定线元素的偏移量，向上为正，向下为负。
- 颜色：用于设置或修改"图元"列表中选定线元素的颜色。单击该按钮，用户可在常用颜色中选择一种，也可以单击"选择颜色"选项，弹出"选择颜色"对话框，在该对话框的各选项卡中选择所需要的颜色。

● "线型"按钮：用于设置或修改"图元"列表中选定线元素的线型。单击该按钮，将弹出"选择线型"对话框，从中可选择合适的线型。

2.5.4 编辑多线

1．功能

完成多线的创建之后，还可以随时对其进行编辑修改，主要是修改多线相交处的交点特征。

2．命令调用

用户可以采用以下方法之一对多线进行编辑：

1）选择"修改"→"对象"→"多线"命令，如图 2-37 所示。

2）在命令行中输入"MLEDIT"，然后按〈Enter〉键执行命令。

启动编辑多线命令后，将弹出"多线编辑工具"对话框，如图 2-38 所示。

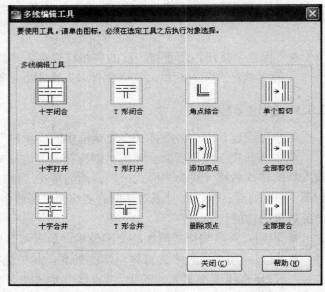

图 2-37　编辑多线命令　　　　　　　　　图 2-38　"多线编辑工具"对话框

该对话框中的各图标形象地说明了它所具有的功能，且各个图标的下方都有简要的文字说明，用户可根据具体需要进行选择，以满足修改多线的要求。

3．操作示例

下面分别对"十字闭合"、"十字打开"和"十字合并"3 种样式给出示例。

（1）十字闭合

　　命令：MLEDIT（选择"十字闭合"样式）

　　选择第一条多线：（选择多线 1）

　　选择第二条多线：（选择多线 2，效果如图 2-39b 所示；若先选择多线 2，再选择多线 1，则效果如图 2-39c 所示）

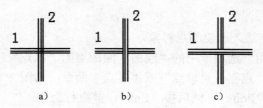

图 2-39 十字闭合

a）原始多线 b）先选 1 再选 2 c）先选 2 再选 1

（2）十字打开

命令：MLEDIT（选择"十字打开"样式）

选择第一条多线：（选择多线 1）

选择第二条多线：（选择多线 2，效果如图 2-40b 所示；若先选择多线 2，再选择多线 1，则效果如图 2-40c 所示）

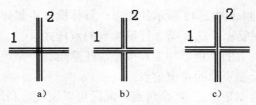

图 2-40 十字打开

a）原始多线 b）先选 1 再选 2 c）先选 2 再选 1

（3）十字合并

命令：MLEDIT（选择"十字合并"样式）

选择第一条多线：（选择多线 1）

选择第二条多线：（选择多线 2，效果如图 2-41b 所示）

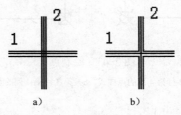

图 2-41 十字合并

a）原始多线 b）十字合并结果

2.6 绘制点

在 AutoCAD 2012 中，点对象可作为捕捉和偏移对象的节点或参考点，用户可以通过"单点"、"多点"、"定数等分"和"定距等分" 4 种方式创建点对象。

2.6.1 绘制单点或多点

1．功能

点可以作为捕捉对象的节点。利用该功能可以绘制单点或多点。

2. 命令调用

用户可以采用以下方法之一绘制点对象。

- 单击功能区"常用"选项卡中的"绘图"面板上的"多点"工具按钮　。
- 选择"绘图"→"点"→"单点"或"多点"命令，如图 2-42 所示。
- 在命令行中输入"Point"，然后按〈Enter〉键执行命令。

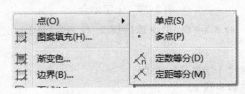

图 2-42　绘制点命令

3. 操作示例

分别用单点和多点绘制如图 2-43 所示的图形。具体操作步骤如下。

1）打开"点样式"对话框，选择第 2 行第 4 列的点样式　。

2）单击"绘图"面板上的"矩形"工具按钮，任意绘制一个矩形。

3）选择单点命令，绘制矩形的 4 个角点。

4）选择多点命令，绘制矩形的 4 个角点。此时可以发现，利用单点绘制需多次调用命令，较为麻烦，而利用多点绘制的效率较高。结果如图 2-43a 所示。

5）打开"点样式"对话框，将点样式改为第 3 行第 4 列的样式　，则整个绘图区域的点样式都会随之改变。如图 2-43b 所示。

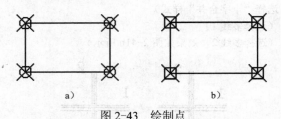

图 2-43　绘制点

a）第 2 行第 4 列的点样式　b）第 3 行第 4 列的点样式

2.6.2　设置点的样式

1. 功能

用户可通过设置点的样式来改变显示点标记的大小和形状。

2. 命令调用

- 选择"格式"→"点样式"命令。
- 在命令行中输入"DDPTYPE"，然后按〈Enter〉键执行命令。

3. 操作示例

1）执行"点样式"命令，将弹出"点样式"对话框，如图 2-44 所示。

2）选择需要的点样式，单击"确定"按钮。

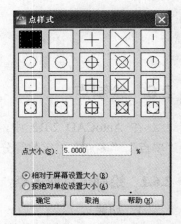

图 2-44　"点样式"对话框

48

2.6.3 绘制定数等分点

1．功能

可以将所选对象等分为指定数目的相等长度，在对象上按指定数目等间距创建点或插入块，该操作并未将对象实际等分为单独的对象，而仅仅是标明定数等分的位置，以便将它们作为几何参考点，便于复杂图形的绘制。

2．命令调用

用户可以采用以下方法之一绘制定数等分点：

● 选择"绘图"→"点"→"定数等分"命令。
● 在命令行中直接输入"Divide"，然后按〈Enter〉键执行命令。

3．操作示例

利用点的定数等分，将一个半径为100的圆形进行5等分。具体操作步骤如下：

1）打开"点样式"对话框，选择第2行第4列的点样式⊠。
2）单击"绘图"面板上的"圆"工具按钮，绘制一个半径为100的圆形。
3）执行"定数等分"命令，将圆形5等分，命令行提示如下。

  命令: _divide（定数等分命令）
  选择要定数等分的对象:（单击要进行等分的圆形）
  输入线段数目或 [块(B)]: 5（输入要等分的数值）

4）按〈Enter〉键完成操作。

2.6.4 绘制定距等分点

1．功能

定距等分可将点对象按指定的间距放置在选定的对象上，可以定距等分的对象包括多段线、样条曲线、圆、圆弧、椭圆、椭圆弧等。

2．命令调用

用户可以采用以下方法之一绘制定距等分点：

● 选择"绘图"→"点"→"定距等分"命令。
● 在命令行中输入"MEASURE"，然后按〈Enter〉键执行命令。

3．操作示例

1）打开"点样式"对话框，选择第2行第4列的点样式⊠。
2）单击"绘图"面板上的"样条曲线"工具按钮，绘制一条样条曲线。
3）执行"定距等分"命令，指定等分线段长度为200，命令行提示如下。

  命令: _measure（定距等分命令）
  选择要定距等分的对象:（选择样条曲线）
  指定线段长度或 [块(B)]: 200

4）按〈Enter〉键完成操作，结果如图2-45所示。

图2-45　定距等分样条曲线

2.7　绘制和编辑样条曲线

样条曲线是一种通过或接近指定点的拟合曲线。在 AutoCAD 中，其类型是非均匀关系基本样条曲线（Non-Uniform Rational Basis Spines，NURBS），适于表达具有不规则变化曲率半径的曲线，例如机械图样中的波浪线、地质地貌图中的轮廓线等。

2.7.1 绘制样条曲线

1. 功能

使用绘制样条曲线（SPLINE）命令不仅可以创建样条曲线，同时也可以将二维或三维平滑的多段线转换为样条曲线。

2. 命令调用

用户可以采用以下方法之一绘制样条曲线：

- 单击"绘图"工具栏中的按钮~。
- 选择"绘图"→"样条曲线"命令，如图 2-46 所示。
- 在命令行中输入"SPLINE"或"SPL"，然后按〈Enter〉键执行命令。

3. 操作示例

执行样条曲线命令，命令行提示如下。

```
命令: _spline
当前设置: 方式=拟合      节点=弦
指定第一个点或 [方式(M)/节点(K)/对象(O)]:（拾取 A 点）
输入下一个点或 [起点切向(T)/公差(L)]:（拾取 B 点）
输入下一个点或 [端点相切(T)/公差(L)/放弃(U)]:（拾取 C 点）
输入下一个点或 [端点相切(T)/公差(L)/放弃(U)/闭合(C)]:（拾取 D 点）
输入下一个点或 [端点相切(T)/公差(L)/放弃(U)/闭合(C)]:（按〈Enter〉键完成操作，所得样条曲
```
线如图 2-47 所示）

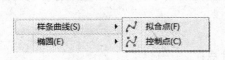

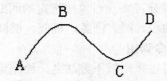

图 2-46　绘制样条曲线命令　　　　　　图 2-47　绘制样条曲线

2.7.2 编辑样条曲线

1. 功能

使用编辑样条曲线命令，可以对已绘制的样条曲线进行必要的调整与整改，如增加、删除或移动拟合点，改变端点特性及切线方向，修改样条曲线的拟合公差等，以满足用户的具体要求。

2. 命令调用

- 单击"修改 II"工具栏中的按钮⌐。
- 选择"修改"→"对象"→"样条曲线"命令，如图 2-48 所示。
- 在命令行中输入"SPLINEDIT"，然后按〈Enter〉键执行命令。

图 2-48　编辑样条曲线命令

3. 操作示例

执行样条曲线命令，命令行提示如下。

命令：_splinedit

选择样条曲线：（选择要修改的样条曲线，如图2-49a所示）

输入选项 [闭合(C)/合并(J)/拟合数据(F)/编辑顶点(E)/转换为多段线(P)/反转(R)/放弃(U)/退出(X)] <退出>: C（选择闭合命令，按〈Enter〉键执行命令）

输入选项 [打开(O)/拟合数据(F)/编辑顶点(E)/转换为多段线(P)/反转(R)/放弃(U)/退出(X)] <退出>: （按〈Enter〉键执行命令，所得图形如图2-49b所示）

命令：_splinedit

选择样条曲线：（选择要修改的样条曲线）

输入选项 [闭合(C)/合并(J)/拟合数据(F)/编辑顶点(E)/转换为多段线(P)/反转(R)/放弃(U)/退出(X)] <退出>: P（选择转换为多段线命令，按〈Enter〉键执行命令）

指定精度 <10>: 2:（按〈Enter〉键执行命令，所得图形如图2-49c所示）

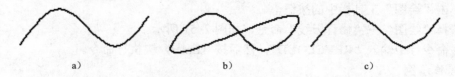

a)   b)   c)

图2-49 编辑样条曲线

a) 选择样条曲线 b) 闭合样条曲线 c) 转换为多段线

2.8 徒手绘图

在 AutoCAD 2012 中，可以使用 SKETCH（徒手画）命令徒手绘制图形、轮廓线及签名等。徒手绘制对于创建不规则边界或使用数字化仪追踪非常有用。可以使用 SKETCH（徒手画）命令绘制徒手线对象，也可以使用"绘图"→"修订云线"命令绘制云彩形对象，它们的共同点在于可以通过拖动鼠标来徒手绘制圆形。

2.8.1 使用 SKETCH 命令徒手绘图

1. 功能

在徒手绘制之前，要指定对象类型（直线、多段线或样条曲线）、增量和公差。利用 SKETCH 命令有时还可绘制出带有概念性的建筑草图，颇有一点速写的"味道"，如图2-50所示。

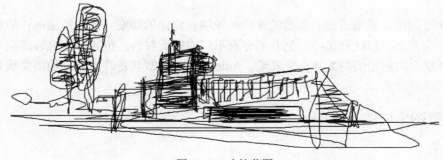

图2-50 建筑草图

2. 命令调用

● 在命令行中输入"SKETCH",然后按〈Enter〉键执行命令。

3. 操作示例

命令: SKETCH

类型 = 直线   增量 = 1.0000   公差 = 0.5000

指定草图或 [类型(T)/增量(I)/公差(L)]:(可输入命令进行相应设置)

指定草图:(进行绘制,按〈Enter〉键执行命令)

2.8.2 绘制修订云线

1. 功能

使用修订云线可以亮显要查看的图形部分。

2. 命令调用

● 单击"绘图"工具栏中的按钮 。

● 选择"绘图"→"修订云线"命令,如图 2-51 所示。

● 在命令行中输入"REVCLOUD",然后按〈Enter〉键执行命令。

3. 操作示例

命令: _revcloud

最小弧长: 300   最大弧长: 300   样式: 普通

指定起点或 [弧长(A)/对象(O)/样式(S)] <对象>:

(可输入相应命令对以上选项进行设置)

沿云线路径引导十字光标...

修订云线完成。(所得图形如图 2-52 所示)

图 2-51　修订云线命令　　　　　　　图 2-52　绘制修订云线

2.9　图案填充

在绘图过程中,经常需要对图形的某些区域填充特定的图案,如在机械图样的剖切面中需要填充剖切符号,以区别实心、空心部分及不同的制造材料;再如,建筑装潢制图中的地面或建筑断层面用特定的图案填充来表现。AutoCAD 2012 具备较为完善的图案填充功能来满足用户的不同需求。

2.9.1　设置图案填充

1. 功能

可以使用特定的图案对所选封闭图形进行填充。

2．命令调用

● 单击"绘图"工具栏中的按钮▦。

● 选择"绘图"→"图案填充"命令。

● 在命令行中输入"HATCH"或"H"，然后按〈Enter〉键执行命令。

3．操作示例

1）执行"图案填充"命令，弹出"图案填充和渐变色"对话框，如图 2-53 所示。

2）单击"图案"按钮，选择需要的图案形式，并设置图案填充的颜色、角度和比例等。

3）单击"添加：拾取点"按钮，选择需要填充的区域，或者单击"添加：选择对象"按钮，选择需要填充的区域边界，然后按〈Enter〉键执行命令。

4）返回"图案填充和渐变色"对话框，单击"确定"按钮，完成操作。

图 2-53 "图案填充和渐变色"对话框

2.9.2 设置孤岛

1．功能

孤岛指填充边界中包含的闭合区域，对边界内含有闭合区域的图形进行填充时通常进行孤岛设置，以达到需要的填充效果。

2．命令调用

在"图案填充和渐变色"对话框的右下角有一个按钮⊙，单击即可看到孤岛选项。

3．操作示例

1）打开"图案填充和渐变色"对话框，单击右下角的按钮⊙。

2）选择"孤岛检测"复选框，并在"孤岛显示样式"中选择"普通"样式。

3）拾取填充区域，单击矩形框内大圆外的任意一点，按〈Enter〉键执行命令。

4）返回"图案填充和渐变色"对话框，单击"确定"按钮，完成操作。

5）分别选择不同的孤岛样式，重复步骤2～4。所得图形如图2-54a～c所示。

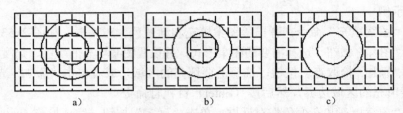

图2-54 不同孤岛样式下的填充效果

a）普通孤岛样式 b）外部孤岛样式 c）忽略孤岛样式

2.9.3 设置渐变色填充

1. 功能

可根据需要选择单色、双色，以及不同的渐变方式和角度，对图案进行有效的填充。

2. 命令调用

● 单击"绘图"工具栏中的按钮▣。

● 选择"绘图"→"渐变色"命令。

● 在命令行中输入"GRADIENT"或"GRA"，然后按〈Enter〉键执行命令。

3. 操作示例

1）执行"渐变色"命令，弹出"图案填充和渐变色"对话框，如图2-55所示。

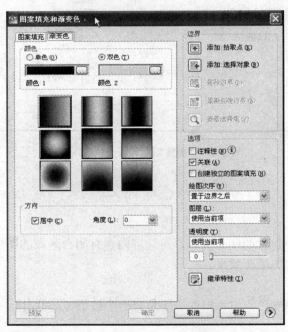

图2-55 "图案填充和渐变色"对话框下的"渐变色"选项卡

2）选择单色或双色填充，并选择需要的颜色、设置填充角度和方向。

3）单击"添加：拾取点"按钮，选择需要填充的区域，或者单击"添加：选择对象"按钮，选择需要填充的区域边界，然后按〈Enter〉键执行命令。

4）返回"图案填充和渐变色"对话框，单击"确定"按钮，完成操作。

2.10 实训操作——绘制机座

1．实训要求

运用本章所学内容，绘制一个机座立面图，如图 2-56 所示。在绘制过程中，大家要注意快捷属性、圆弧绘制方式、动态输入等功能的应用。

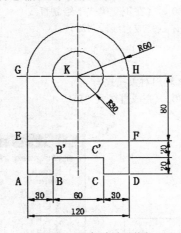

图 2-56　机座立面图

2．操作指导

1）绘制图形下部的基座"ABB'C'CDFE"。鉴于图形单位形状比较复杂，并且作为初学者无法掌握较多的绘图技巧，此处在绘制图形时将图形的一个关键位置点定为原点。单击按钮，按照 A→B→B'→C'→C→D→F→E 的顺序绘制基座。注意，此处采用了正交模式，如图 2-57 所示。

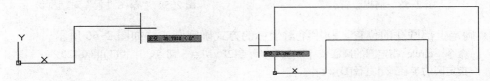

图 2-57　A→B→B'→C'→C→D→F→E 作图过程

命令: _line 指定第一点: 0,0✓（为简化输入，将端点"A"的坐标定为"0,0"）

指定下一点或 [放弃(U)]: <正交 开> 30✓

指定下一点或 [放弃(U)]: 20✓

指定下一点或 [闭合(C)/放弃(U)]: 60✓

指定下一点或 [闭合(C)/放弃(U)]: 20✓

指定下一点或 [闭合(C)/放弃(U)]: 30✓

指定下一点或 [闭合(C)/放弃(U)]: 40↙

指定下一点或 [闭合(C)/放弃(U)]: 120↙

指定下一点或 [闭合(C)/放弃(U)]: c↙

2) 绘制直线段 "EG" 和 "FH"。由图中的标注可知，两条直线段的长度为 "80"。继续使用 ✎ 绘制两条直线段。对于端点 "E"、"F" 的确定，可以根据 A 点的坐标计算出，它们的坐标分别为 "0,40" 和 "120,40"，然后采用相对坐标、绝对坐标在正交模式下绘制。此处利用 "对象捕捉" 模式来捕捉端点 "E" 和 "F"。

绘制直线段 "EG"。

命令: _line 指定第一点: （利用对象模式，如图 2-58 和图 2-59 所示，设置 "端点" 模式）

正在恢复执行 LINE 命令。

指定第一点: <打开对象捕捉> （打开对象捕捉，捕捉第 1 点 "E"）

指定下一点或 [放弃(U)]: 80 ↙ （在正交模式下绘制直线）

指定下一点或 [放弃(U)]: ↙ （完成直线段 "EG"）

完成直线段 "FH"。

命令:

命令: _line 指定第一点: （利用对象模式）

指定下一点或 [放弃(U)]: 80↙（完成直线段 "FH"）

指定下一点或 [放弃(U)]: ↙

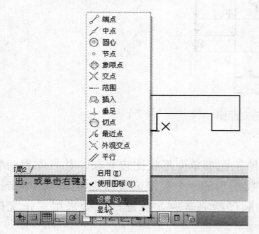

图 2-58　捕捉设置　　　　　　　图 2-59　"草图设置" 对话框

3) 确定上部圆孔的位置。利用绝对坐标的方式确定圆心，如图 2-60 所示。

命令: _circle 指定圆的圆心或 [三点(3P)/两点(2P)/切点、切点、半径(T)]: 60,120↙

指定圆的半径或 [直径(D)]: r↙

需要数值半径、圆周上的点或直径(D)。

指定圆的半径或 [直径(D)]: 30↙

4) 绘制上部半圆形，注意绘制圆弧时端点的顺序，如图 2-61 所示。

命令: _arc 指定圆弧的起点或 [圆心(C)]: （指定圆弧的第 1 个端点 "H"）

指定圆弧的第二个点或 [圆心(C)/端点(E)]: （设置对象捕捉模式，打开 "圆心"）

正在恢复执行 ARC 命令。（退出 "透明命令"，继续绘制圆形）

指定圆弧的第二个点或 [圆心(C)/端点(E)]: c 指定圆弧的圆心: （捕捉 "圆心"）

指定圆弧的端点或 [角度(A)/弦长(L)]: （指定另外一个端点）

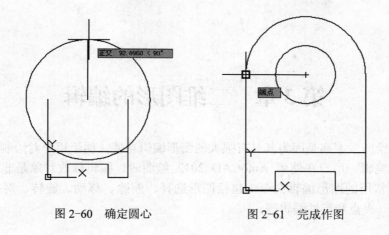

图 2-60　确定圆心　　　　　　图 2-61　完成作图

2.11　思考与练习

1. 利用本章所学的"矩形"、"圆形"、"直线"、"多段线"、"样条曲线"等工具，绘制如图 2-62 所示的双人床平面图并保存，双人床尺寸为 2000×1500、床头柜尺寸为 420×450。

2. 利用本章所学的"矩形"、"直线"、"圆弧"、"多段线"等工具，绘制如图 2-63 所示的厨房水槽平面图并保存，外轮廓尺寸为 960×540。

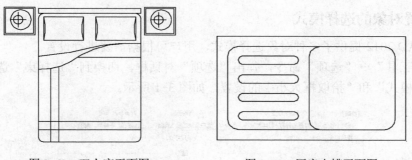

图 2-62　双人床平面图　　　　　　图 2-63　厨房水槽平面图

3. 利用本章所学的"直线"、"圆弧"、"矩形"、"多段线"等工具，绘制如图 2-64 所示的马桶平面示意图并保存。

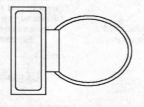

图 2-64　马桶平面示意图

第3章　二维图形的编辑

计算机的绘图效率高是因为其具有强大的图形编辑功能，便于用户对绘制出的图形进行快捷的修改和编辑。用户在使用 AutoCAD 2012 绘图时，编辑修改对象是非常重要的一部分。本章介绍常用的图形编辑命令，包括图形选择、删除、移动、旋转、对齐、复制、修改、倒角圆角、夹点和特性编辑等。

本章重点

- 选择图形的方法
- 熟练掌握删除、复制、移动、变形和修改等编辑命令
- 了解倒角、圆角、夹点和特性编辑的使用

3.1　图形对象的选择

在进行图形编辑时，首先要选择所要编辑的对象。当光标移近或选择对象时，图形将进入"亮显"模式，以便于用户观察所选择的对象。AutoCAD 有多种选择对象的方法，下面逐一介绍。

3.1.1　设置对象的选择模式

AutoCAD 2012 提供了多种对象选择模式，用户可根据需要进行设置。

选择"工具"→"选项"命令，弹出"选项"对话框，切换到"选择集"选项卡，可进行"选择集模式"和"拾取框大小"的设置，如图 3-1 所示。

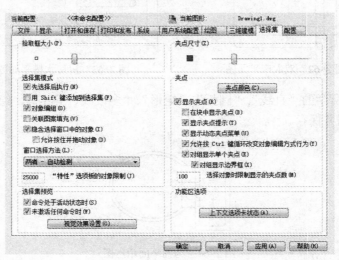

图 3-1　"选择集"选项卡

"选择集"选项卡主要有以下功能。

1．拾取框大小

在该选项区中，拖动滑块可以设置选择对象时拾取框的大小。用户可以根据自己的工作习惯设置拾取框的大小，但拾取框过大或者过小都将导致选择对象时操作不便。

2．选择集模式

1）先选择后执行：用于设置选择编辑方式，选择该复选框，允许用户先选择对象然后确定所需执行的命令。

2）用 Shift 键添加到选择集：选择该复选框，在选择对象时需按下〈Shift〉键才可使选择的对象加入到原有的选择集；否则，在进行对象选择时，无须按下〈Shift〉键即可将对象自动加入选择集。

3）对象编组：选择该复选框后，选择对象组中的任一对象相当于选择了组中的所有对象。

4）关联图案填充：选择该复选框后，只需选择关联性图案填充的一个对象，就相当于选择了该填充的所有对象（包括边界），否则，填充图案与边界不相关。

5）隐含选择窗口中的对象：用于控制是否自动生成一个选择窗口。如果选择该复选框，用户在绘图区中单击，在未选择对象的情况下，自动将该点作为选择窗口的角点。

6）允许按住并拖动对象：用于控制选择窗口的方式。若选择该复选框，在单击第一点后按住鼠标不放，拖动到第二点后释放，即可形成选择窗口；否则，单击第一点后，不需按住鼠标，移动鼠标并单击第二点即可形成窗口。

3．窗口选择方法

AutoCAD 2012 提供了简便的窗口选择的设置方法，通过"窗口选择方法"下拉列表可选择"两次单击"、"按住并拖动"或"两者-自动检测"，其功能与"允许按住并拖动对象"相似，在此不再赘述，用户可根据需要自行选择。

4．选择集预览

1）命令处于活动状态时：执行编辑命令时，光标经过或停留于某个对象时会显示选择预览。

2）未激活任何命令时：未执行编辑命令，光标经过或停留于某个对象时会显示选择预览。

5．视觉效果设置

用于设置预览时对象的外观，包括"纹理填充"、"虚线"、"加粗"、"同时应用两者"和"高级选项"选项。单击"高级选项"按钮，会弹出"高级预览选项"对话框，如图 3-2 和图 3-3 所示。

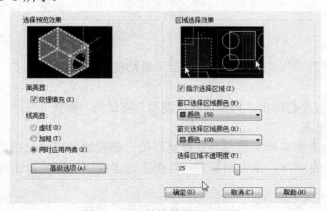

图 3-2 "视觉效果设置"选项

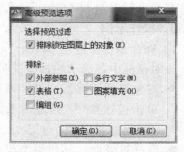

图 3-3 "高级预览选项"对话框

3.1.2 选择对象的方法

1.直接单击

直接单击要选择的图形对象，如果对象加亮显示（呈虚线显示），表示对象已被选中。该种方法每次只能选择一个对象，要选择多个对象则需逐个单击。

2.窗口方式（WINDOW）

窗口方式是通过绘制一个矩形选择对象，即在矩形内的对象被选中，未在矩形内或只有一部分在矩形内的对象不被选中。采用该方式时，需要用户在命令行中输入"W"，命令行将提示"指定第一个角点"和"指定对角点"，以确定窗口的第一个角点和对角点的位置。

3.交叉窗口方式（CROSSING）

该方式与窗口方式类似，但使用交叉窗口方式时，窗口之内以及与窗口边界相交的对象都被选中。定义交叉窗口的矩形窗口用虚线显示，以区别窗口方式。采用该方式时，需要用户在命令行中输入"C"，命令行将提示"指定第一个角点"和"指定对角点"，以确定窗口的第一角点和对角点的位置。需要注意的是，虽然"窗口方式"和"交叉窗口方式"都要求"指定第一个角点"和"指定对角点"，但"窗口方式"是从左上到右下取角点确定窗口的范围，而"交叉窗口方式"是从右下到左上取角点确定窗口的范围。

4.默认窗口方式

默认窗口方式是"窗口方式"和"交叉窗口方式"的组合。若从左上到右下取角点，执行的是"窗口方式"，若从右下到左上取角点，则执行的是"交叉窗口方式"。

5.从选择集中删除对象

创建一个选择集后，用户在"选择对象"提示后输入"R"并按〈Enter〉键，命令行将提示"删除对象"，此时进入删除模式，用户可通过单击对象删除已选择的对象。

在删除模式下，在命令行中输入"A"，命令行将提示"选择对象"，此时便返回到添加模式。

3.1.3 过滤对象

1.功能

在编辑对象时，经常需要对某种类型的对象进行选择，使用对象选择过滤器可以进行快速选择。在命令行中输入"Filter"，弹出"对象选择过滤器"对话框，用户可根据自己的需要自定义需要过滤的对象。

2.命令调用

在命令行中输入"Filter"，程序将弹出"对象选择过滤器"对话框。

3.操作示例

1）在命令行中输入"Filter"，程序将弹出"对象选择过滤器"对话框，如图3-4所示。该对话框中各选项的具体说明如下。

● 对象选择过滤器列表：该列表中显示了组成当前过滤器的全部过滤器特性。用户可单击按钮 编辑项目(I) 编辑选定的项目；单击按钮 删除(D) 删除选定的项目；或单击按钮 清除列表(C) 清除整个列表。

● 选择过滤器：其作用类似于快速选择命令，用户可根据对象的特性向当前列表中添加过滤器。在其下拉列表中包含了可用于构造过滤器的全部对象以及分组运算符，用户可根据对象的不同指定相应的参数值，并可通过关系运算符来控制对象属性与取值之间的关系。在构造过滤器时，可用的运算符包括"="、"<"、"<="，以及"AND"、"OR"、"XOR"和"NOT"等。

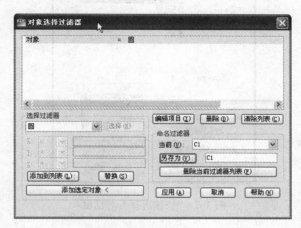

图 3-4 "对象选择过滤器"对话框

2）单击"选择过滤器"右侧的按钮，在弹出的下拉列表中选择"圆"。

3）在另存为(V)右侧的文本框中输入过滤器名称"C1"，然后单击按钮另存为(V)，程序将显示当前过滤器"C1"。

4）单击按钮应用(A)，程序将保存当前过滤器退出对话框，并在窗口中显示"□"，提示用户选择对象。

5）利用交叉窗口方式选择如图 3-5 所示的所有图形。由于在使用当前过滤器，因此，只有"圆"被选择，见图 3-6 所示。

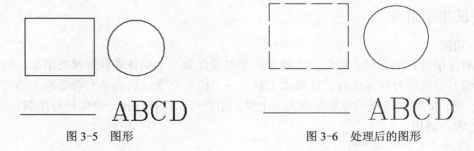

图 3-5 图形   图 3-6 处理后的图形

3.1.4 快速选择

1. 功能

较过滤对象方式而言，快速选择也可以在整个图形或现有选择集的范围内来创建一个选择集。

2. 命令调用

● 选择"工具"→"快速选择"命令，程序将弹出"快速选择"对话框，如图 3-7 所示。

● 从命令行中输入"Qselect"，程序将弹出"快速选择"对话框。

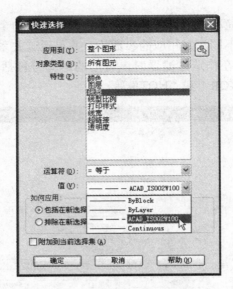

图 3-7 "快速选择"对话框

3．操作示例

对图 3-7 进行操作，将图中矩形的线型改为"ACAD_ISOO2W100"。

1）在命令行中输入"Qselect"，程序将弹出"快速选择"对话框。

2）单击"快速选择"对话框中的按钮 。

3）在"应用到"下拉列表中选择"整个图形"、在"对象类型"下拉列表中选择"所有图元"，并在"特性"列表框中选择"线型"、在"运算符"下拉列表中选择"= 等于"、在"值"下拉列表中选择 —— ACAD_ISO02W100 。

4）此时，绘图窗口中显示矩形被选择。

3.1.5 使用编组

1．功能

在对图形进行编辑时，经常会出现将几个对象作为一个整体进行选择的情况，用户可以通过编组对对象进行快速选择。选择"工具"→"组"命令，然后单击需要添加的对象，按〈Enter〉键，此时被选择的对象即成为一个组，用户可以直接选择一个组进行编辑。

2．命令调用

● 选择"工具"→"组"命令。

● 在命令行中输入"Group"。

3．操作示例

以图 3-5 所示的图形为例对矩形和圆形进行编组。

1）在命令行中输入"Group"并按〈Enter〉键。命令行提示如下。

命令: Group
选择对象或 [名称(N)/说明(D)]:N （输入"N"以确定新的编组名称，包括矩形和圆形）
输入编组名或 [?]: TUXING-1
选择对象或 [名称(N)/说明(D)]:找到 1 个，1 个编组 （单击选择矩形）

选择对象或 [名称(N)/说明(D)]:找到 1 个，总计 2 个 （再次单击选择圆形）
组 "TUXING-1" 已创建。

2）利用之前设定的编组进行 "Erase" 操作。

命令: Erase
选择对象:? （输入 "？" 调出选择方式，也可以直接输入 "G" 采用编组方式选择）
无效选择
需要点或窗口(W)/上一个(L)/窗交(C)/框(BOX)/全部(ALL)/栏选(F)/圈围(WP)/圈交(CP)/编组(G)/添
加(A)/删除(R)/多个(M)/前一个(P)/放弃(U)/自动(AU)/单个(SI)/子对象(SU)/对象(O)选择对象: g （选择编组方
式进行选择）
输入编组名: TUXING-1 （输入原先设定的编组 "TUXING-1"）
找到 2 个 （按〈Enter〉键执行 "Erase" 命令）

3.2 删除、移动、旋转和对齐对象

从本节开始介绍常用的基本编辑命令。编辑操作通常先启动编辑命令，然后选择要编辑
的对象进行编辑。对于多数编辑命令，也可以先选择对象再启动编辑命令，用户可自行选
择。启动编辑命令的方法包括直接输入相应命令、选择 "修改" 菜单中的相应命令，以及单
击 "修改" 工具栏中的相应按钮，如图 3-8 所示。

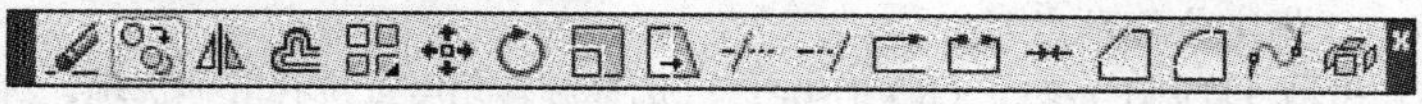

图 3-8 "修改" 工具栏

3.2.1 删除对象

1．功能

使用 "删除" 命令可以删除不需要的图形。

2．命令调用

● 选择 "修改" → "删除" 命令。
● 单击 "修改" 工具栏中的按钮 。
● 在命令行中输入 "ERASE" 或 "E"，然后按〈Enter〉键。

启动 "删除" 命令后，命令行会提示 "选择对象"，选择要删除的对象，按〈Enter〉
键，即可删除选择的对象。

3.2.2 移动对象

1．功能

在编辑图形的过程中，经常需要移动图形或对象的位置，这时需要使用 "移动" 命令。

2．命令调用

● 选择 "修改" → "移动" 命令。
● 单击 "修改" 工具栏中的按钮 。
● 在命令行中输入 "MOVE" 或 "M"，然后按〈Enter〉键。

启动 "移动" 命令后，AutoCAD 的命令行提示如下。

命令：MOVE（按〈Enter〉键启动命令）

选择对象：（选择要移动的对象）

选择对象：（按〈Enter〉键结束选择对象）

指定基点或 [位移(D)] <位移>：（指定位移基点或者选择位移）

指定位移的第二点或<用第一点作位移>：（指定对象要移动的位置）

3.2.3 旋转对象

1. 功能

旋转对象可以绕指定基点旋转图形中的对象。对于旋转的角度，可以直接输入角度值、使用光标进行拖动，或者指定参照角度，以便与绝对角度对齐。

2. 命令调用

● 选择"修改"→"旋转"命令。

● 单击"修改"工具栏中的按钮○。

● 在命令行中输入"ROTATE"或"RO"，然后按〈Enter〉键。

启动"旋转"命令后，命令行提示如下。

命令：ROTATE（按〈Enter〉键启动命令）

选择对象：（选择要旋转的对象）

选择对象：（按〈Enter〉键结束选择对象）

指定基点：（指定位移基点）

指定旋转角度或 [复制(C)/参照（R）] <0>：（选择旋转角度或选择其他选项，确定旋转后的位置）

● 指定旋转角度：直接输入角度值，AutoCAD 将按指定的基点和角度旋转对象。如果旋转角度为正，则逆时针旋转，反之顺时针旋转。用户也可以利用鼠标拖动的方式将对象旋转至控制的角度。

● 复制：在旋转的同时可以将对象进行复制。

● 参照：通过指定参照角度设置旋转角度，在一些难以确定旋转角度的情况下使用该选项十分方便。如图 3-9a 所示，用户可以选择整个对象，即对包括文字在内的整体对象进行选择。"基点"可以选择"1"点，根据命令行中的提示选择"R"以参照方式进行选择。程序将提示"指定参照角"，用户可利用捕捉的方式分别指定点"2"和"3"，并根据命令行中的提示"指定新角度或"输入新的角度"90"，得到如图 3-9b所示的结果。

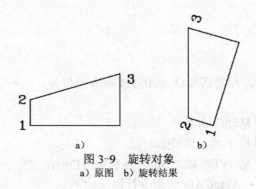

图 3-9 旋转对象

a）原图 b）旋转结果

3.2.4 对齐对象

1. 功能

当需要将两个图形对象拼接起来时，可以通过移动、旋转或倾斜对象来使该对象与另一个对象对齐。

2. 命令调用

● 选择"修改"→"三维操作"→"对齐"命令。
● 在命令行中输入"Align"，然后按〈Enter〉键。

3. 操作示例

以图 3-10 所示的图形为例进行操作。

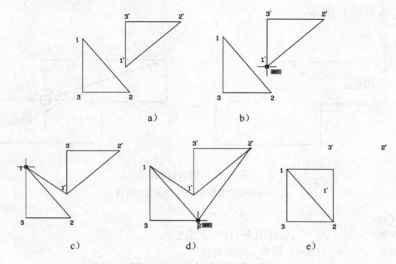

图 3-10　对齐图形操作过程

a）原图形　b）选择源点 1'　c）选择目标点 1　d）选择源点 2' 并选择目标点 2　e）完成对齐

启动"移动"命令后，AutoCAD 的命令行提示如下。

命令: Align↙
选择对象: 指定对角点: 找到 3 个　（选择图 3-10a 所示的图形"1'2'3'"，共包括 3 条直线）
选择对象: ↙　（按〈Enter〉键结束选择）
指定第一个源点: ＜打开对象捕捉＞　（利用对象捕捉，选择源点 1'，如图 3-10b 所示）
指定第一个目标点: （选择目标点 1，如图 3-10c 所示）
指定第二个源点: （选择点 2'作为源点，如图 3-10d 所示）
指定第二个目标点: （选择目标点 2 作为目标点，如图 3-10d 所示）
指定第三个源点或 ＜继续＞: ↙　（按〈Enter〉键结束选择）
是否基于对齐点缩放对象? [是(Y)/否(N)] ＜否＞: y↙　（采用缩放使两条直线对齐，如图 3-10e 所示）

3.3　复制、阵列、偏移和镜像对象

在使用 AutoCAD 绘图的过程中，通常会有反复使用一个图形对象的情况。本节将介绍 AutoCAD 中常用的复制命令，包括复制、阵列、偏移和镜像。

3.3.1 复制对象

1. 功能

使用"复制"（Copy）命令可以按指定位置绘制一个或多个与原对象完全相同的图形对象。

2. 命令调用

- 选择"修改"→"复制"命令。
- 单击"修改"工具栏中的按钮 📇。
- 在命令行中输入"Copy"或"Co"，然后按〈Enter〉键。

3. 操作示例

以图 3-11 为例进行演示。

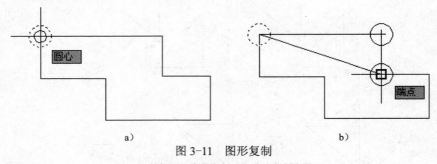

图 3-11　图形复制

a）捕捉圆心作为基点　b）指定复制位置

命令: Copy↙
选择对象: 找到 1 个↙（选择图 3-11a 中的圆形）
选择对象: ↙（按〈Enter〉键表示结束选择）
当前设置：复制模式= 单个　（当前每次只能执行 1 次复制操作）
指定基点或 [位移(D)/模式(O)] <位移>: o↙（改变复制模式）
输入复制模式选项 [单个(S)/多个(M)] <多个>: m↙（设置多重复制模式）
指定基点或 [位移(D)/模式(O)] <位移>:（捕捉圆心作为基点，如图 3-11a 所示）
指定第二个点或 [阵列(A)] <使用第一个点作为位移>:（根据要求，逐一指定复制位置）
指定第二个点或 [阵列(A)/退出(E)/放弃(U)] <退出>:（指定复制位置，如图 3-11b 所示）
……

此处，"基点"为复制对象的起点。用户在选择对象后应利用对象捕捉指定基点，然后指定位移第 2 点；也可以在选择复制对象后直接按〈Enter〉键，此时程序将按坐标原点到基点的距离和方向复制对象；也可以利用"位移"模式指定复制对象的定位点。

3.3.2 阵列对象

1. 功能

使用"阵列"命令（Array）可以按特定方式复制多个对象。阵列分为矩形阵列、路径阵列和环形阵列 3 种。矩形阵列可通过指定行、列数将对象按矩形排列；在路径阵列中，项目均匀地沿路径或部分路径分布，路径可以是直线、多段线、三维多段线、样条曲线、螺旋、圆弧、圆或椭圆；环形阵列则通过指定圆心和数目将对象按环形排列。

2．命令调用

- 选择"修改"→"阵列"→"矩形阵列"、"路径阵列"或"环形阵列"命令。
- 单击"修改"工具栏中的"阵列"按钮下端的"▼"，程序将弹出 ▦▱❉，选择需要的按钮。从左至右分别为"矩形阵列"按钮、"路径阵列"按钮和"环形阵列"按钮。
- 在命令行中输入"Array"，按〈Enter〉键，选择对象后根据程序提示选择"[矩形(R)/路径(PA)/极轴(PO)]"模式。

3．操作示例1

以图3-12所示的矩形为例进行矩形阵列。

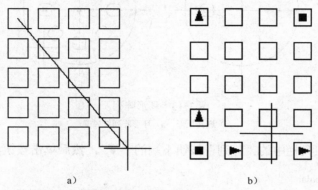

a)   b)

图3-12　矩形阵列

a）阵列结果　b）阵列方向

单击"修改"工具栏中的"阵列"按钮下端的"▼"，然后单击按钮▦。命令行提示如下。

> 命令: _arrayrect
> 选择对象: 找到 1 个　（选择所绘制的矩形，尺寸为5×5）
> 选择对象: ↙（结束选择）
> 类型 = 矩形　关联 = 是
> 为项目数指定对角点或 [基点(B)/角度(A)/计数(C)] <计数>:（采用拖动鼠标的方式确定阵列的行、列数目，方向自定，此处为向右下角拖动，对象的间距为上一次设置的结果，可在下一步中进行调整）
> 指定对角点以间隔项目或 [间距(S)] <间距>: s↙（调整间距）
> 指定行之间的距离或 [表达式(E)] <7.5>: 10↙　（行间距为10）
> 指定列之间的距离或 [表达式(E)] <7.5>: 10　（列间距为10）
> 按〈Enter〉键接受或 [关联(AS)/基点(B)/行(R)/列(C)/层(L)/退出(X)] <退出>: ↙（按〈Enter〉键

结束操作，结果如图3-12所示。由于输入的行间距和列间距为正，因此，矩形阵列向"X"、"Y"坐标轴的正方向进行阵列）

用户也可以在最后输入中对"关联(AS)/基点(B)/行(R)/列(C)/层(L)"等内容进行调整。

- 关联(AS)：用来指定是否在阵列中创建项目作为关联阵列对象，或作为独立对象。其中，"是"选项包含单个阵列对象中的阵列项目，类似于块，"否"用来创建阵列项目作为独立对象。
- 基点(B)：用来指定阵列的基点。其中包含"关键点(K)"的设置，对于关联阵列，在源对象上指定有效的约束（或关键点）来作为基点。对于编辑生成阵列的源对象，阵列的基点保持与源对象的关键点重合。

- 行(R)/列(C)/层(L)：对所选对象进行行数、列数、层数，以及行间距、列间距和层间距的设置。

4．操作示例2

以图3-13所示的图形为例进行环形阵列。

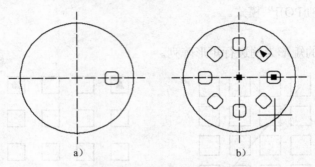

图3-13　环形阵列

a) 选择矩形　b) 环形阵列结果

单击"修改"工具栏中的"阵列"按钮下端的"▼"，然后单击按钮🔲。

> 命令：_arraypolar
> 选择对象：指定对角点：找到 1 个（选择图3-13a中带圆角的矩形进行环形阵列）
> 选择对象：✓ （结束选择）
> 类型 = 极轴　关联 = 是
> 指定阵列的中心点或 [基点(B)/旋转轴(A)]：（选择中轴线的焦点作为环形阵列的中心点）
> 输入项目数或 [项目间角度(A)/表达式(E)] <4>: 8
> 指定填充角度(+=逆时针、-=顺时针)或 [表达式(EX)] <360>: 360
> 按 Enter 键接受或 [关联(AS)/基点(B)/项目(I)/项目间角度(A)/填充角度(F)/行(ROW)/层(L)/旋转项目(ROT)/退出(X)] ✓ （按〈Enter〉键接受上述操作）
> <退出>:

此处所包括的"关联(AS)/基点(B)/项目(I)/项目间角度(A)/填充角度(F)/行(ROW)/层(L)/旋转项目(ROT)/退出(X)]"内容可参考上文，在此不再赘述。

3.3.3　偏移对象

1．功能

偏移对象用于创建形状与原始对象平行的新对象。

2．命令调用

- 选择"修改"→"偏移"命令。
- 单击"修改"工具栏中的按钮▣。
- 在命令行中输入"OFFSET"或"O"，然后按〈Enter〉键。

3．操作示例

对图3-14a所示的边长为50的矩形进行偏移。

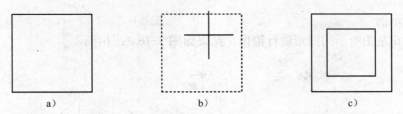

图 3-14 偏移矩形

a）原图 b）选择矩形 c）偏移结果

启动"偏移"命令后，AutoCAD 的命令行提示如下。

命令：_offset
当前设置：删除源=否 图层=源 OFFSETGAPTYPE=0 （当前设置）
指定偏移距离或 [通过(T)/删除(E)/图层(L)] <10.0000>: 10✓ （输入偏移距离 10）
选择要偏移的对象，或 [退出(E)/放弃(U)] <退出>: （选择矩形，如图 3-14b 所示）
指定要偏移的那一侧上的点，或 [退出(E)/多个(M)/放弃(U)] <退出>: （结果如图 3-14 所示）

- 偏移距离：可以通过在绘图区中选取两个点，以两点的距离作为偏移距离，或直接输入偏移距离值。
- 图层：指定偏移后的新对象创建在当前图层或者源对象所在的图层。
- 删除：选择该选项，则在偏移之后删除源对象。
- 指定要偏移的那一侧上的点：是指利用光标指定要偏移的方位。
- 多个(M)：为多个偏移模式，即使用当前偏移距离重复进行偏移操作。

用户也可以利用"通过"方式创建通过指定点的新对象，如图 3-15a 所示，但需要首先在命令行中输入"T"表示选择"通过(T)"方式进行偏移。在选择对象"12"后，如图 3-15b 所示命令行提示"指定通过点或"，用户可以选择端点"3"进行偏移，结果如图 3-15c 所示。

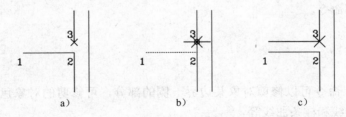

图 3-15 偏移直线

a）原图 b）选择直线"12" c）偏移结果

3.3.4 镜像对象

1. 功能

创建与对象轴对称的对称图形。

2. 命令调用

- 选择"修改"→"镜像"命令。
- 单击"修改"工具栏中的按钮 ⚐。
- 在命令行中输入"MIRROR"或"MI"，然后按〈Enter〉键。

3．操作示例

对图 3-16 左图所示的图形进行镜像，结果如图 3-16 右图所示。

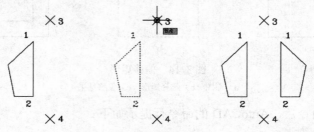

图 3-16　镜像对象

启动"镜像"命令后，AutoCAD 的命令行提示如下。

命令：_mirror
选择对象：指定对角点：找到 6 个（选择包括文字"1"和"2"在内的多边形）
选择对象：指定镜像线的第一点：指定镜像线的第二点：（分别在"3"、"4"处指定镜像线的两个端点）
要删除源对象吗？[是(Y)/否(N)] <N>：（源对象不删除）

需要注意的是，命令行中的"图层"选项用于确定将偏移对象创建在当前图层上还是源对象所在的图层上。另外，默认情况下，镜像文字对象时，不改变文字的方向。如果确定要反转文字，需要将 MIRRTEXT 系统变量设定为 1。

3.4　修改对象的形状和大小

在使用 AutoCAD 编辑对象的过程中，经常需要改变对象的大小和形状。本节将介绍一些修改对象形状和大小的基本绘图命令，包括修剪、延伸、缩放、拉伸、拉长、打断、打断于点、合并和分解命令。

3.4.1　修剪对象

1．功能

使用"修剪"命令可以修剪对象某边界一侧的部分，可修剪的对象包括直线、圆、圆弧、多段线、构造线和样条曲线等。

2．命令调用

● 选择"修改"→"修剪"命令。
● 单击"修改"工具栏中的按钮 ✦ 。
● 在命令行中输入"TRIM"或"TR"，然后按〈Enter〉键。

3．操作示例

对图 3-17a 所示的图形进行操作。单击"修改"工具栏中的按钮 ✦ 后，AutoCAD 的命令行提示如下。

命令：_trim
当前设置：投影=UCS，边=延伸　（当前模式）

选择剪切边...

选择对象或 <全部选择>: 找到 1 个 （选择图形中的圆形作为剪切边）

选择对象: ✓ （按〈Enter〉键结束剪切边的选择）

选择要修剪的对象，或按住 Shift 键选择要延伸的对象，或

[栏选(F)/窗交(C)/投影(P)/边(E)/删除(R)/放弃(U)]: （如图 3-17b 所示，选择要剪切边）

选择要修剪的对象，或按住 Shift 键选择要延伸的对象，或

[栏选(F)/窗交(C)/投影(P)/边(E)/删除(R)/放弃(U)]: （如图 3-17c 所示，选择要修剪部位）

......

在完成图 3-17c 操作后，程序提示继续选择修剪对象，重复 3-17c 的过程可完成其余部位的修剪，结果图 3-17d 所示。需要注意的是，在 3-17c 中如果将光标移至三角形在圆形外部的直线处时，程序将修剪外部的直线段，用户可以移动光标至三角形的不同部位来感受不同的修剪结果。

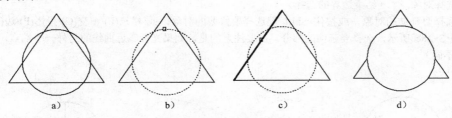

图 3-17 修剪对象

a）原图形 b）选择要剪切边 c）选择要修剪部位 d）完成修剪

另外，命令行中显示"选择要修剪的对象，或按住〈Shift〉键选择要延伸的对象"，提示用户选择要修剪的对象，如按住〈Shift〉键选择要延伸的对象，则将选定对象延伸到修剪边界，同"延伸"命令。

在选择修剪的对象时，用户可以通过"栏选"和"窗交"的方式，前者表示以栏选方式选择要修剪的对象，后者表示以窗交方式选择要修剪的对象。

命令行中的"边"选项用于指定修剪模式。选中该选项后命令行提示如下。

输入隐含边延伸模式 [延伸(E)/不延伸(N)] <不延伸>:

选择"延伸"选项，当剪切边界没有与被修剪对象相交时，假设将剪切边界延伸，然后进行修剪；选择"不延伸"选项，则只有剪切边与被修剪对象相交时，才能进行修剪。

"投影"是指确定延伸的空间，选中该选项后命令行提示如下。

输入投影选项 [无(N)/UCS(U)/视图(V)] <UCS>:

选择"无"选项，将按三维空间关系延伸；选择"UCS"选项，则在当前坐标系的 XY 平面上延伸，此时可在 XY 平面上按投影关系延伸三维空间中不相交的对象；选择"视图"选项，则在当前视图平面上延伸。

3.4.2 延伸对象

1. 功能

使用"延伸"命令可将直线、多段线、圆、圆弧和构造线等对象延伸到指定边界上。

2. 命令调用

- 选择"修改"→"延伸"命令。
- 单击"修改"工具栏中的按钮 -/ 。
- 在命令行中输入"EXTEND"或"EX",然后按〈Enter〉键。

3. 操作示例

以图 3-18a 所示的图形进行操作。

启动"延伸"命令后,AutoCAD 的命令行提示如下。

命令: _extend
当前设置:投影=UCS,边=延伸 (当前模式)
选择边界的边...
选择对象或 <全部选择>: 找到 1 个 (选择延伸的边界,如图 3-18b 所示)
选择对象:✓ (结束边界的选择)
选择要延伸的对象,或按住 Shift 键选择要修剪的对象,或[栏选(F)/窗交(C)/投影(P)/边(E)/放弃(U)]: (如图 3-18c 所示,选择要延伸的部分,需要注意的是,如果光标靠近曲线的另外一个端点,延伸的结果将有所不同)
......

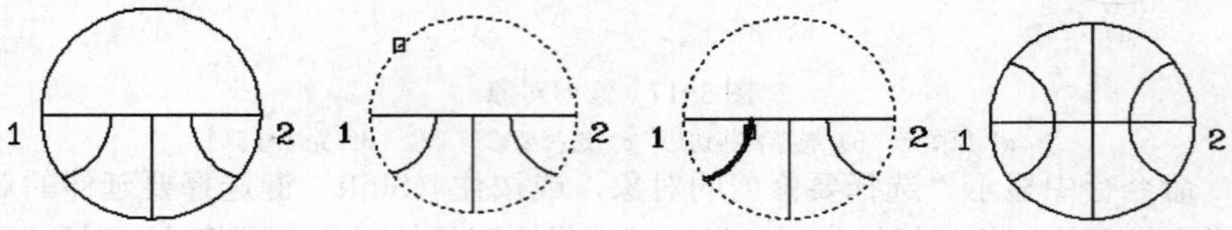

图 3-18 延伸对象

a)原图 b)选择延伸的边界 c)选择要延伸的部分 d)延伸结果

根据命令行提示,完成其余图形的延伸。

命令行中显示"选择要延伸的对象,或按住〈Shift〉键选择要修剪的对象",提示用户选择要延伸的对象,若延伸对象与边界边交叉,则按住〈Shift〉键选择要修剪的对象,将选定对象修剪到最近的边界而不是将其延伸,同"修剪"命令。

3.4.3 缩放对象

1. 功能

使用"缩放"命令可以将对象基于某一点按指定的比例放大或缩小。

2. 命令调用

- 选择"修改"→"缩放"命令。
- 单击"修改"工具栏中的按钮 [] 。
- 在命令行中输入"SCALE"或"SC",然后按〈Enter〉键。

3. 操作示例

以图 3-19a 所示的图形进行演示。启动"缩放"命令后,AutoCAD 的命令行提示如下。

命令:_scale
选择对象: 指定对角点: 找到 1 个 (选择矩形)

选择对象:↙ （结束选择）

指定基点: （指定"1"点作为缩放的基点）

指定比例因子或 [复制(C)/参照(R)]: c（缩放一组选定对象，缩放的同时进行复制）

指定比例因子或 [复制(C)/参照(R)]: r （利用参照的方式指定缩放比例，如果缩放的比例明确，也可以直接输入比例因子）

指定参照长度 <29.9257>: 指定第二点: （分别指定"1"和"2"点作为参照对象的两个端点，如图3-19b 所示）

指定新的长度或 [点(P)] <53.3016>: （指定"3"点作为新的长度，程序将自动计算缩放比例因子，结果如图3-19c 所示）

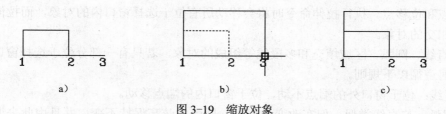

图 3-19　缩放对象

a）原图形　b）指定"1"和"2"点作为参照对象的两个端点　c）完成缩放

命令行中"比例因子"如果大于 0 小于 1，则缩小图形，如果大于 1 则放大。"复制"是指在缩放的基础上进行复制操作，若不选择该选项将删除源对象。"参照"是按参照的方式缩放，需要输入参照长度和新长度的值，比例为新长度和参考长度的比值。

3.4.4　拉伸对象

1．功能

使用"拉伸"命令可以按指定方向拉伸对象。拉伸时，图形对象的选中部分被移动，且同时保持与未选中部分相连。

2．命令调用

● 选择"修改"→"拉伸"命令。

● 单击"修改"工具栏中的按钮　。

● 在命令行中输入"STRETCH"，然后按〈Enter〉键。

3．操作示例

对图 3-20 左图中的对象进行拉伸。

启动"拉伸"命令后，AutoCAD 的命令行提示如下。

命令: _stretch

以交叉窗口或交叉多边形选择要拉伸的对象...（程序提示选择对象的方式为交叉窗口）

选择对象: 指定对角点: 找到 1 个

选择对象:↙ （结束选择）

指定基点或 [位移(D)] <位移>: （选择点"2"作为基点）

指定第二个点或 <使用第一个点作为位移>: （拖动鼠标至点"3"，如图3-20 所示）

此处，"基点"是指拉伸的参照点，通过目标捕捉或输入坐标确定。确定基点以后，AutoCAD 提示"指定第二个点或 <使用第一个点作为位移>"，要求用户指定位移的第二点，将使用由基点及第二点指定的距离和方向移动所选对象的节点；若按〈Enter〉键将按坐标原点至基点的距离和方向移动。"位移"要求输入矢量坐标，坐标值指定相对距离和方向。

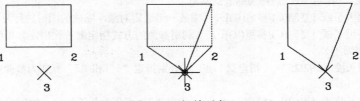

图 3-20　拉伸对象

使用"拉伸"命令时，需使用交叉窗口方式或者交叉多边形方式选择对象，然后依次指定位移基点和位移点。执行拉伸命令时将会移动所有位于选择窗口内的对象，而拉伸与选择窗口边界相交的对象。

对于直线、圆弧、区域填充和多段线等组成的对象，若只有一部分位于选择窗口之内，则在拉伸时遵循以下规则。

1）直线：位于窗口外的端点不动，位于窗口内的端点移动。

2）圆弧：与直线类似，但在改变过程中，圆弧的弦高保持不变，并且由此来调整圆心的位置以及圆弧起始角和终止角的值。

3）多段线：与直线或圆弧相似，但多段线两端的宽度、切线方向及曲线拟合信息均不改变。

4）区域填充：位于窗口外的端点不动，位于窗口内的端点移动。

5）其他对象：若其定义点位于选择窗口内，拉伸时发生移动，否则不移动。其中，圆、椭圆的定义点为圆心，形和块的定义点为插入点，文字和属性定义的定义点为字符串基线的左端点。

3.4.5　拉长对象

1．功能

使用"拉长"命令可以更改线的长度或圆弧的角度，包括直线、圆弧、椭圆弧、非闭合多段线和非闭合样条曲线等。

2．命令调用

● 选择"修改"→"拉长"命令。

● 在命令行中输入"Lengthen"或"Len"，然后按〈Enter〉键。

3．操作示例

以图 3-21 为例进行演示。

启动"拉长"命令后，AutoCAD 的命令行提示如下。

命令：Lengthen
选择对象或 [增量(DE)/百分数(P)/全部(T)/动态(DY)]：De↙（采用增量模式）
输入长度增量或 [角度(A)] <0.0000>：A↙（采用角度增量模式）
输入角度增量 <90>：90↙
选择要修改的对象或 [放弃(U)]：（单击圆弧线的左上角，如图 3-21 所示）

命令行中的"选择对象"用于选择对象的长度和包含角（如果对象有包含角）；"增量"

用于指定增量，以修改对象的长度和弧的角度。用该增量从距离选择点最近的端点处开始修改，增量为正值则拉长对象，为负值则缩短对象。

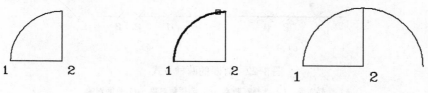
图 3-21　拉长对象

"长度增量"是指以指定的增量修改对象的长度，该增量从距离选择点最近的端点处开始测量。差值还以指定的增量修改圆弧的角度，该增量从距离选择点最近的端点处开始测量。正值扩展对象，负值修剪对象。

"百分数"通过指定对象总长度的百分数设定对象的长度。

"全部"是指以从固定端点测量的总长度的绝对值来设定选定对象的长度。"全部"选项也按照指定的总角度设置选定圆弧的包含角。"动态"是指打开动态拖动模式，可拖动选定对象的某一端点来改变其长度，其他端点保持不变。

3.4.6　打断对象

1．功能

使用"打断"命令可以把一个对象打断为两个对象，包括直线、圆、圆弧、椭圆、多段线、参照线和样条曲线等。

2．命令调用

● 选择"修改"→"打断"命令。

● 单击"修改"工具栏中的按钮凸。

● 在命令行中输入"BREAK"或"BR"，然后按〈Enter〉键。

3．操作示例

启动"打断"命令后，AutoCAD 的命令行提示如下。

　　　命令：BREAK 选择对象：（如图 3-22a 所示，光标选择对象时靠近"1"点，但无法执行捕捉功能）

　　　　指定第二个打断点 或 [第一点(F)]：（利用光标捕捉的功能选择点"2"以指定第 2 点）

执行上述命令的结果如图 3-22b 所示。

用户也可以采用另外一种方式来执行"打断"命令。

　　　命令：BREAK 选择对象：（如图 3-22c 所示）

　　　　指定第二个打断点 或 [第一点(F)]：F✓（重新指定第 1 个打断点）

　　　　指定第一个打断点：（选择第"2"点）

　　　　指定第二个打断点：（选择第"3"点）

由此可见，在操作中如果采用"第一点(F)"的操作，在选择对象时程序将该选择位置视为打断的第"1"点，从而执行打断。因此，需要重新设置打断的第"1"点，才可以实现精确的修改。

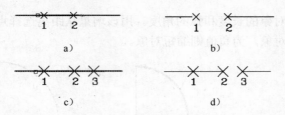

图 3-22 打断的两种方式

a）选择对象　b）选择打断点　c）选择新对象　d）打断对象

在 AutoCAD 中，也可以在圆上两个点之间执行打断，这不仅需要重新设置第"1"点，并且由于程序将按逆时针方向删除第一打断点到第二打断点间的圆弧，如图 3-23 所示，如果选择"1"、"2"点的顺序不同，打断的结果也不相同。

图 3-23　打断对象

3.4.7　打断于点

1．功能

使用"打断于点"命令可以在某点处打断选择的对象，包括直线、圆弧和开放的多段线等，而闭合对象（例如圆）则不能在某一点打断。

2．命令调用

● 单击"修改"工具栏中的按钮 。

3．操作示例

启动"打断于点"命令后，AutoCAD 的命令行提示如下。

命令：_break
选择对象：（选择需要打断于点的对象）
指定第二个打断点 或 [第一点(F)]：_f（此处 AutoCAD 自动采用"第一点（F）"选项）
指定第一个打断点：（指定打断点"1"点，如图 3-24 所示）

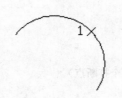 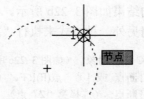

图 3-24　打断于点

在执行"打断"命令（BREAK）中，在指定第二个打断点时若输入"@0,0"，则将对象在第一打断点处打断，相当于"打断于点"命令。

76

3.4.8 合并对象

1. 功能

使用"合并"命令可以将多个连续对象合并成一个对象，有效对象有直线、圆弧、椭圆弧、多段线、三维多段线和样条曲线等。

2. 命令调用

● 选择"修改"→"合并"命令。
● 单击"修改"工具栏中的按钮 ✦。
● 在命令行中输入"JOIN"，然后按〈Enter〉键。

3. 操作示例

对图 3-25 所示的 3 个对象进行合并，包括两条直线和一段圆弧。

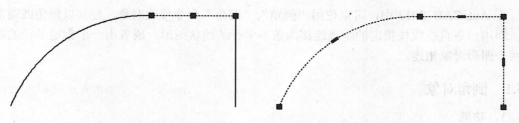

图 3-25　合并对象

启动"合并"命令后，AutoCAD 的命令行提示如下。

```
命令：_join
选择源对象或要一次合并的多个对象：（选择要合并的对象）
选择要合并的对象：（连续选择需要合并的对象）
选择要合并的对象：（按〈Enter〉键结束选择，选中的对象合并为一个对象）
```

3.4.9 分解对象

1. 功能

多边形、多段线和块等对象可以通过"分解"命令分解成多个独立的对象。

2. 命令调用

● 选择"修改"→"分解"命令。
● 单击"修改"工具栏中的按钮 ⬚。
● 在命令行中输入"EXPLODE"或"X"，然后按〈Enter〉键。

3. 操作示例

启动"分解"命令后，AutoCAD 的命令行提示如下。

```
命令：_explode
选择对象：（选择要分解的对象）
选择对象：（也可继续选取，按〈Enter〉键结束选择）
```

图 3-26 分别表示由"Polygon"所生成的对象、分解操作以及分解后的选择对象演示。

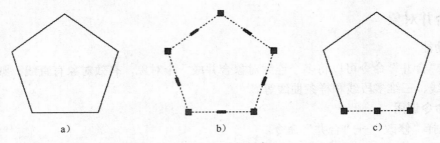

图 3-26　分解对象

a）原图　b）分解操作　c）分解后的选择对象演示

3.5　倒角和圆角对象

在 AutoCAD 2012 中，可以使用"倒角"、"圆角"命令修改对象，使其以倒角或圆角相接，即用一条直线段按指定的距离连接两条不平行的线状图形，或者用一个指定半径的圆弧将两个图形对象相连。

3.5.1　倒角对象

1．功能

使用"倒角"命令可以用一条直线段按指定的距离连接两条不平行的线状图形。

2．命令调用

● 选择"修改"→"倒角"命令。

● 单击"修改"工具栏中的按钮◻。

● 在命令行中输入"Chamfer"或"CHA"，然后按〈Enter〉键。

3．操作示例

以图 3-27 为例演示"倒角"命令的操作。

命令：_chamfer

（"不修剪"模式）当前倒角距离　1 = 0.0000，距离 2 = 0.0000（当前模式）

选择第一条直线或 [放弃(U)/多段线(P)/距离(D)/角度(A)/修剪(T)/方式(E)/多个(M)]：　D↙（设置倒角距离）

指定 第一个 倒角距离 <0.0000>: 10↙ （输入倒角距离 1，采用 10mm）

指定 第二个 倒角距离 <10.0000>: 10↙ （输入倒角距离 2，采用 10mm）

选择第一条直线或 [放弃(U)/多段线(P)/距离(D)/角度(A)/修剪(T)/方式(E)/多个(M)]：（选择第 1 条直线段）

选择第二条直线，或按住 Shift 键选择直线以应用角点或 [距离(D)/角度(A)/方法(M)]：（选择第 2 条直线段）

操作结果如图 3-27b 所示（切掉的左下角部分）。

下面演示修剪模式下倒角的结果。

命令： CHAMFER

（"不修剪"模式）当前倒角距离　1 = 10.0000，距离 2 = 10.0000（当前模式，此处不修改倒角距离）

78

选择第一条直线或 [放弃(U)/多段线(P)/距离(D)/角度(A)/修剪(T)/方式(E)/多个(M)]: T↙（调整修剪模式）

输入修剪模式选项 [修剪(T)/不修剪(N)] <不修剪>: T↙（采用修剪模式）

选择第一条直线或 [放弃(U)/多段线(P)/距离(D)/角度(A)/修剪(T)/方式(E)/多个(M)]: （选择第 1 条直线段）

选择第二条直线，或按住 Shift 键选择直线以应用角点或 [距离(D)/角度(A)/方法(M)]: （选择第 1 条直线段）

操作结果如图 3-27b 所示（切掉的左上角部分）。

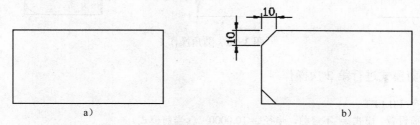

图 3-27 倒角对象

a）原图 b）倒角结果

除了采用"距离"模式进行倒角操作外，还可以采用"角度"模式进行倒角。所谓"角度"是根据第一条直线倒角的距离和角度来设置倒角尺寸。选择该选项后，命令行提示如下。

指定第一条直线的倒角长度 <0.0000>:
指定第一条直线的倒角角度 <0>:

另外，"修剪"用来设置是否保留原倒角边。

"多个"用于为多组对象的边进行倒角，将重复显示主提示和"选择第二个对象"提示，用户可直接选择倒角对象，无须再设定倒角距离，按〈Enter〉键结束命令。

3.5.2 圆角对象

1．功能

使用"圆角"命令可用一个指定半径的圆弧将两个图形对象相连，与倒角对象类似。

2．命令调用

● 选择"修改"→"圆角"命令。

● 单击"修改"工具栏中的按钮⌐。

● 在命令行中输入"Fillet"或"F"，然后按〈Enter〉键。

3．操作示例

以图 3-28 为例演示"圆角"命令的使用。单击"修改"工具栏中的按钮⌐后，程序提示如下。

命令：FILLET
当前设置: 模式 = 不修剪，半径 = 0.0000 （当前模式）
选择第一个对象或 [放弃(U)/多段线(P)/半径(R)/修剪(T)/多个(M)]: R↙（设置圆角半径）
指定圆角半径 <0.0000>: 10↙（设置圆角半径为 10）

选择第一个对象或 [放弃(U)/多段线(P)/半径(R)/修剪(T)/多个(M)]：（选择第 1 个对象，如图 3-28 所示）

选择第二个对象，或按住 Shift 键选择对象以应用角点或 [半径(R)]：（选择第 2 个对象）

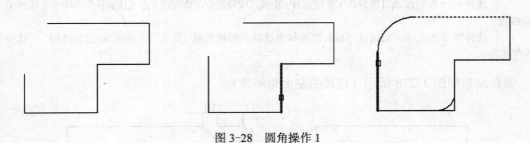

图 3-28　圆角操作 1

采用修剪模式进行第 2 次操作。

命令: FILLET
当前设置: 模式 = 不修剪，半径 = 10.0000　　（当前模式）
选择第一个对象或 [放弃(U)/多段线(P)/半径(R)/修剪(T)/多个(M)]: T↙（修改修剪模式）
输入修剪模式选项 [修剪(T)/不修剪(N)] <不修剪>: T↙（采用修剪模式）
选择第一个对象或 [放弃(U)/多段线(P)/半径(R)/修剪(T)/多个(M)]: R↙（修改圆角半径）
指定圆角半径 <10.0000>: 20↙
选择第一个对象或 [放弃(U)/多段线(P)/半径(R)/修剪(T)/多个(M)]：（选择第 1 个对象，如图 3-28 所示）

选择第二个对象，或按住 Shift 键选择对象以应用角点或 [半径(R)]:

命令行中的"修剪"用来设置是否保留圆角以外的边。"多个"用于为多组对象的边进行倒圆角，将重复显示主提示和"选择第二个对象"提示，用户可直接选择对象，无须再设定圆角半径。

图 3-29 演示了不修剪模式下圆和直线之间进行圆角处理的结果。需要注意的是，如果选择对象的位置不同，所得到的结果也有所不同。

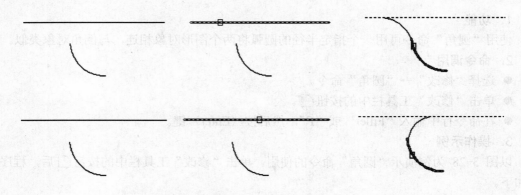

图 3-29　圆角操作 2

另外，"圆角"命令在处理圆弧之间的圆角时也非常有效。图 3-30 演示了选择对象位置不同对操作结果的影响。

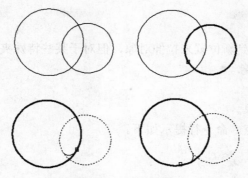

图 3-30　圆角操作 3

3.6　使用夹点编辑图形

除了使用之前介绍的图形编辑命令外，还可以使用夹点编辑来方便快捷地编辑图形。夹点是一些填充的小方框，使用光标指定对象时，对象关键点上将出现夹点，用户通过选中、拖动夹点可以快捷地编辑图形。夹点有以下 3 种状态：未选中状态、选中状态、悬停状态。图 3-31 所示为常见的夹点位置。

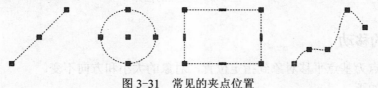

图 3-31　常见的夹点位置

3.6.1　设置夹点

用户可以通过选择"工具"→"选项"命令，弹出"选项"对话框，切换到"选择集"选项卡，设置夹点的大小、夹点在各种状态下的颜色等特性，如图 3-32 所示。

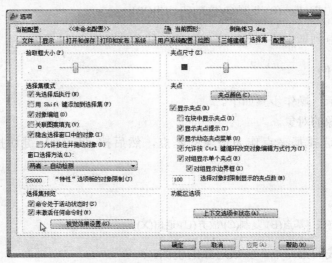

图 3-32　"选择集"选项卡

3.6.2　夹点的拉伸

通过移动选中的夹点到新位置来拉伸对象，但对于某些特殊夹点（如直线中点）而言，是移动对象而不是拉伸对象。

操作步骤如下。

1）选择要拉伸的对象。

2）在对象上选择夹点，命令行提示如下。

命令：
** 拉伸 **
指定拉伸点或 [基点(B)/复制(C)/放弃(U)/退出(X)]:

3）移动基夹点到指定的位置，完成拉伸，如图 3-33 所示。

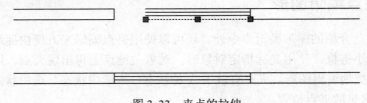

图 3-33　夹点的拉伸

3.6.3　夹点的移动

以所选夹点为基点平移对象到指定位置，对象的大小和方向不变。

操作步骤如下。

1）选择要移动的对象。

2）在对象上选择基夹点，按〈Enter〉键切换到移动模式，命令行提示如下。

命令：
** 移动 **
指定移动点或 [基点(B)/复制(C)/放弃(U)/退出(X)]:

3）移动基夹点到指定的位置，完成对象的移动，如图 3-34 所示。

3.6.4　夹点的镜像

如图 3-35 所示，操作步骤如下。

1）选择要镜像的对象。

2）在对象上选择基夹点作为镜像的基点，然后按〈Enter〉键切换到镜像模式，命令行提示如下。

命令：
** 镜像 **
指定第二点或 [基点(B)/复制(C)/放弃(U)/退出(X)]:

3）单击镜像线的第二点，完成对象的镜像。

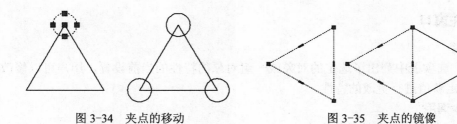

图 3-34 夹点的移动   图 3-35 夹点的镜像

3.6.5 夹点的旋转

如图 3-36 所示，操作步骤如下。

1）选择要旋转的对象。

2）在对象上选择基夹点作为旋转的基点，然后按〈Enter〉键切换到旋转模式，命令行提示如下。

```
命令:
** 旋转 **
指定旋转角度或 [基点(B)/复制(C)/放弃(U)/参照(R)/退出(X)]:
```

3）移动光标，使选定的对象绕基点旋转，或者输入旋转角度，完成对象的镜像。

3.6.6 夹点的缩放

如图 3-37 所示，操作步骤如下。

1）选择要缩放的对象。

2）在对象上选择基夹点作为缩放的基点，然后按〈Enter〉键切换到缩放模式，命令行提示如下。

```
命令:
** 比例缩放 **
指定比例因子或 [基点(B)/复制(C)/放弃(U)/参照(R)/退出(X)]:
```

3）拖动光标或者直接输入缩放比例，完成对象的缩放。

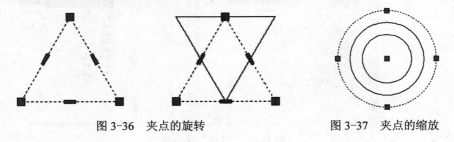

图 3-36 夹点的旋转   图 3-37 夹点的缩放

3.7 特性编辑

在用 AutoCAD 绘图时，创建图形的同时也创建了有关的特性，包括对象的形状、大小、颜色，以及线型和线宽等。用户可以根据需要对图形对象的特性进行修改和编辑。

3.7.1 特性窗口

1．功能

"特性"选项板中列出了选定的对象或一组对象的特性的当前设置，用户可以修改任何可以通过指定新值进行更改的特性。

2．命令调用

● 选择"修改"→"特性"命令

● 单击"标准"工具栏中的按钮 🔲 。

● 双击对象一般也可以打开"特性"选项板，或选择要查看或修改其特性的对象，在绘图中右击，然后在弹出的快捷菜单中选择"特性"命令。

3.7.2 特性窗口的功能

对象的常规特性是指图形中的每个对象共享一组公共特性，包括"颜色"、"图层"、"线型"、"线型比例"和"打印样式"等内容。用户可单击"颜色"选项右侧的列表，程序将弹出"选择颜色"对话框，用户可在此修改对象的颜色。对于"图层"、"线型"等部分的操作同上，在此不再赘述。另外，"特性"选项板中还显示了"三维效果"、"打印样式"等内容。

对于图 3-38 所示的"特性"选项板，程序将显示当前对象的"图层"、"颜色"等内容；除此之外，还将显示对象的几何属性，包括圆心坐标、半径、直径、周长和面积等内容。用户可以在此修改对象的常规属性和几何属性，如改变对象的图层、颜色等，甚至可以修改对象的圆心、半径等几何属性。

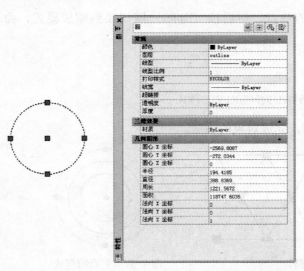

图 3-38　"特性"选项板

3.7.3 特性匹配

1．功能

使用"特性匹配"命令可以快捷地把一个对象的特性复制到其他对象，包括颜色、图

84

层、线型、线宽和线型比例等。

2．命令调用

● 在命令行中输入"MATCHPROP"或"PAINTER"，然后按〈Enter〉键。

3．操作示例

启动命令后，AutoCAD 的命令行提示如下。

命令：_matchprop
选择源对象：（选择要复制其特性的对象）
当前活动设置: 颜色 图层 线型 线型比例 线宽 透明度 厚度 打印样式 标注 文字 图案填充 多段线 视口 表格材质 阴影显示 多重引线（当前选定的特性匹配设置）
选择目标对象或 [设置(S)]:（选择目标对象或输入"S"调出"特性设置"对话框，如图 3-39 所示）

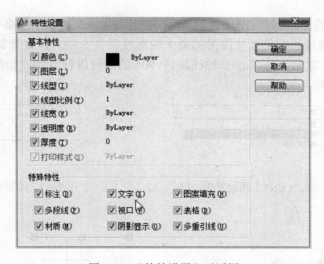

图 3-39 "特性设置"对话框

在"选择目标对象或 [设置(S)]"提示下，若直接选择目标对象，则源对象的所有特性都复制给目标对象。在"特性设置"对话框中，用户可根据需要选择要复制的某个或多个特性。

3.8 实训操作

1．实训要求

运用本章所学，绘制如图 3-40 所示的图形。

2．操作指导

1）创建图层。单击按钮，打开"图层特性管理器"选项板，创建"CENT"和"OUTLINE"两个图层。其中，"CENT"图层的线型为"acadiso.lin"、线宽为"0.25mm"，"OUTLINE"图层的线型为"Continuous"、线宽为"0.35mm"。"CENT"图层的设置如图 3-41 所示。

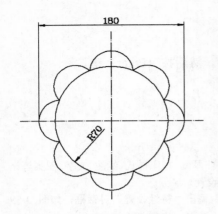

图 3-40 实训操作图

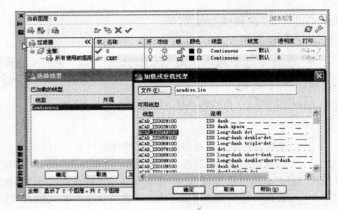

图 3-41 图层的设置

2）绘制轴线。将"CENT"图层置为当前，并且利用正交模式绘制水平轴线，如图 3-42 和图 3-43 所示。轴线长度可以比图形的最大轮廓线稍大一些，此处绘制成 220mm。然后利用夹点的"旋转"功能，在将水平轴线旋转 90°的同时进行复制，如图 3-44 和图 3-45 所示。结果如图 3-46 所示。

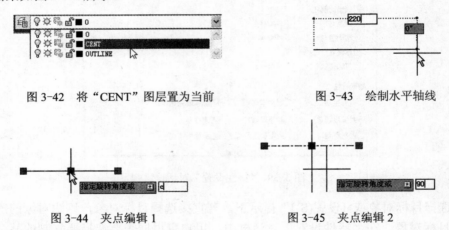

图 3-42 将"CENT"图层置为当前　　　　图 3-43 绘制水平轴线

图 3-44 夹点编辑 1　　　　　　图 3-45 夹点编辑 2

3）绘制半径为 70 和半径为 90 的圆形。将"OUTLINE"图层置为当前，在命令行中输入"C"并按〈Enter〉键，然后通过圆心和半径方式绘制圆形，结果如图 3-47 所示。

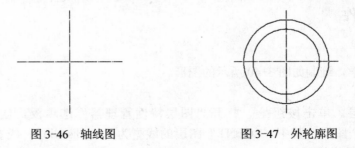

图 3-46 轴线图　　　　　　　图 3-47 外轮廓图

4）采用等分的方式，将半径为 70 的圆等分为 16 份。需要注意的是，等分时需要设置点样式，可以选择"格式"→"点样式"命令，弹出"点样式"对话框进行设置，如图 3-48

所示。选择"绘图"→"点"→"定数等分"命令,将半径为 70 的圆等分为 16 份,如图 3-49 所示。

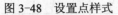

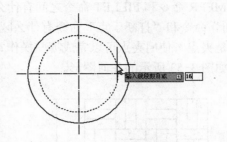

图 3-48　设置点样式　　　　　图 3-49　将半径为 70 的圆等分为 16 份

5)利用"3P"方式绘制圆形,见图 3-50 所示。

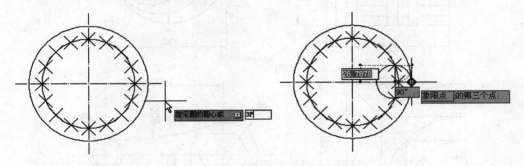

图 3-50　利用"3P"方式绘制圆形

6)删除半径为 90 的圆形,并对小圆的多余部分进行修剪。为避免图形显示比较杂乱,此处将点样式重新进行设置,结果如图 3-51 所示。对于图 3-51 所示的圆弧,用户也可以直接使用"Arc"命令绘制。

7)阵列生成圆弧的其余部分,如图 3-52 所示。

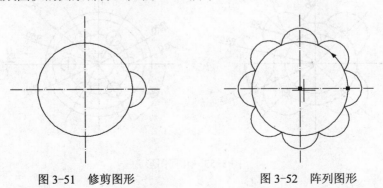

图 3-51　修剪图形　　　　　　图 3-52　阵列图形

3.9　思考与练习

1.本章所介绍的编辑命令的全称和简写是怎样的?

2. 选择对象的默认方法有哪几种？

3. 阵列对象有哪几种阵列方式？它们各自的特点和使用方法是怎样的？

4. CHAMFER 命令和 FILLET 命令之间有什么联系？

5. "打断"命令和"打断于点"命令有什么区别？

6. 什么是夹点？使用夹点可以完成哪些操作？

7. 绘制如图 3-53 所示的几何图形。

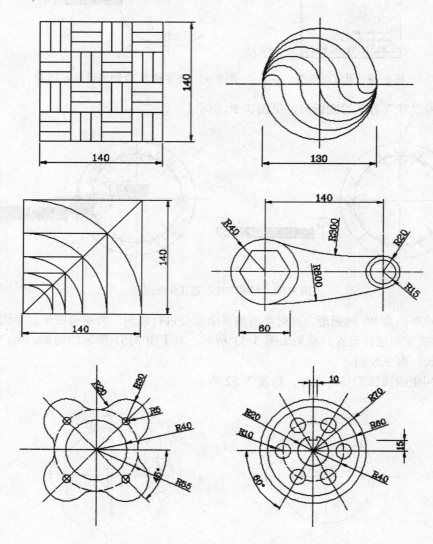

图 3-53　几何图形

第4章 文字标注

在绘图中，通常需要添加文字以表达图形信息，完备且布局合理的文字不仅能使图形更好地表达设计思想，同时也使图纸显得清晰整洁。文字标注是 AutoCAD 绘图中很重要的一部分内容，在进行各种设计时，通常不仅要绘制出图形，还要标注一些必要的文字来表达各种信息，如建筑图中的设计说明、经济技术指标、技术要求等。AutoCAD 中提供了多种输入文字的方法，本章主要介绍各种文字标注及其编辑方法。

本章重点
- 定义文字样式
- 输入文字
- 编辑文字

4.1 定义文字样式

文字样式是为了满足不同用户对不同文字基本形状需要的一组设置。在标注文字时，程序使用当前的文字样式，该样式设置了字体、字号、倾斜角度、方向和其他文字特征。如果当前标注文字不能满足用户的需要，应使用"文字样式"对话框来创建文字样式。模板文件中定义了名为 STANDARD 的默认文字样式。

1．功能

在 AutoCAD 中创建的文字对象，其外观是由相应的文字样式所决定的。用户可以根据要求定义多个文字样式，以满足不同的标注要求。

2．命令调用

- 选择"格式"→"文字样式"命令。
- 单击"文字"工具栏中的按钮 **A**。
- 在命令行中输入"STYLE"或"ST"，然后按〈Enter〉键。

3．操作示例

命令启动后将弹出"文字样式"对话框，如图 4-1 所示。用户可以利用该对话框修改或创建文字样式、设置文字的当前格式。

"文字样式"对话框包括以下选项：

（1）当前文字样式

列出当前文字样式。

（2）样式

显示图形中的样式列表。样式名前的 △ 图标指示样式为注释性。

（3）样式下拉列表

指定所有样式还是仅使用中的样式显示在样式下拉列表中。

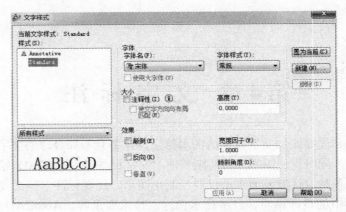

图 4-1 "文字样式"对话框

（4）预览

显示随着字体的更改和效果的修改而显示当前设定的样例文字。

（5）字体

用于更改样式的字体。如果更改现有文字样式的方向或字体文件，当图形重生成时，所有具有该样式的文字对象都将使用新值。

● 字体名：列出 Fonts 文件夹中所有注册的 TrueType 字体和所有编译的 SHX 字体的字体族名。从其下拉列表中选择名称后，该程序将读取指定字体的文件。除非文件已经由另一个文字样式使用，否则将自动加载该文件的字符定义。另外，可以定义使用同样字体的多个样式。

● 字体样式：指定字体格式，例如斜体、粗体或者常规字体。选择"使用大字体"复选框后，该选项变为"大字体"，用于选择大字体文件。

● 使用大字体：指定亚洲语言的大字体文件，只有 SHX 文件可以创建"大字体"。

（6）大小

用于更改文字的大小。

● 注释性：指定文字为注释性，可以单击信息图标来了解有关注释性对象的详细信息。

● 使文字方向与布局匹配：指定图纸空间视口中的文字方向与布局方向匹配。该复选框只有在选择"注释性"复选框时可用。

● 高度：根据输入的值设置文字高度。输入大于 0.0 的高度将自动为此样式设置文字高度。如果输入 0.0，则文字高度将默认为上次使用的文字高度，或使用存储在图形样板文件中的值。

（7）效果

修改字体的特性，例如高度、宽度因子、倾斜角，以及是否颠倒显示、反向或垂直对齐。

● 颠倒：颠倒显示字符。

● 反向：反向显示字符。

● 垂直：显示垂直对齐的字符，只有当选定字体支持双向时才可用。TrueType 字体的垂直定位不可用。

● 宽度因子：用于设置字符间距。输入小于 1.0 的值将压缩文字，输入大于 1.0 的值将扩大文字。

● 倾斜角度：用于设置文字的倾斜角。输入一个-85～85 的值将使文字倾斜。

（8）置为当前

将"样式"下选定的样式设定为当前。

（9）新建

显示"文字样式"对话框，用户可以根据需要创建新的文字样式。

（10）删除

删除未使用的文字样式。

（11）应用

将对话框中所做的样式更改应用到当前样式和图形中使用当前样式的文字。

4.2 文字的单行输入

在绘图过程中，可以使用单行文字创建一行或多行文字。其中，每行文字都是独立的对象，用户可对其进行重定位、调整格式或进行修改。当需要标注的文本不太长的时候，可以利用 TEXT 命令创建单行文本。

1．功能

可以使用单行文字创建一行或多行文字，通过按〈Enter〉键结束每一行文字。每行文字都是独立的对象，可以重新定位、调整格式或进行其他修改。

2．命令调用

● 选择"绘图"→"文字"→"单行文字"命令。

● 单击"文字"工具栏中的按钮 A 。

● 在命令行中输入"DTEXT"或"TEXT"，然后按〈Enter〉键。

3．操作示例

启动命令后，AutoCAD 的命令行提示如下。

命令: _text
当前文字样式: "Standard" 文字高度: 2.5000 注释性: 否（说明当前文字样式、文字高度和注释性）
指定文字的起点或 [对正(J)/样式(S)]:（指定文字的起点或选择其他选项）

各选项的含义如下。

（1）指定文字的起点

指定文字对象的起始位置。单击鼠标确定或输入文字起始位置后，AutoCAD 提示如下。

指定高度 <2.5000>:（指定文字的高度。仅在当前文字样式不是注释性且没有固定高度时，才显示该提示；如果当前文字样式为注释性，则显示"指定图纸文字高度"提示）
指定文字的旋转角度 <0>:（指定文字的旋转角度）

指定文字的高度和旋转角度后，在绘图区中将显示文字插入点，按〈Enter〉键可换行输入，输入完毕后按两次〈Enter〉键结束命令。

（2）对正

用于设置文字的定位方式。选择该选项后命令行提示如下。

[对齐(A)/布满(F)/居中(C)/中间(M)/右对齐(R)/左上(TL)/中上(TC)/右上(TR)/左中
(ML)/正中(MC)/右中(MR)/左下(BL)/中下(BC)/右下(BR)]:

各选项均用于文字的定位,确定文字位置时需采用定位线,如图 4-2 所示。

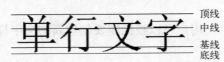

图 4-2   文字标注时定位线的位置

各选项的含义如下。

● 对齐:通过指定基线端点来指定文字的高度和方向。字符的大小根据其高度按比例
调整,文字字符串越长,字符越矮。

● 布满:指定文字按照由两点定义的方向和一个高度值布满一个区域,只适用于水平
方向的文字。指定的文字高度是文字起点与指定点之间的距离。文字字符串越长,
字符越窄。字符高度保持不变。

● 居中:通过指定基线的中点、高度、旋转角度定位文字。其中,旋转角度是指基线以中
点为圆心旋转的角度,它决定了文字基线的方向,可通过指定点来决定该角度。文字基
线的绘制方向为从起点到指定点。如果指定的点在圆心的左边,将绘制出倒置的文字。

● 中间:文字在基线的水平中点和指定高度的垂直中点上对齐,中间对齐的文字不保
持在基线上。

● 右对齐:在由用户给出的点指定的基线上右对齐文字。

● 左上:在指定为文字顶点的点上左对齐文字。该选项只适用于水平方向的文字。

● 中上:以指定为文字顶点的点居中对齐文字。该选项只适用于水平方向的文字。

● 右上:以指定为文字顶点的点右对齐文字。该选项只适用于水平方向的文字。

● 左中:在指定为文字中间点的点上靠左对齐文字。该选项只适用于水平方向的文字。

● 正中:在文字的中央水平和垂直居中对齐文字。该选项只适用于水平方向的文字。
"正中"选项与"中间"选项不同,"正中"选项使用大写字母高度的中点,而"中
间"选项使用所有文字包括下行文字在内的中点。

● 右中:以指定为文字的中间点的点右对齐文字。该选项只适用于水平方向的文字。

● 左下:以指定为基线的点左对齐文字。该选项只适用于水平方向的文字。

● 中下:以指定为基线的点居中对齐文字。该选项只适用于水平方向的文字。

● 右下:以指定为基线的点靠右对齐文字。该选项只适用于水平方向的文字。

文字的各个定位点如图 4-3 所示。

图 4-3   文字的各个定位点

(3)样式

用于设置文字所用的样式,选择该选项后,AutoCAD 提示如下。

输入样式名或 [?] <Standard>:（输入样式名或输入"?"）

若输入"?"，则提示如下。

输入要列出的文字样式 <*>:（按〈Enter〉键，将列出所有样式和当前样式，如图4-4所示）

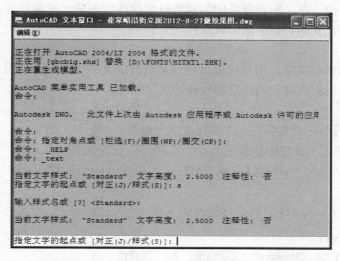

图4-4　文本窗口中列出了所有的文字样式

（4）特殊符号的输入

在使用 AutoCAD 绘图时，经常需要标注一些特殊字符，如直径符号"∅"、角度符号"°"等。由于这些特殊符号不能从键盘上直接输入，因此，AutoCAD 提供了相应的控制符，以实现这些特殊符号的输入。常用的控制符如表4-1所示。

表4-1　常用的控制符

控 制 符	功 　 能
%%O	打开或关闭上画线
%%U	打开或关闭下画线
%%D	表示角度符号（°）
%%P	表示正负公差符号（±）
%%C	表示直径符号（Φ）
%%%	表示百分号（%）
%%nnn	表示 ASCII 码字符，其中 nnn 为十进制的 ASCII 码字符值

控制符由两个百分号（%%）及一个字符组成，直接输入控制符，控制符会暂时出现在绘图区中，完成输入之后控制符会自动转换为相应的特殊符号。例如，要输入加减符号"±"，在绘图区的文字插入点输入"%%P"，完成后将显示"±"符号。

"%%O"和"%%U"是两个切换开关，在文字中第一次输入此控制符时，将打开上画线或下画线，第二次输入控制符将关闭上画线或下画线。控制符所在的文字若被定义为"TrueType"字体，则可能无法显示相应的特殊符号而出现乱码或者"?"，这时可选择其他字体。

4.3　创建段落文字

对于较长、较复杂的内容，可以创建多行或段落文字，所以，段落文字也称为多行文字。无论行数是多少，单个编辑任务中创建的每个段落作为单一对象处理，用户可对其进行移动、旋转、删除、复制、镜像或缩放操作。

1．功能

段落文字又称多行文字，用户可以创建任意数目的文字行或段落，而且所有文字作为一个整体处理，适用于创建复杂的、篇幅较长的文字说明。

2．命令调用

- 选择"绘图"→"文字"→"多行文字"命令。
- 单击"文字"工具栏中的按钮 A。
- 在命令行中输入"MTEXT"或"MT"，然后按〈Enter〉键。

3．操作示例

启动命令后，AutoCAD 的命令行提示如下。

命令:MTEXT
当前文字样式:　"Standard"　文字高度:　2.5　注释性:　否
指定第一角点:（在绘图区单击拾取一点，移动光标会出现一个随光标变化的矩形框）
指定对角点或 [高度(H)/对正(J)/行距(L)/旋转(R)/样式(S)/宽度(W)/栏(C)]:（指定矩形框的对角点或选择其他选项）

各选项的含义如下。

（1）指定对角点

用于确定矩形文本框的另一对角点，指定对角点后将弹出文字格式编辑器，如图 4-5 所示。

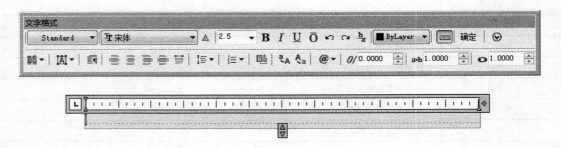

图 4-5　文字格式编辑器

（2）行距

用于设置行间距，即相邻两行文字的基线或底线之间的垂直距离。选择该选项后，命令行提示如下。

输入行距类型 [至少(A)/精确(E)] <至少(A)>:（输入行距类型或选择其他选项）

- 至少选项表明将根据文本框的高度和宽度自动调整行间距，但要保证实际行间距至少为用户所设行间距；

● 精确：将保证实际行间距等于用户所设置的初始行间距。

输入行距比例或行距 <1x>:（单行间距可输入 1x，两倍间距可输入 2x，依此类推；也可输入具体距离值，输入完后重新回到主提示）

（3）宽度

若选择该选项，可通过输入数值或拖动图形中的点来指定文本框的宽度。

（4）文字格式

确定文字输入框后，会弹出如图 4-5 所示的文字格式编辑器，用户可以利用该编辑器进行文字格式的设置。

1）样式：向多行文字对象应用文字样式。如果将新样式应用到现有的多行文字对象中，用于字体、高度、粗体或斜体属性的字符格式将被替代，堆叠、下画线和颜色属性将保留在应用了新样式的字符中。

2）字体：为新输入的文字指定字体或更改选定文字的字体。TrueType 字体按字体族的名称列出。

3）注释性：打开或关闭当前多行文字对象的"注释性"。

4）文字高度：使用图形单位设定新文字的字符高度或更改选定文字的高度。如果当前文字样式没有固定高度，则文字高度将为系统变量TEXTSIZE中存储的值。

5）粗体、斜体：打开和关闭新文字或选定文字的粗体格式、斜体格式。此选项仅适用于使用 TrueType 字体的字符。

6）下画线、上画线：打开和关闭新文字或选定文字的下画线、上画线。

7）放弃、重做：在在位文字编辑器中放弃或重做动作，包括对文字内容或文字格式所做的修改。

8）堆叠：如果选定文字中包含堆叠字符，则创建堆叠文字（例如分数）。如果选定堆叠文字，则取消堆叠。使用堆叠字符、插入符号（^）、正向斜杠（/）和磅符号（#）时，堆叠字符左侧的文字将堆叠在字符右侧的文字之上。默认情况下，包含插入符号的文字转换为左对正的公差值。包含正向斜杠（/）的文字转换为居中对齐的分数值，斜杠被转换为一条和较长字符串长度相同的水平线。包含磅符号（#）的文字转换为被斜线（高度与两个文字字符串高度相同）分开的分数。斜线上方的文字向右下对齐，斜线下方的文字向左上对齐。其效果如图 4-6 所示。

9）颜色：指定新文字的颜色或更改选定文字的颜色。

10）标尺：在编辑器顶部显示标尺。拖动标尺末尾的箭头可更改多行文字对象的宽度。当列模式处于活动状态时，还将显示高度和列夹点。

11）确定：关闭编辑器并保存所做的所有更改。

12）选项：显示其他文字选项列表。

13）栏数：其中提供了 3 个栏选项，即"不分栏"、"静态栏"和"动态栏"。

14）多行文字对正：显示"多行文字对正"菜单，有 9 个对齐选项可用。

15）段落：显示"段落"对话框，如图 4-7 所示，用户可根据需要进行设置。

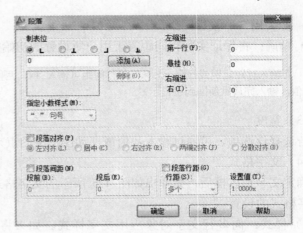

非堆叠　　堆叠

Q/7　　$\frac{Q}{7}$

Q#7　　$Q\!\!\!/_7$

Q^7　　$Q\atop 7$

图 4-6　堆叠方式　　　　　　　　　　图 4-7　"段落"对话框

16）"左对齐、居中、右对齐、对正和分布"：设置当前段落或选定段落的左、中或右文字边界的对正和对齐方式，包含在一行的末尾输入的空格，并且这些空格会影响行的对正。

17）行距：显示建议的行距选项或"段落"对话框，在当前段落或选定段落中设置行距。注意，行距是多行段落中文字的上一行底部和下一行顶部之间的距离。

18）编号：显示"项目符号和编号"菜单，其中包含用于创建列表的选项。

19）插入字段：显示"字段"对话框，从中可以选择要插入到文字中的字段。

20）大写、小写：将选定文字更改为大写或小写。

21）符号：在光标位置插入符号或不间断空格，也可以手动插入符号。注意不能在垂直文字中使用符号。

22）倾斜角度：输入倾斜角度使文字倾斜。当倾斜角度的值为正时文字向右倾斜，当倾斜角度的值为负时文字向左倾斜。

23）追踪：增大或减小选定字符之间的空间。1.0 是常规间距，设定为大于 1.0 可增大间距，设定为小于 1.0 可减小间距。

24）宽度因子：扩展或收缩选定字符。1.0 代表此字体中字母的常规宽度，用户可以增大该宽度（例如，使用宽度因子"2"使宽度加倍）或减小该宽度（例如，使用宽度因子"0.5"使宽度减半）。

4.4　文本的编辑

创建段落文字后，往往要根据需要进行调整、修改等，对段落文字进行编辑可以通过"编辑"命令和"特性"选项板进行。

4.4.1　用"编辑"命令进行文本的编辑

1. 命令调用

● 选择"修改"→"对象"→"文字"→"编辑"命令。

● 单击"文字"工具栏中的按钮 A。

● 在命令行中输入"DDEDIT"或"ED",然后按〈Enter〉键。

2．操作示例

启动命令后,AutoCAD 的命令行提示如下。

命令: _ddedit
选择注释对象或 [放弃(U)]:（选择要编辑的文字对象。若是单行文字,则可直接编辑文字;若是多行文字,则弹出文字格式编辑器以对文字内容和格式进行编辑）
选择注释对象或 [放弃(U)]:（可继续选择文字对象,按〈Enter〉键结束）

在 AutoCAD 中,还可以修改一个或多个文字对象的属性和比例,同时不改变对象的位置。其中,使用"比例"命令可以缩放单行或多行文字,使用"对正"命令可以修改文字的对正方式。

"比例"命令的调用方法如下。

● 选择"修改"→"对象"→"文字"→"比例"或"对正"命令。
● 单击"文字"工具栏中的按钮 或 。
● 在命令行中输入"SCALETEXT"或"JUSTIFYTEXT",然后按〈Enter〉键。

4.4.2 用"特性"选项板进行文本的编辑

1．命令调用

● 选择"修改"→"特性"命令。
● 单击"标准"工具栏中的按钮 。
● 在命令行中输入"PROPERTIES"或"DDMODIFY",然后按〈Enter〉键。

2．操作示例

启动命令后,将弹出"特性"选项板。根据所选文字类型的不同,"特性"选项板的选项也会有所不同。如图 4-8 所示为一个多行文字对象的"特性"选项板。

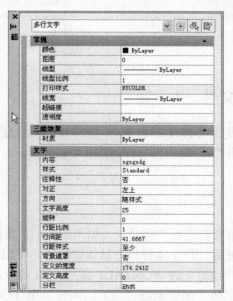

图 4-8 "特性"选项板

用户可以在"特性"选项板中修改文字的颜色、图层、线型，以及文字的内容、格式、对正方式等，非常方便。

4.5 拼写检查

使用"拼写检查"命令可以检查图形中所有文本对象的拼写是否正确。

1. 命令调用

- 选择"工具"→"拼写检查"命令。
- 单击"文字"工具栏中的按钮 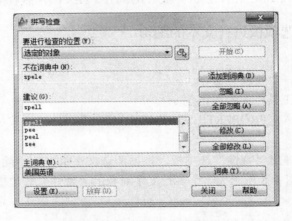。
- 在命令行中输入"SPELL"，然后按〈Enter〉键。

2. 操作示例

命令启动后将弹出"拼写检查"对话框，如图 4-9 所示。在此检查文本"spele"的拼写错误，并提供了修改建议供用户选择。用户也可以把一些非单词名称（如人名、产品名称等）添加到用户词典中，从而减少不必要的拼写错误提示。

图 4-9 "拼写检查"对话框

4.6 设置字体替换文件

打开由 AutoCAD 软件所绘制的工程图时，经常会出现因为无法找到字体而不能打开，或者打开文件后文字显示为"?"的情况，此时需要替换字体。

4.6.1 字体的映射

1. 功能

字体映射是用字体映射文件进行字体替换。如果图形中使用的某种字体在当前系统中不可获取，则该字体将自动被另一种字体替换。默认情况下，使用"simplex.shx"文件。如果要指定不同的字体，则需要通过更改 FONTALT 系统变量来输入替换字体文件名。如果所用的文字样式使用的是大字体（或亚洲语言集），则可以用 FONTALT 系统变量将其映射为另一种字体。此系统变量使用默认的字体文件："txt.shx"和"bigfont.shx"。有关其详细信息，请参见国际通用的文字字体。

2．命令调用

● 选择"工具"→"选项"命令，弹出"选项"对话框，切换到"文件"选项卡。

● 在绘图区域的空白处右击，在弹出的快捷菜单中选择"选项"命令，弹出"选项"对话框，切换到"文件"选项卡。

3．操作示例

1）选择"工具"→"选项"命令，弹出"选项"对话框，切换到"文件"选项卡。

2）双击"文本编辑器、词典和字体文件名"选项前面的"+"，程序将弹出"文本编辑器应用程序"、"主词典"等，包括"字体映射文件"。指定 CAD 使用的"acad.fmp"，其默认在 C:\Documents and Settings\Administrator\Application Data\Autodesk\AutoCAD 2012\R18.2\chs\Support 下，如图 4-10 所示。

3）双击打开"acad.fmp"文件，原文件内容如图 4-11 所示。用户可以按照以下格式指定要使用的字体映射文件。字体映射文件的每一行包含一个字体映射，图形中使用的原始字体和替换字体通过分号（;）隔开。例如，要使用 Times TrueType 字体替换罗马字体，在映射文件中将如下表达：romanc.shx;times.ttf。如果 FONTMAP 没有指向字体映射文件，或未找到 FMP 文件，或者未找到 FMP 文件中指定的字体文件名，则将使用样式中定义的字体。如果未找到样式中的字体，则将会根据替换规则替换字体。

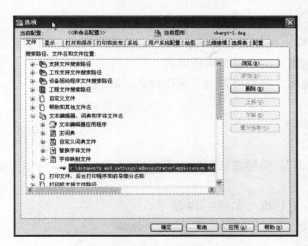

图 4-10 "文件"选项卡

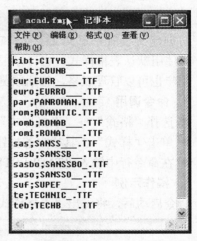

图 4-11 打开"acad.fmp"

4.6.2 替换文件

在打开 CAD 文件时，如果无法找到相应的字体，程序将会弹出如图 4-12 所示的"指定字体给样式"对话框，并提示用户在"大字体"列表中进行指定，用户可以在指定字体后单击按钮 确定 完成字体的替换，无须改变文字样式。

用户也可以在"选项"对话框的"文件"选项卡中设置替换字体，如图 4-13 所示。双击"替换字体文件"下箭头所指示的文件，将弹出"替换字体"对话框。用户可以在"字体名"列表框中选择要替换的字体。

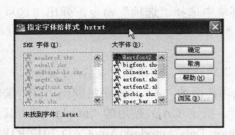

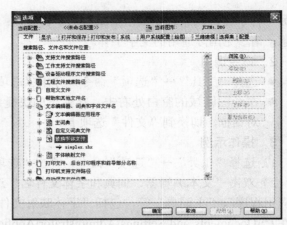

图 4-12 "指定字体给样式"对话框   图 4-13 选择要替换的文字

4.7 表格

使用 AutoCAD 可以创建表格,表格的外观由表格样式控制。对于已经生成的表格对象,用户可以根据需要对其形状和其中的文字信息进行修改和编辑。

4.7.1 新建表格样式和管理表格

1.功能

与创建文字前先定义文字样式一样,在创建表格前,应先定义表格样式来控制表格外观,可使用默认表格样式,也可以根据需要创建或编辑新样式。

用户也可以管理表格,包括预览表格、将表格置为当前以及删除表格。

2.命令调用

● 选择"格式"→"表格样式"命令。

● 单击"样式"工具栏中的按钮 。

● 在命令行中输入"TABLESTYLE",然后按〈Enter〉键。

3.操作示例

命令启动后,将弹出"表格样式"对话框,如图 4-14 所示。

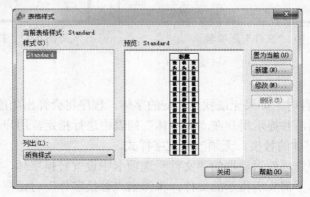

图 4-14 "表格样式"对话框

100

- 当前表格样式：显示应用于所创建表格的表格样式的名称。
- 样式：显示表格样式列表，当前样式被亮显。
- 列出：控制"样式"列表的内容。
- 预览：显示"样式"列表中选定样式的预览图像。
- 置为当前：将"样式"列表中选定的表格样式设定为当前样式，所有新表格都将使用此表格样式创建。
- 新建：显示"新建表格样式"对话框，从中可以定义新的表格样式，如图4-15所示。

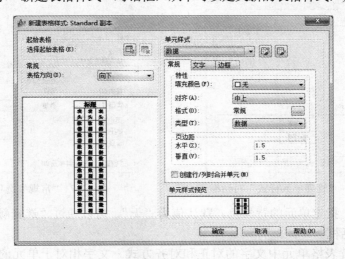

图4-15 "新建表格样式"对话框

- 修改：显示"修改表格样式"对话框，从中可以修改表格样式，其功能选项与"新建表格样式"对话框相同。
- 删除：删除"样式"列表中选定的表格样式，但不能删除图形中正在使用的样式。

4.7.2 设置表格的数据、列标题和标题样式

"新建表格样式"和"修改表格样式"对话框中都包含了多个选项："数据"、"表头"和"标题"，用来分别设置表格中数据、表头和标题的样式。该对话框中各选项的含义如下。

（1）起始表格

使用户可以在图形中指定一个表格作为样例来设置此表格样式的格式。选择表格后，可以指定要从该表格复制到表格样式的结构和内容。使用"删除"按钮，可以将表格从当前指定的表格样式中删除。

（2）常规

- 表格方向：用于设置表格方向。"向下"将创建由上而下读取的表格，标题行和列标题行位于表格的顶部；"向上"将创建由下而上读取的表格，标题行和列标题行位于表格的底部。
- 预览：显示当前表格样式设置效果的样例。

（3）单元样式

定义新的单元样式或修改现有单元样式，可以创建任意数量的单元样式。

- "单元样式"菜单：显示表格中的单元样式，即"数据"、"表头"或"标题"。
- "创建新单元样式"按钮：启动"创建新单元样式"对话框。
- "管理单元样式"按钮：启动"管理单元样式"对话框，如图 4-16 所示。

（4）"单元样式"选项卡

设置数据单元、单元文字和单元边框的外观。

1）"常规"选项卡如图 4-17 所示。

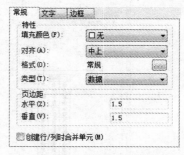

图 4-16　"管理单元样式"对话框　　　图 4-17　"常规"选项卡

- 填充颜色：指定单元的背景色，默认值为"无"。可以通过"选择颜色"显示"选择颜色"对话框。
- 对齐：设置表格单元中文字的对正和对齐方式。文字相对于单元的顶部边框和底部边框进行居中对齐、上对齐或下对齐。文字相对于单元的左边框和右边框进行居中对正、左对正或右对正。
- 格式：为表格中的"数据"、"表头"或"标题"行设置数据类型和格式。单击该按钮将弹出"表格单元格式"对话框，从中可以进一步定义格式选项。
- 类型：将单元样式指定为标签或数据。
- 页边距：用于控制单元边框和单元内容之间的间距，单元边距设置应用于表格中的所有单元。其中，"水平"用于设置单元中的文字或块与左、右单元边框之间的距离。"垂直"用于设置单元中的文字或块与上、下单元边框之间的距离。
- 创建行/列时合并单元：将使用当前单元样式创建的所有新行或新列合并为一个单元。可以使用此选项在表格的顶部创建标题行。

2）"文字"选项卡如图 4-18 所示。

- 文字样式：列出可用的文本样式。
- 文字样式按钮：显示"文字样式"对话框，从中可以创建或修改文字样式。
- 文字高度：设定文字高度。
- 文字颜色：指定文字颜色。通过"选择颜色"可显示"选择颜色"对话框。
- 文字角度：用于设置文字角度。

3）"边框"选项卡如图 4-19 所示。

- 线宽：设置将要应用于指定边界的线宽。
- 线型：设定要应用于用户所指定边框的线型。选择"其他"可加载自定义线型。

| 图 4-18 "文字"选项卡 | 图 4-19 "边框"选项卡 |

● 颜色：设置将要应用于指定边界的颜色。通过"选择颜色"可显示"选择颜色"对话框。

● 双线：将表格边界显示为双线。

● 间距：确定双线边界的间距。

● 边框按钮：用于控制单元边框的外观，通过选择不同的按钮将选定的特性应用于相应的边框。边框特性包括栅格线的线宽和颜色。

（5）单元样式预览

显示当前表格样式设置效果的样例。

4.7.3 创建表格

1．功能

对表格样式设置完毕后，即可使用该样式创建表格。

2．命令调用

● 选择"绘图"→"表格"命令。

● 单击"样式"工具栏中的按钮 ⊞。

● 在命令行中输入"TABLE"，然后按〈Enter〉键。

3．操作示例

启动命令后，将弹出"插入表格"对话框，如图 4-20 所示。该对话框中各个选项的含义如下。

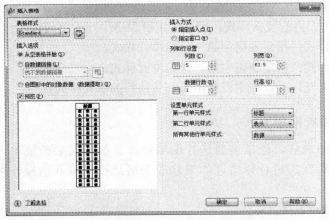

图 4-20 "插入表格"对话框

（1）表格样式

在要从中创建表格的当前图形中选择表格样式。通过单击下拉列表旁边的按钮，可以创建新的表格样式。

（2）插入选项

用于指定插入表格的方式。

- 从空表格开始：创建可以手动填充数据的空表格。
- 从数据链接开始：从外部电子表格中的数据创建表格。
- 自图形中的对象数据：启动"数据提取"向导。

（3）预览

控制是否显示预览。如果从空表格开始，则预览将显示表格样式的样例；如果创建表格链接，则预览将显示结果表格。处理大型表格时，可以取消选择该复选框以提高性能。

（4）插入方式

用于指定表格位置。

- 指定插入点：指定表格左上角的位置。可以指定一点确定位置，也可以在命令提示下输入坐标值。如果表格样式将表格的方向设定为由下而上读取，则插入点位于表格的左下角。
- 指定窗口：指定表格的大小和位置。可以指定一点确定位置，也可以在命令提示下输入坐标值。选定此单选按钮时，行数、列数、列宽和行高取决于窗口的大小以及列和行设置。

（5）列和行设置

设置列和行的数目和大小。

- 列数、列宽：用于指定列数和列的宽度。选择"指定窗口"单选按钮并指定列宽时，"自动"选项将被选定，且列数由表格的宽度控制；选择"指定窗口"单选按钮并指定列数时，"自动"选项将被选定，且列宽由表格的宽度控制。
- 数据行数、行高：指定行数和行高。选择"指定窗口"单选按钮并指定行高时，则选定了"自动"选项，且行数由表格的高度控制；选择"指定窗口"单选按钮并指定行数时，则选定了"自动"选项，且行高由表格的高度控制。

（6）设置单元样式

对于不包含起始表格的表格样式，需要指定新表格中行的单元格式。

- 第一行单元样式：指定表格中第一行的单元样式。
- 第二行单元样式：指定表格中第二行的单元样式。
- 所有其他行单元样式：指定表格中所有其他行的单元样式。

4.7.4　编辑表格和表格单元

对于已经创建的表格，通常需要进行编辑修改。如果需要改变单元内容，可在单元处直接双击进入编辑状态进行修改，如果修改表格结构或做其他操作可使用夹点或快捷菜单。

（1）使用夹点编辑表格

选择表格或单元后，在表格的四周、标题行、单元上将会显示若干个夹点，用户可拖动夹点改变行、列宽度。夹点显示如图 4-21 所示。

			门窗表		
	类型	编号	尺寸	数量	备注
	窗	C1	1800×1300	4	
	窗	C2	1200×1500	4	
	门	M1	900×2100	5	
	门	M2	1500×2100	1	

图 4-21　夹点显示

（2）使用快捷菜单编辑表格

选择表格的某一部分，右击将弹出快捷菜单，用户可以根据需要选择其中命令对表格进行编辑。

1）单击网格线将选中整个表格。用户可以利用快捷菜单对表格进行剪切、复制、删除、移动、缩放、旋转等操作，也可均匀地调整表格的行、列大小。

2）选择某一单元或多个单元则选中所选择的单元，选中单元后将弹出"表格"工具栏，如图 4-22 所示，方便用户进行编辑。通过"表格"工具栏或快捷菜单可以对选中的单元进行编辑，包括单元格的复制、剪切、对齐、边框处理、匹配处理、内容格式锁定、数据格式处理，以及对行和列进行插入和删除、插入块、插入公式、编辑单元文字、合并单元等操作。图 4-23 和图 4-24 所示为选择连续单元和合并单元的效果。

图 4-22　"表格"工具栏

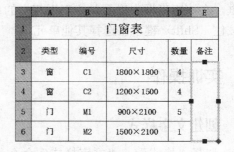

图 4-23　选择连续单元	图 4-24　合并单元

3）在选定的单元中可以插入公式进行计算，包括求和、求平均值、计数等。在公式中，可以通过单元的列字母和行号引用单元，例如，表格中左上角的单元为 A1，合并单元使用左上角单元的编号。单元的范围由第一个单元和最后一个单元定义，并在它们之间加一个冒号。例如，范围 A5:C10 包括第 5 行到第 10 行 A、B 和 C 列中的单元。

公式必须以等号（＝）开始。用于求和、求平均值和计数的公式将忽略空单元以及未解析为数值的单元。如果在算术表达式中的任何单元为空，或者包含非数字数据，则其他公式将显示错误（#）。

例如将图 4-21 所示的表格中的门窗数量进行统计，过程如图 4-23～图 4-28 所示。

门窗表				
类型	编号	尺寸	数量	备注
窗	C1	1800×1800	4	
窗	C2	1200×1500	4	
门	M1	900×2100	5	
门	M2	1500×2100	1	
合计				

图 4-25　新增一行

	A	B	C	D	E
1	门窗表				
2	类型	编号	尺寸	数量	备注
3	窗	C1	1800×1800	4	
4	窗	C2	1200×1500	4	
5	门	M1	900×2100	5	
6	门	M2	1500×2100	1	
7	合计				

图 4-26　选定放置公式的单元

	A	B	C	D	E
1	门窗表				
2	类型	编号	尺寸	数量	备注
3	窗	C1	1800×1800	4	
4	窗	C2	1200×1500	4	
5	门	M1	900×2100	5	
6	门	M2	1500×2100	1	
7	合计			=Sum(D3:D6)	

图 4-27　显示求和公式

门窗表				
类型	编号	尺寸	数量	备注
窗	C1	1800×1800	4	
窗	C2	1200×1500	4	
门	M1	900×2100	5	
门	M2	1500×2100	1	
合计			14	

图 4-28　合计值

在选择多个表格单元的时候，可在表格中按住鼠标左键拖动光标，此时将出现一个虚线矩形框，在该矩形框中以及与矩形框相交的单元都会被选中；也可在单元内单击选择单元，然后按住〈Shift〉键单击选择其他单元。

4.8　实训操作

4.8.1　创建文字样式

1）选择"格式"→"文字样式"命令，程序弹出"文字样式"对话框，如图 4-29 所示。单击按钮 新建(N) ，创建第 1 种文字样式"TEXT10"，以书写汉字，此处的"10"表示字高为 10mm，如图 4-30 所示。

2）选择字体样式"宋体"，以书写汉字，字高设定为"10"，字宽高比设定为"0.7"，其余不做修改。

3）定义第 2 种文字样式"TEXT5"，以书写数字，文字样式设定为"simplex.shx"，字高设定为"5"，字宽高比设定为"0.7"，其余不做修改。

图 4-29　新建文字样式

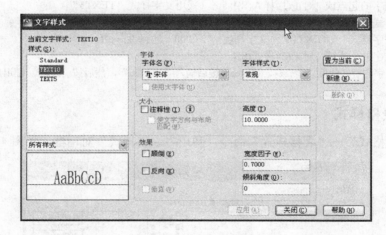

图 4-30　设置文字样式

4）选择"TEXT10"，单击按钮 置为当前(C)，将文字"TEXT10"置为当前，然后利用该字体书写文字。

5）选择"绘图"→"文字"→"单行文字"命令，命令行提示如下。

　　命令: _text
　　当前文字样式: "TEXT10"　文字高度: 10.0000　注释性: 否
　　指定文字的起点或 [对正(J)/样式(S)]:（用鼠标或者键盘输入坐标定点）
　　指定文字的旋转角度 <0>:✓　（按〈Enter〉键后，输入"计算机辅助设计"，然后按〈Enter〉键退出当前文字输入）

6）更改字体以书写数字，继续进行输入。

　　命令: _text
　　当前文字样式: "TEXT10"　文字高度: 10.0000　注释性: 否
　　指定文字的起点或 [对正(J)/样式(S)]: s✓（从命令行更改文字样式，也可以在"文字样式"对话框中利用 置为当前(C) 按钮进行设置）
　　输入样式名或 [?] <TEXT10>: ?✓（输入"？"查询文字样式内容）
　　输入要列出的文字样式 <*>:✓（按〈Enter〉键进入查询状态）

文字样式:
样式名: "Standard"　　　字体: 宋体
　　高度: 0.0000　宽度因子: 1.0000　倾斜角度: 0
　　生成方式: 常规

样式名: "TEXT10"　　　　字体: 宋体
　　高度: 10.0000　宽度因子: 0.7000　倾斜角度: 0
　　生成方式: 常规
样式名: "TEXT5"　　　　字体文件: simplex.shx
　　高度: 5.0000　宽度因子: 0.7000　倾斜角度: 0
　　生成方式: 常规
当前文字样式: TEXT10
当前文字样式: "TEXT10"　文字高度: 10.0000　注释性: 否
指定文字的起点或 [对正(J)/样式(S)]: s✓（采用文字样式"TEXT5"）
输入样式名或 [?] <TEXT10>: TEXT 5
当前文字样式: "TEXT10"　文字高度: 5.0000　注释性: 否
指定文字的起点或 [对正(J)/样式(S)]:
指定文字的旋转角度 <0>:（按〈Enter〉键后输入"123456"，然后按〈Enter〉键退出当前文字输入）

4.8.2　创建表格样式

1）选择"格式"→"表格样式"命令，弹出"表格样式"对话框，如图 4-31 所示。

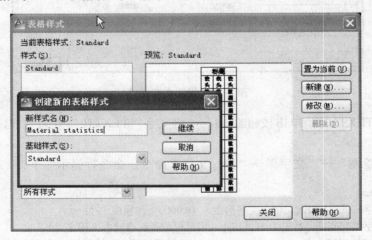

图 4-31　"表格样式"对话框

　　2）创建表格样式。单击按钮 新建(N)... ，在弹出的"创建新的表格样式"对话框中命名为"Material statistics"，然后单击按钮 继续 进入样式的修改，如图 4-31 所示。注意，基础样式为"Standard"。

　　3）创建表格样式。在"单元样式"下拉列表中选择"表头"，然后逐一修改"常规"、"文字"和"边框"中的选项，如图 4-32～图 4-34 所示。建议标题、表头和数据的文字对齐采用"正中"方式，边框的线型、线宽和颜色采用"ByLayer"，文字样式分别采用为其定义的"TABLE7"、"TABLE5"和"TABLE3"。

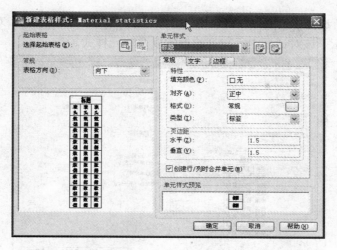

图 4-32 设置"常规"选项卡

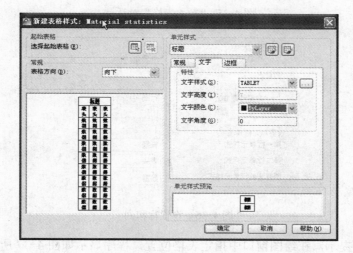

图 4-33 设置"文字"选项卡

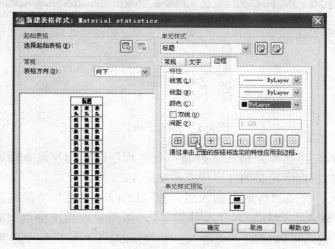

图 4-34 设置"边框"选项卡

4）创建表格。选择"绘图"→"表格"命令，程序弹出"插入表格"对话框，如图 4-35 所示。图 4-36 显示了该对话框中行与列的设置以及单元样式。

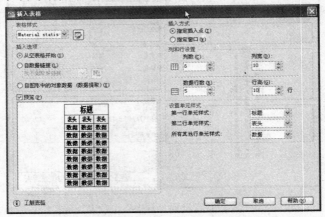

图 4-35 "插入表格"对话框

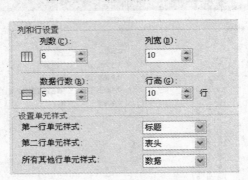

图 4-36 设置行和列

5）根据程序提示，在绘图窗口中指定表格位置，程序显示如图 4-37 所示。

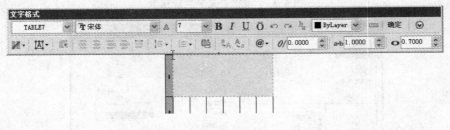

图 4-37 指定表格位置

6）标题的输入。将光标停留在"标题"处，程序提示用户输入标题名称，此处输入"材料表"。注意此时标题所定义的文字样式，如图 4-38 所示。

7）表头的输入。完成"标题"输入后，按〈Enter〉键进入"表头"的第 1 列，光标闪烁提示用户进行输入，此处输入"零件编号"，结束输入后按键盘上的〈→〉键，光标进入第 2 列，重复输入可以完成"规格"、"长度(mm)"、"数量"、"单重"和"总重"的输入，如图 4-39 所示。

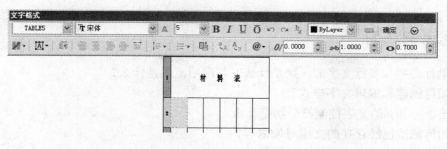

图 4-38 标题的输入

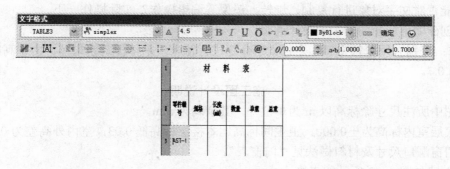

图 4-39 表头的输入

8）数据的输入。用户可继续按下〈→〉键，程序在完成表头输入后进入数据的输入，或者按〈Enter〉键结束表头输入，然后单击要输入数据处，程序将弹出"表格"对话框，用户需要选择输入的内容为"标题"、"表头"或者"数据"，此处选择"数据"。用键盘输入该零件编号的内容"AST-1"等，并根据程序提示选择对应的字体样式"TABLE3"，如图 4-40 所示。

9）调整表格。利用夹点编辑方式调整表格大小，如图 4-41 所示。

图 4-40 数据的输入

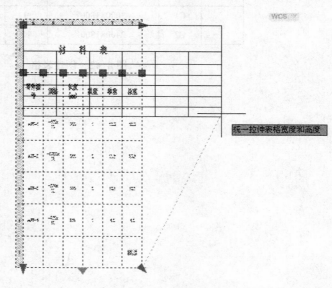

图 4-41 调整表格

4.9　思考与练习

1. 单行文字与多行文字的区别是什么？其应用范围是什么？
2. 如何创建和编辑文字样式？
3. ±、°和%的文字控制符分别是什么？
4. 如何修改已经存在的文字对象内容？
5. 选择整个表格和单元的方法有哪些？
6. 能否对文字对象进行复制、旋转、镜像等编辑操作？实际操作一下。
7. 创建如下所示的施工图设计说明。

要求：分别采用单行文字和多行文字命令进行输入，字体样式为宋体，文字高度为 8，宽高比为 0.7。

施工图设计说明：

- 图中所注尺寸除标高以 m 为单位外，其余均为 mm。
- 底层室内标高为±0.000，卫生间标高比本楼层标高低 0.03，室内外高差为 0.45。
- 门窗洞口尺寸及材料做法见"门窗表"。

8. 创建如图 4-42 所示的表格。

要求：建立文字样式"建筑文字样式"，字体为宋体，宽高比为 0.7；建立表格样式"建筑表格"，数据、列标题的字高分别为 8、10，对齐方式为正中。

门 窗 表				
类型	编号	规格（mm×mm）	数量	备注
门	M1	3600×3600	1	塑钢旋转门
	M2	3000×2500	1	塑钢双开门
	M3	1800×2700	9	塑钢双开门
窗	C1	3000×1800	9	铝合金推拉窗
	C2	2400×1800	12	铝合金推拉窗

图 4-42　创建表格

第5章 尺寸标注

尺寸标注描述了设计对象各组成部分的大小及相对位置关系。

本章重点

● 尺寸标注样式的设置
● 常用的尺寸标注方法
● 尺寸标注的修改编辑

5.1 尺寸标注样式的设置

标注样式控制着标注的格式和外观，在进行尺寸标注前应先定义尺寸标注样式。

命令调用方法。

● 选择"格式"或"标注"→"标注样式"命令。
● 单击"修改"工具栏中的按钮 ✍。
● 在命令行中输入"DIMSTYLE"、"D"、"DST"、"DDIM"或"DIMSTY"，然后按〈Enter〉键执行命令。

启动命令后，将弹出"标注样式管理器"对话框，如图5-1所示。

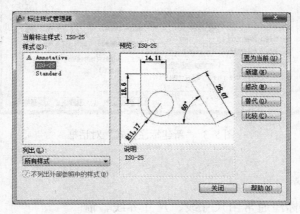

图5-1 "标注样式管理器"对话框

该对话框左侧的"样式"列表框中列出了当前可用的尺寸类型，"预览"区中显示了当前尺寸标注样式的预览效果。

该对话框中其他几个按钮的功能如下。

● 置为当前：将某一尺寸标注样式设置为当前标注样式，当前的标注将采用该样式。
● 新建：用于创建新的尺寸标注样式。
● 修改：用于修改选定的尺寸标注样式。

● 替代：用于设置当前标注样式的临时替代样式。替代样式将显示在"样式"列表框中的标注样式下，不需要时可右击，在弹出的快捷菜单中选择"删除"命令删除。

● 比较：用于对两个标注样式间的比较。

5.1.1 新建标注样式

在"标注样式管理器"对话框中单击"新建"按钮，将弹出"创建新标注样式"对话框，如图 5-2 所示。

● 新样式名：用于输入新建样式的名称。

● 基础样式：用于选择一种基础样式，新样式将在该样式的基础上进行修改。

图 5-2 "创建新标注样式"对话框

● 用于：用于指定新样式的使用范围。

单击该对话框中的"继续"按钮，将弹出"新建标注样式"对话框，如图 5-3 所示，用户可根据需要对新样式进行相应设置。

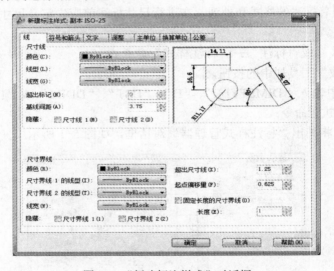

图 5-3 "新建标注样式"对话框

5.1.2 控制标注要素

一个典型的尺寸标注通常由尺寸线、尺寸界线、箭头和标注文字等要素组成，如图 5-4 所示。

在"新建标注样式"对话框的"线"、"符号和箭头"、"文字"选项卡中可以控制尺寸标注的要素。

1．线

用于设置尺寸线、尺寸界线的外观，包括颜色、线型、线宽和位置等，可在"预览"区中显示设置的效果，如图 5-5 所示。

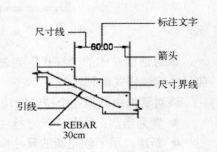

图 5-4 尺寸标注组成要素

（1）尺寸线

用于设置尺寸线的样式。

- 颜色、线型和线宽：用于设置尺寸线的颜色、线型和线宽。
- 超出标记：用于控制尺寸线超出尺寸界线的长度，但只有当尺寸线两端采用倾斜、建筑标记、小点或无标记等样式时才能设置，如图5-5所示。
- 基线间距：在使用基线尺寸标注时，可以设置平行尺寸线之间的距离，如图5-6所示。

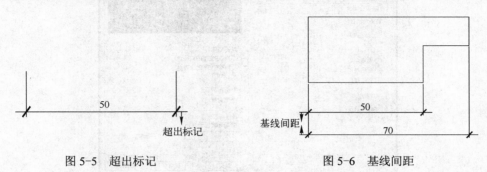

图5-5　超出标记　　　　　　　　　　　　图5-6　基线间距

- 隐藏：选择"尺寸线 1"或"尺寸线 2"复选框，可以隐藏第一段或第二段尺寸线及其相应的起止符号，如图5-7所示。

图5-7　隐藏尺寸线

（2）尺寸界线

用于设置尺寸界线样式。

- 颜色、尺寸界线1的线型、尺寸界线2的线型和线宽：用于设置尺寸界线的颜色、线型和线宽。
- 超出尺寸线：用于控制尺寸界线超出尺寸线的距离，如图5-8所示。
- 起点偏移量：用于控制尺寸界线的起点到标注定义点的距离，如图5-9所示。
- 隐藏：选择"尺寸界线 1"或"尺寸界线 2"复选框，可以隐藏第一条或第二条尺寸界线，如图5-10所示。

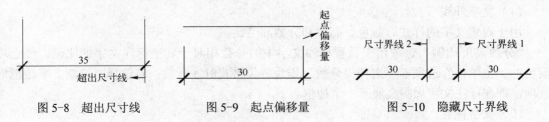

图5-8　超出尺寸线　　　　　图5-9　起点偏移量　　　　　图5-10　隐藏尺寸界线

2．符号和箭头

用于设置箭头、圆心标记、折断标注、弧长符号、半径折弯标注和线性折弯标注等的样式，"预览"区中将显示当前样式的预览效果，如图 5-11 所示。

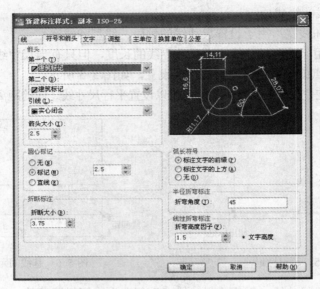

图 5-11 "符号和箭头"选项卡

（1）箭头

用于设置箭头的类型和大小。用户可在下拉列表中选择箭头样式，并在"箭头大小"数值框中设置箭头大小，也可自定义箭头。

（2）圆心标记

用于设置圆心标记的类型和大小，可将圆心标记设置为不标记、圆心标记（图 5-12a）或直线标记（图 5-12b），如图 5-12 所示。

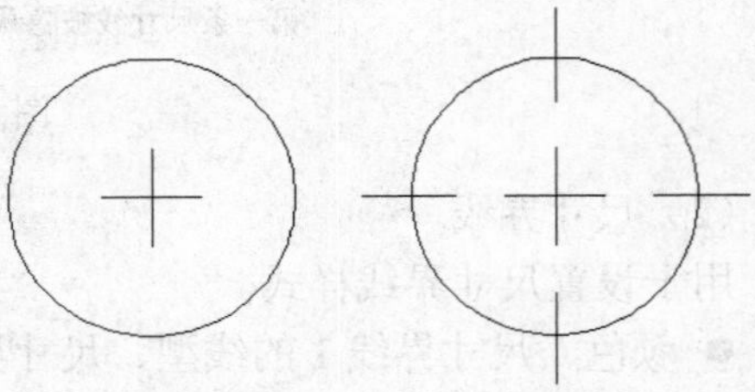

（3）弧长符号

用于设置弧长标注中圆弧符号的样式。如果圆弧的圆心位于图形边界外，可使用折弯标注其半径。

图 5-12 圆心标记类型

a）圆心标记 b）直线

3．文字

用于设置尺寸标注的文字外观、位置和对齐。在"新建标注样式"对话框中单击"文字"标签，切换到"文字"选项卡，如图 5-13 所示。

（1）文字外观

用于设置文字的样式、颜色、高度和分数高度比例。

"分数高度比例"选项用于设置标注文字中的分数相对于其他标注文字的比例，该选项仅当在"主单位"选项卡中选择"分数"作为单位格式时才有效；若选择"绘制文字边框"选项，则在标注文字周围会显示一个边框。

（2）文字位置

用于设置文字相对于尺寸线的位置。

● 垂直：用于设置标注尺寸文字的垂直放置位置，包括"居中"、"上"、"外部"、

116

"JIS"和"下"5个选项，其效果如图5-14所示。

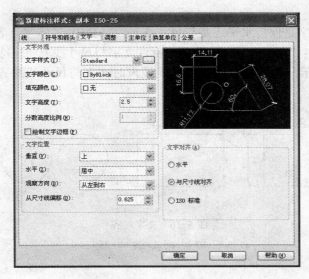

图5-13 "文字"选项卡

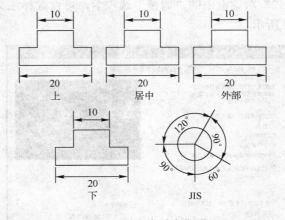

图5-14 文字垂直位置

● 水平：用于设置标注文字沿尺寸线方向的放置位置，包括"居中"、"第一条尺寸界线"、"第二条尺寸界线"、"第一条尺寸界线上方"和"第二条尺寸界线上方"5个选项，其效果如图5-15所示。

图5-15 文字水平位置

● 从尺寸线偏移：用于设置标注文字与尺寸线之间的距离。

（3）文字对齐

用于设置标注文字是保持水平还是与尺寸线平行。其中，"水平"表示标注文字水平放置，如图 5-16a 所示；"与尺寸线对齐"表示标注文字与尺寸线方向保持一致如图 5-16b 所示；"ISO 标准"表示，当标注文字在尺寸界线内时文字与尺寸线对齐，否则文字水平放置，如图 5-16c 所示。

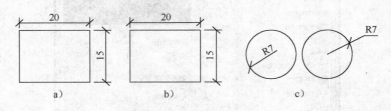

图 5-16　文字对齐

a）水平　b）与尺寸线对齐　c）ISO 标准

5.1.3　设置调整

通过"新建标注样式"对话框中的"调整"选项卡，可设置标注文字、箭头、引线和尺寸线的位置，如图 5-17 所示。

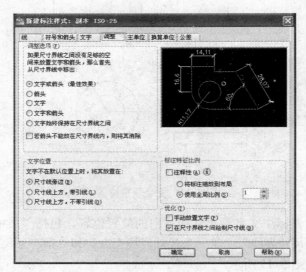

图 5-17　"调整"选项卡

（1）调整选项

当尺寸界线之间没有足够空间同时放置文字和箭头时，可使用该选项设置将某项从尺寸界线之间移出，包括"文字或箭头（最佳效果）"、"箭头"、"文字"、"文字和箭头"及"文字始终保持在尺寸界线之间"5 个选项，用户可根据需要选择。

（2）文字位置

用于设置当标注文字不在默认位置时的位置，包括"尺寸线旁边"、"尺寸线上方，带引线"和"尺寸线上方，不带引线"3个选项。

（3）标注特征比例

用于设置全局标注比例或图纸空间的比例。

● 使用全局比例：对全部尺寸标注设置缩放比例，但比例不改变尺寸的测量值。

● 将标注缩放到局部：可根据当前模型空间视口与图纸空间之间的缩放关系设置比例
因子。

（4）优化

对标注文字和尺寸线进行调整，包括"手动放置文字"和"在尺寸界线之间绘制尺
寸线"两个复选框。

5.1.4 设置主单位

"主单位"选项卡用于设置标注样式的单位格式、精度等属性，如图5-18所示。

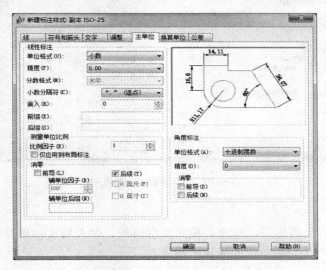

图5-18 "主单位"选项卡

（1）线性标注

用于设置线性标注的格式和精度。

● 单位格式：用于设置除角度标注以外的各标注类型的单位格式。

● 精度：设置除角度标注以外的各标注类型的尺寸精度。

● 分数格式：当单位格式为"分数"时，用于设置分数的标注格式，包括"水平"、"对
角"和"非堆叠"3种方式。

● 舍入：设置除角度标注以外的尺寸测量值的舍入值。

（2）测量单位比例

用于设置测量尺寸的缩放比例，实际标注值为测量值与该比例因子之积。若选择"仅应
用到布局标注"复选框，则该比例关系仅适用于局部。

（3）消零

用于设置是否显示尺寸标注中的前导零和后续零。

（4）角度标注

用于设置角度标注的单位格式和精度，以及是否显示前导零和后续零。

5.1.5 设置换算单位

在"新建标注样式"对话框中，"换算单位"选项卡用于设置标注换算单位的显示、格式和精度。用户可以通过"显示换算单位"复选框设置是否显示换算单位，如图5-19所示。

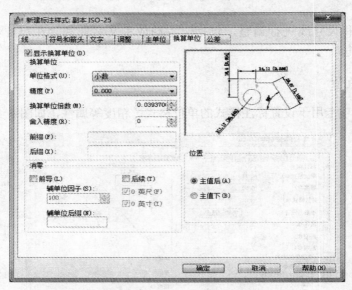

图5-19 "换算单位"选项卡

（1）换算单位

用于设置换算单位的格式、精度、换算单位倍数、舍入精度，以及前缀、后缀等，其中，"换算单位倍数"为两种单位的换算比例关系。

（2）消零

用于设置是否显示前导零和后续零。

（3）位置

用于设置换算单位的位置，包括"主值后"和"主值下"两个单选按钮，用户可根据需要进行选择。

5.1.6 设置公差

使用"新建标注样式"对话框中的"公差"选项卡，可以设置是否标注公差以及公差的格式，如图5-20所示。

（1）公差格式

用于设置公差方式与格式。

● 方式：用于选择公差类型，包括"无"、"对称"、"极限偏差"、"极限尺寸"和"基本尺寸"5个选项。

● 高度比例：用于设置尺寸的分数和公差的高度比例因子。

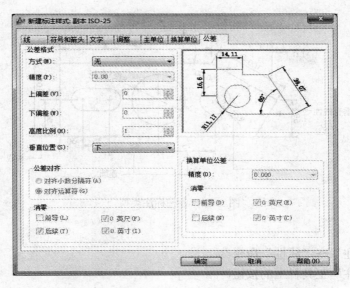

图 5-20 "公差"选项卡

- 垂直位置：用于设置公差相对于尺寸文字的位置，包括"上"、"中"和"下"3个选项。

（2）公差对齐

用于设置公差的对齐方式，包括"对齐小数分隔符"和"对齐运算符"两个单选按钮。

（3）消零

用于设置是否显示标注中的前导零和后续零。

（4）换算单位公差

用于设置换算单位公差的精度，以及是否显示前导零和后续零。

5.2 各种具体尺寸的标注方法

AutoCAD 为用户提供了多种尺寸标注方法，用户可在"标注"菜单或"标注"工具栏中选择适当的标注方法进行各种尺寸标注。

"尺寸标注"工具栏如图 5-21 所示，它提供了一套完整的尺寸标注命令，是按图纸进行生产活动的重要依据。AutoCAD 提供了多种标注方法，可以满足用户对各种对象的标注要求，如图 5-22 所示。

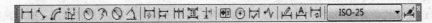

图 5-21 "尺寸标注"工具栏

5.2.1 线性标注

1. 功能

线性标注用于标注直线或两点间的距离，包括水平标注、垂直标注和旋转标注 3 种类型。

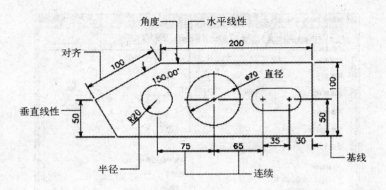

图 5-22　各种标注类型

2．命令调用

● 选择"标注"→"线性"命令。

● 单击"标注"工具栏上的按钮 ⊢。

启动命令后，AutoCAD 的命令行提示如下。

> 命令: DIMLINEAR
> 指定第一个尺寸界线原点或 <选择对象>:（指定第一条尺寸界线的起点）
> 指定第二条尺寸界线原点:（指定第二条尺寸界线的起点）
> 指定尺寸线位置或[多行文字(M)/文字(T)/角度(A)/水平(H)/垂直(V)/旋转(R)]:

● 指定尺寸线位置：在绘图区中单击一点指定尺寸线的位置。

● 多行文字：使用"多行文字编辑器"标注文字，其中的尖括号表示系统测量值。

● 文字：自定义标注文字，用户可自行输入标注文字而不采用测量值。

● 角度：设置标注文字的旋转角度，选择该选项后，
在命令框中输入需要的旋转角度即可。

● 水平、垂直、旋转：分别用于创建水平线性标注、
垂直线性标注和旋转线性标注。

3．操作示例

对图 5-23 所示的矩形进行尺寸标注。

操作步骤如下。

> 命令: _dimlinear
> 指定第一个尺寸界线原点或 <选择对象>:（捕捉 A 点）
> 指定第二条尺寸界线原点:（捕捉 B 点）
> 指定尺寸线位置或[多行文字(M)/文字(T)/角度(A)/水平(H)/垂直(V)/旋转(R)]:（拖动鼠标将尺寸线移动到适当位置，单击结束）
> 命令: DIMLINEAR（按〈Enter〉键重新启动命令）
> 指定第一个尺寸界线原点或 <选择对象>:（捕捉 B 点）
> 指定第二条尺寸界线原点:（捕捉 C 点）
> 指定尺寸线位置或[多行文字(M)/文字(T)/角度(A)/水平(H)/垂直(V)/旋转(R)]:（拖动鼠标将尺寸线移动到适当位置，单击结束）

图 5-23　线性标注

5.2.2 对齐标注

1．功能

对齐标注用于创建与指定位置或对象平行的标注。对齐标注的尺寸线与尺寸界线的两个原点的连线平行，一般用于对倾斜线段的标注。

2．命令调用

● 选择"标注"→"对齐"命令。

● 单击"标注"工具栏上的按钮 。

3．操作示例

启动命令后，AutoCAD 的命令行提示如下。

命令: _dimaligned
指定第一个尺寸界线原点或 <选择对象>:（指定第一条尺寸界线起点或者按〈Enter〉键
选择要标注的对象，自动确定两尺寸界线的起始点）
指定第二条尺寸界线原点:（指定第二条尺寸界线的起点）
指定尺寸线位置或[多行文字(M)/文字(T)/角度(A)]:（拖动鼠标指定尺寸线位置后单击完成操作）

各选项的含义同线性标注中的选项。

5.2.3 基线标注

1．功能

基线标注指从一条基准界线到各个点进行尺寸标注。标注的第一条尺寸界线为基准线，所有的基线尺寸标注都有共同的第一条尺寸界线。

2．命令调用

● 选择"标注"→"基线"命令。

● 单击"标注"工具栏上的按钮 。

启动命令后，AutoCAD 的命令行提示如下。

命令: _dimbaseline
选择基准标注:（选择作为基准的标注）
指定第二条尺寸界线原点或 [放弃(U)/选择(S)] <选择>:（指定第二条尺寸界线的起点）
指定第二条尺寸界线原点或 [放弃(U)/选择(S)] <选择>:（继续选择下一个标注的第二条尺寸界线
的起点，或按〈Enter〉键结束命令）

3．操作示例

对图 5-24 所示的图形进行基线标注。

操作步骤如下。

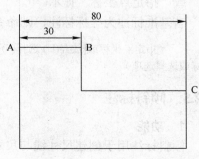

命令: _dimlinear
指定第一个尺寸界线原点或 <选择对象>:（选择 A 点）
指定第二条尺寸界线原点:（选择 B 点）
指定尺寸线位置或[多行文字(M)/文字(T)/角度(A)/水
平(H)/垂直(V)/旋转(R)]:（拖动鼠标将尺寸线放置在适当位置，
单击结束操作）

图 5-24　基线标注

标注文字 ＝30

命令：_dimbaseline

指定第二条尺寸界线原点或 [放弃(U)/选择(S)] <选择>：（选择 C 点）

标注文字 ＝80

指定第二条尺寸界线原点或 [放弃(U)/选择(S)] <选择>：（按〈Enter〉键结束命令）

5.2.4 连续标注

1．功能

连续标注是首尾相连的多个尺寸标注，以已经存在的线性标注、对齐标注、角度标注或圆心标注作为基准。

2．命令调用

● 选择"标注"→"连续"命令。

● 单击"标注"工具栏上的按钮 ┡┡ 。

启动命令后，AutoCAD 的命令行提示如下。

命令：_dimcontinue

若当前任务中未创建任何标注，则提示用户选择线性标注、坐标标注或角度标注作为基准，命令行提示如下。

选择基准标注：

若在当前任务中创建了线性标注、坐标标注或角度标注，则将使用最近一次的标注作为基准进行连续标注，命令行提示如下。

指定第二条尺寸界线原点或 [放弃(U)/选择(S)] <选择>：

指定第二条尺寸界线原点：使用上一次标注的第二条尺寸界线原点作为当前标注的第一条尺寸界线原点，并指定第二条尺寸界线。命令行提示如下。

指定第二条尺寸界线原点或 [放弃(U)/选择(S)] <选择>：（可连续选择第二条尺寸界线原点，按〈Enter〉键结束命令）

放弃：撤销上一次的连续尺寸标注，进行重新标注。

选择：AutoCAD 提示选择连续标注，选择之后，将再次显示"指定第二条尺寸界线原点"或"指定点坐标"提示。

若基准标注为坐标标注，则命令行提示如下。

指定点坐标或[放弃(U)/选择(S)] <选择>：（将基线标注的端点作为连续标注的端点，指定下一个点坐标或选择选项）

5.2.5 倾斜标注

1．功能

倾斜标注用于创建尺寸线与尺寸界线不垂直的标注。正常情况下，尺寸界线垂直于尺寸线创建，然而，如果尺寸界线与图形中的其他对象发生冲突，标注后可以使用倾斜标注更改它们的角度，使现有的标注倾斜不会影响新的标注。

2．命令调用

选择"标注"→"倾斜"命令。

3．操作示例

启动命令后，AutoCAD 的命令行提示如下。

命令:_dimedit

输入标注编辑类型 [默认(H)/新建(N)/旋转(R)/倾斜(O)] <默认>: _o（使用倾斜命令会自动选择"倾斜"选项）

选择对象:（选择要倾斜的标注）

选择对象:（可继续选择标注，或按〈Enter〉键结束选择）

输入倾斜角度:（输入要倾斜的角度，或指定两点以确定角度）

倾斜标注的效果如图 5-25 所示。

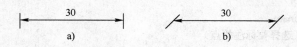

图 5-25　倾斜标注

a）原图　b）倾斜标注结果

5.2.6　弧长标注

1．功能

弧长标注用于测量圆弧或多段线圆弧上的距离。弧长标注的尺寸界线可以正交或径向。在标注文字的上方或前面将显示圆弧符号。

2．命令调用

● 选择"标注"→"连续"命令。

● 单击"标注"工具栏上的按钮📐。

3．操作示例

启动命令后，AutoCAD 的命令行提示如下。

命令:_dimarc

选择弧线段或多段线圆弧段:（选择要标注的圆弧或多段线弧线段）

指定弧长标注位置或 [多行文字(M)/文字(T)/角度(A)/部分(P)]:（指定弧长标注位置或选择其他选项）

● 指定弧长标注位置：指定尺寸线的位置并确定尺寸界线的方向。

● 多行文字：显示在位文字编辑器，可用它来编辑标注文字。

● 文字：在命令提示下自定义标注文字，生成的标注测量值显示在尖括号中。

● 角度：修改标注文字的角度。

● 部分：缩短弧长标注的长度。

弧长标注效果如图 5-26 所示。

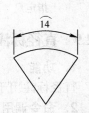

图 5-26　弧长标注

5.2.7 坐标标注

1．功能

坐标标注用于测量原点（称为基准点）到特征点（例如部件上的一个孔）的垂直距离。这些标注通过保持特征与基准点之间的精确偏移量，来避免误差增大。坐标标注由 X 或 Y 值和引线组成。X 基准坐标标注沿 X 轴测量特征点与基准点的距离。Y 基准坐标标注沿 Y 轴测量距离。

2．命令调用

● 选择"标注"→"坐标"命令。
● 单击"标注"工具栏上的按钮 。

3．操作示例

启动命令后，AutoCAD 的命令行提示如下。

> 命令: _dimordinate
> 指定点坐标:（选择要标注的点）
> 指定引线端点或 [X 基准(X)/Y 基准(Y)/多行文字(M)/文字(T)/角度(A)]:

● 指定引线端点：确定引线端点，若标注点和引线端点的 X 坐标之差大于两点的 Y 坐标之差，则生成 X 坐标，否则生成 Y 坐标。
● X 基准、Y 基准：标注 X 坐标或标注 Y 坐标。

指定引线端点时，若相对于标注点上下移动鼠标，则标注点的 X 坐标；若左右移动鼠标，则标注 Y 坐标。

5.2.8 半径标注

1．功能

半径标注用于标注圆弧或圆的半径，标注文字显示半径符号"R"。

2．命令调用

● 选择"标注"→"半径"命令。
● 单击"标注"工具栏上的按钮 。

3．操作示例

启动命令后，AutoCAD 的命令行提示如下。

> 命令: _dimradius
> 选择圆弧或圆:（选择要标注的圆或圆弧）
> 标注文字 ＝15（所标注的圆或圆弧的半径测量值）
> 指定尺寸线位置或 [多行文字(M)/文字(T)/角度(A)]:（选定尺寸线的位置或选择其他选项）

5.2.9 直径标注

1．功能

直径标注用于标注圆或圆弧的直径，标注文字显示直径符号"ø"。

2．命令调用

● 选择"标注"→"直径"命令。

● 单击"标注"工具栏上的按钮⬚。

3．操作示例

启动命令后，AutoCAD 的命令行提示如下。

> 命令：_dimdiameter
> 选择圆弧或圆：（选择要标注的圆或圆弧）
> 标注文字 ＝30（所标注的圆或圆弧的直径测量值）
> 指定尺寸线位置或 [多行文字(M)/文字(T)/角度(A)]：（选定尺寸线的位置或选择其他选项）

5.2.10 角度标注

1．功能

角度标注用于测量两条直线或 3 个点之间的角度，如图 5-27 所示。

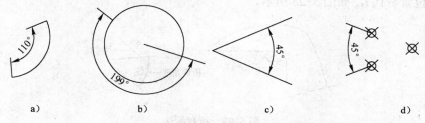

图 5-27 角度标注

a）圆弧角度 b）圆上一段弧的角度 c）两条直线的夹角 d）3 个点的夹角

2．命令调用

● 选择"标注"→"角度"命令。

● 单击"标注"工具栏上的按钮⬚。

3．操作示例

启动命令后，AutoCAD 的命令行提示如下。

> 命令：_dimangular
> 选择圆弧、圆、直线或 <指定顶点>：（选择要标注的圆弧、圆、直线或按〈Enter〉键选择顶点）

1）若选择圆弧，命令提示如下。

> 指定标注弧线位置或 [多行文字(M)/文字(T)/角度(A)/象限点(Q)]：（选择标注弧线的位置或选择其他选项）

2）若选择圆，命令提示如下。

> 指定角的第二个端点：（选择圆上的一点）
> 指定标注弧线位置或 [多行文字(M)/文字(T)/角度(A)/象限点(Q)]：（选择标注弧线的位置或选择其他选项）

3）若选择直线，命令提示如下。

> 选择第二条直线：（选择要标注角度的另外一条直线）
> 指定标注弧线位置或 [多行文字(M)/文字(T)/角度(A)/象限点(Q)]：（选择标注弧线的位置或选择其他选项）

4）若按〈Enter〉键选择顶点，命令提示如下。

　　指定角的顶点：（指定一点作为角的顶点）
　　指定角的第一个端点：（指定角的第一个端点）
　　指定角的第二个端点：（指定角的第二个端点）
　　指定标注弧线位置或 [多行文字(M)/文字(T)/角度(A)/象限点(Q)]:（选择标注弧线的位置或选择其
他选项）

5.2.11　折弯标注

1．功能

圆弧或圆的中心位于布局外部，且无法在其实际位置显示时，通过折弯标注命令可以创建折弯半径标注，也称为"缩放的半径标注"，从而使用户在更方便的位置指定标注的原点（称为中心位置替代），如图 5-28 所示。

图 5-28　折弯标注

2．命令调用

● 选择"标注"→"折弯"命令。
● 单击"标注"工具栏上的按钮 。

3．操作示例

启动命令后，AutoCAD 的命令行提示如下。

　　命令：_dimjogged
　　选择圆弧或圆：（选择要标注的圆或圆弧）
　　指定图示中心位置：（选择标注的原点位置）
　　标注文字 ＝5（显示所标注的圆或圆弧半径的测量值）
　　指定尺寸线位置或 [多行文字(M)/文字(T)/角度(A)]:（确定尺寸线位置或其他选项）
　　指定折弯位置：（确定标注折弯位置的另一个点）

折弯标注的折弯角度可在"标注样式管理器"对话框中进行设置。

5.2.12　引线标注和多重引线标注

1．功能

引线标注是由带箭头的引线和注释文字组成的标注，用于标注一些注释、说明等内容。多重引线命令比引线命令增加了更多的控制选项，通过该命令，用户可以根据需要先创建引线箭头、引线基线或引线内容。当然，也有很多用户习惯于引线标注，因此，下面分别解释两种命令的使用。

2．命令调用

启动引线标注和多重引线标注命令的方法如下。

- 在命令行中输入"QLEADER"。
- 选择"标注"→"多重引线"命令。
- 在命令行中输入"MLEADER"，然后按〈Enter〉键执行命令。

3. 操作示例 1——引线标注

启动命令后，AutoCAD 的命令行提示如下。

命令: qleader
指定第一个引线点或 [设置(S)] <设置>:（指定第一个引线点或选择"设置"，若选择"设置"，将弹出"引线设置"对话框，用户可设置引线格式）

"引线设置"对话框包括"注释"、"引线和箭头"和"附着"3 个选项卡。

(1)"注释"选项卡

用于设置注释类型和格式，如图 5-29 所示。

1）注释类型：用于设置注释的类型。

- 多行文字：创建多行文字注释。

注释类型为"多行文字"时，AutoCAD 提示如下。

指定文字宽度 <0>:（确定文字宽度）
输入注释文字的第一行 <多行文字(M)>:（输入第一行文字）
输入注释文字的下一行：（继续输入下一行文字，按〈Enter〉键结束输入）

- 复制对象：用于从图形的其他部分复制文字、图块或公差等对象。

注释类型为"复制对象"时，AutoCAD 提示如下。

选择要复制的对象：（选择要复制的文字对象、块参照或公差对象）

- 公差：显示"形位公差"对话框，用于创建将要附着到引线上的特征控制框。
- 块参照：提示插入一个块参照。块参照将插入到自引线末端的某一偏移位置，并与该引线相关联，这意味着如果块移动，引线末端也将随之移动。

注释类型为"块参照"时，AutoCAD 提示如下。

输入块名或 [?]:（输入图块的名称）
指定插入点或 [基点（B）/ 比例（S）/ X / Y / Z / 旋转（R）/预览比例（PS）/ PX /PY/ PZ / 预览旋转（PR）]:（指定块插入点或输入选项）

- 无：创建无注释的引线。

注释类型为"无"时，AutoCAD 将会在画出引线后结束命令。

2）多行文字选项：用于设置多行文字，只有在选定了多行文字注释类型时该选项才可用。

- 提示输入宽度：提示指定多行文字注释的宽度。
- 始终左对齐：无论引线位于何处，多行文字注释应靠左对齐。
- 文字边框：在多行文字注释周围放置边框。

3）重复使用注释：用于设置重新使用引线注释的选项。

- 无：不重复使用引线注释。
- 重复使用下一个：重复使用为后续引线创建的下一个注释。

● 重复使用当前：重复使用当前注释。选择"重复使用下一个"单选按钮之后，重复使用注释时将自动选择此单选按钮。

（2）"引线和箭头"选项卡

用于设置引线和箭头的格式，如图 5-30 所示。

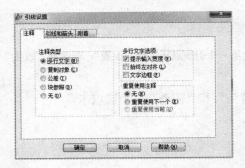
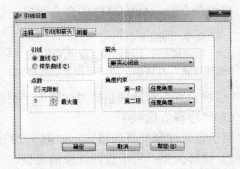

图 5-29 "引线设置"对话框   图 5-30 "引线和箭头"选项卡

1）引线：用于设置引线格式。

● 直线：在指定点之间创建直线段。

● 样条曲线：用指定的引线点作为控制点创建样条曲线对象。

2）箭头：用于定义引线箭头。箭头还可用于尺寸线（DIMSTYLE 命令）。如果选择"用户箭头"选项，将显示图形中的块列表。

3）点数：设置引线的点数，在输入引线注释之前，将提示指定这些点。如果将此选项设定为"无限制"，则一直提示指定引线点，直到用户按〈Enter〉键。

4）角度约束：用于设置第一条与第二条引线的角度约束。

（3）"附着"选项卡

用于设置引线和多行文字注释的附着位置。只有在"注释"选项卡上选定了"多行文字"时，该选项卡才可用，如图 5-31 所示。

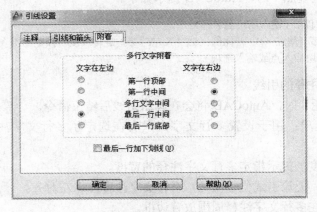

图 5-31 "附着"选项卡

1）多行文字附着

● 第一行顶部：将引线附着到多行文字的第一行顶部。

130

- 第一行中间：将引线附着到多行文字的第一行中间。
- 多行文字中间：将引线附着到多行文字的中间。
- 最后一行中间：将引线附着到多行文字的最后一行中间。
- 最后一行底部：将引线附着到多行文字的最后一行底部。

2）最后一行加下画线：给多行文字的最后一行加下画线。

退出"引线设置"对话框后，将继续进行引线标注。

> 指定第一个引线点或 [设置(S)] <设置>:（指定第一个引线点）
> 指定下一点:（指定引线的下一个端点）
> 指定下一点:（继续指定引线端点，端点数在"引线设置"对话框中设置，若为"无限制"，则按
> 〈Enter〉键结束指定）

4．操作示例2——多重引线标注

启动命令后，AutoCAD 的命令行提示如下。

> 命令: _mleader
> 指定引线箭头的位置或 [引线基线优先(L)/内容优先(C)/选项(O)] <选项>:（指定引线箭头的位置
> 或选择其他选项）

（1）指定引线箭头的位置

指定多重引线对象箭头的位置，命令行提示如下。

> 指定引线基线的位置:（设置新的多重引线对象的引线基线位置，如果此时退出命令，则不会有
> 与多重引线相关联的文字）

（2）引线基线优先

指定多重引线对象的基线的位置，命令行提示如下。

> 指定引线箭头的位置或 [引线箭头优先(H)/内容优先(C)/选项(O)] <选项>:（指定引线箭头的位置
> 或选择其他选项）

（3）内容优先

指定与多重引线对象相关联的文字或块的位置，命令行提示如下。

> 指定文字的第一个角点或 [引线箭头优先(H)/引线基线优先(L)/选项(O)] <选项>:
> （指定文本框的第一个角点或选择其他选项）
> 指定对角点:（指定文本框的对角点，确定文本框位置，输入文字）
> 指定引线箭头的位置:

（4）选项

指定用于放置多重引线对象的选项，命令行提示如下。

> 输入选项 [引线类型(L)/引线基线(A)/内容类型(C)/最大节点数(M)/第一个角度(F)/第二个角度(S)/
> 退出选项(X)] <退出选项>:（指定要选择的选项）

- 引线类型：指定引线类型为直线、样条曲线或无引线。
- 引线基线：更改水平基线的距离，如果选择"否"，则不会有与多重引线对象相关联
  的基线。
- 内容类型：指定要用于多重引线的内容类型，包括"块"、"多行文字"和"无" 3 个

选项。

● 最大节点数：用于指定新引线的最大点数。
● 第一个角度：用于设置约束新引线的第一个角度。
● 第二个角度：用于设置约束新引线的第二个角度。

5.2.13 公差标注

1. 功能

公差用来表示特征的形状、轮廓、方向、位置和跳动的允许偏差。公差的组成要素如图 5-32 所示。

图 5-32 公差的组成要素

2. 命令调用

1）选择"标注"→"公差"命令。
2）单击"标注"工具栏上的按钮⊞。

3. 操作示例

启动命令后，将弹出"形位公差"对话框，如图 5-33 所示。

（1）符号

单击该项中的一个■框，将弹出"特征符号"对话框，可以从中选择几何特征符号，如图 5-34 所示。

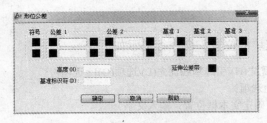

图 5-33 "形位公差"对话框

图 5-34 "特征符号"对话框

（2）公差 1 和公差 2

创建特征控制框中的公差值。公差值指明了几何特征相对于精确形状的允许偏差量。单击前面的■框可在公差值前插入直径符号，单击后面的■框将弹出"附加符号"对话框，可在公差值后插入包容条件符号。"附加符号"对话框如图
5-35 所示。

（3）基准 1、基准 2 和基准 3

在特征控制框中创建基准参照，基准参照由值和修饰符号组成。基准是理论上精确的几何参照，用于建立特征的公

图 5-35 "附加符号"对话框

132

差带。

（4）高度

用于创建特征控制框中的投影公差零值。投影公差带控制固定垂直部分延伸区的高度变化，并以位置公差控制公差精度。

（5）延伸公差带

用于在延伸公差带值的后面插入延伸公差带符号。

（6）基准标识符

用于创建由参照字母组成的基准标识符。基准是理论上精确的几何参照，用于建立其他特征的位置和公差带。点、直线、平面、圆柱或者其他几何图形都能作为基准。

5.2.14　快速标注

1．功能

快速标注用于创建一系列的基线标注、连续标注、并列标注、坐标标注、半径标注和直径标注等。

2．命令调用

- 选择"标注"→"快速标注"命令。
- 单击"标注"工具栏上的按钮。

3．操作示例

启动命令后，AutoCAD 的命令行提示如下。

> 命令:_qdim
> 关联标注优先级 = 端点
> 选择要标注的几何图形:（选择要快速标注的对象）
> 选择要标注的几何图形:（可继续选择，按〈Enter〉键结束）
> 指定尺寸线位置或 [连续(C)/并列(S)/基线(B)/坐标(O)/半径(R)/直径(D)/基准点(P)/编辑(E)/设置(T)]
> <连续>:

各选项的意义如下。

- 连续：创建一系列连续标注。
- 并列：创建一系列并列标注。
- 基线：创建一系列基线标注。
- 坐标：创建一系列坐标标注。
- 半径：创建一系列半径标注。
- 直径：创建一系列直径标注。
- 基准点：为基线标注和坐标标注设定新的基准点。
- 编辑：编辑一系列标注。将提示用户在现有标注中添加或删除点。
- 设置：为指定尺寸界线原点设置默认对象捕捉。

5.3　尺寸标注的编辑与修改

对于已经标注好的尺寸，往往需要进行编辑和修改。本节主要介绍尺寸标注的编辑命令，它们用于修改尺寸标注的文字、位置和样式等内容。

5.3.1　编辑标注

1．功能
编辑标注用于编辑标注对象上的标注文字和尺寸界线。

2．命令调用
● 单击"标注"工具栏上的按钮 。
● 在命令行中输入"DIMEDIT"，然后按〈Enter〉键执行命令。

3．操作示例
启动命令后，AutoCAD 的命令行提示如下。

　　命令: _dimedit
　　输入标注编辑类型 [默认(H)/新建(N)/旋转(R)/倾斜(O)] <默认>:（选择选项）

各选项的意义如下。
● 默认：将标注文字按标注样式设置的位置和方向放置。
● 新建：弹出"文字格式"编辑器，重新输入标注文字。
● 旋转：按设置的角度值旋转标注文字。
● 倾斜：使线性标注的尺寸界线按指定的角度倾斜，如图 5-36 所示。

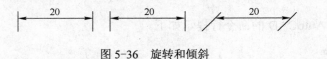

图 5-36　旋转和倾斜

5.3.2　编辑标注文字

1．功能
用于修改标注文字的位置和角度。

2．命令调用
● 单击"标注"工具栏上的按钮 。
● 在命令行中输入"DIMTEDIT"，然后按〈Enter〉键执行命令。

3．操作示例
启动命令后，AutoCAD 的命令行提示如下。

　　命令: _dimtedit
　　选择标注:（选择要编辑的标注）
　　为标注文字指定新位置或 [左对齐(L)/右对齐(R)/居中(C)/默认(H)/角度(A)]:（指定位置或选择其他
选项）

各选项的意义如下。
● 为标注文字指定新位置：拖曳时动态更新标注文字的位置。
● 左对齐、右对齐和居中：沿尺寸线左对正、右对正或中心对正标注文字，此选项只
　适用于线性、半径和直径标注。
● 默认：将标注文字移回默认位置。

● 角度：使标注文字按指定的角度旋转。

5.3.3 替代

1．功能

用于替代选定标注的指定标注系统变量，或清除选定标注对象的替代，从而返回到由其标注样式定义的设置。

2．命令调用

● 选择"标注"→"替代"命令。

● 在命令行中输入"DIMOVERRIDE"，然后按〈Enter〉键执行命令。

3．操作示例

启动命令后，AutoCAD 的命令行提示如下。

命令：_dimoverride
输入要替代的标注变量名或 [清除替代(C)]：dimdsep（输入要重新设置的变量名或选择"清除替代"选项，例如图 5-40 所示的标注，输入 dimdsep，改变小数分隔符）
输入标注变量的新值 <,>：?（输入变量的新值，例如当前为"."，此处输入"？"）
输入要替代的标注变量名：（可继续设置变量，按〈Enter〉键结束）
选择对象：找到 1 个（选择要修改变量的标注）
选择对象：（可继续选择，按〈Enter〉键结束）

修改小数分隔符的效果如图 5-37 所示。

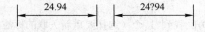

图 5-37　使用"替代"命令修改小数分隔符

5.3.4 标注的更新

1．功能

可以将标注系统变量保存或恢复到选定的标注样式。

2．命令调用

● 选择"标注"→"更新"命令。

● 单击"标注"工具栏上按钮 。

3．操作示例

启动命令后，AutoCAD 的命令行提示如下。

命令：_dimstyle
当前标注样式：ISO-25　注释性：否
输入标注样式选项
[注释性(AN)/保存(S)/恢复(R)/状态(ST)/变量(V)/应用(A)/?] <恢复>：

各选项的意义如下。

● 注释性：创建注释性标注样式。

● 保存：将标注系统变量的当前设置保存到标注样式。

- 恢复：将标注系统变量设置恢复为选定标注样式的设置。
- 状态：显示所有标注系统变量的当前值。
- 应用：将当前尺寸标注系统变量设置应用到选定标注对象，永久替代应用于这些对象的任何现有标注样式。
- ?：列出当前图形中的命名标注样式。

5.3.5 重新标注关联

1．功能

标注可以是关联的、无关联的或分解的。关联标注根据所测量的几何对象的变化进行调整。标注关联性定义几何对象和为其提供距离和角度的标注间的关系。几何对象和标注之间有 3 种关联性，分别为关联标注、非关联标注和已分解标注。其中，关联标注是指，当与其关联的几何对象被修改时，关联标注将自动调整其位置、方向和测量值。

用户可在"选项"对话框的"用户系统配置"选项卡中设置是否使新标注可关联。

2．命令调用

- 选择"标注"→"重新关联标注"命令。
- 在命令行中输入"DIMREASSOCIATE"，然后按〈Enter〉键执行命令。

3．操作示例

启动命令后，AutoCAD 的命令行提示如下。

> 命令: _dimreassociate
> 选择要重新关联的标注 ...
> 选择对象或 [解除关联(D)]: 找到 1 个（选择要重新关联的标注）
> 选择对象或 [解除关联(D)]:（可继续选择，或按〈Enter〉键结束）
> 指定第一个尺寸界线原点或 [选择对象(S)] <下一个>:（指定对象捕捉位置或按〈Enter〉键跳到下一个提示）
> 指定第二个尺寸界线原点 <下一个>:（指定对象捕捉位置或按〈Enter〉键跳到下一个标注对象）

将图 5-38 中的线段 AB 的标注重新关联线段 CD。

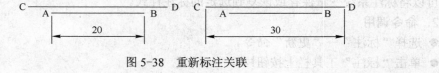

图 5-38　重新标注关联

5.4　实训操作

对图 5-39 所示的钢结构柱脚地板进行标注，过程如下。

1）选择"格式"→"标注样式"命令，程序将弹出如图 5-40 所示"标注样式管理器"对话框，单击按钮 新建(N)...，程序将弹出"创建新标注样式"对话框，定义新样式名，此处可定义为"DIM10"，设置基础样式为"ISO-25"。

2）"线"选项卡设置。此处可以将"尺寸线"、"尺寸界限"等内容的颜色、线型和线宽均设置为"By Layer"，通过图层的方式进行控制，如图 5-41 所示。

3）"符号和箭头"选项卡设置。"箭头"可设置为"建筑标记"，如图 5-42 所示。

4）"文字"选项卡设置。如果已定义文字的类型，此处可直接使用；如果未定义，需要单击"文字样式"右侧的按钮⋯，在弹出的"文字样式"对话框中设置，如图 5-43 所示。此处，文字名称采用"DIMTEXT"，字体选用"simplex.shx"，字高为"0"，字宽高比为"0.7"，关闭该对话框后程序再次回到"文字"选项卡界面。选择刚才设置的文字样式"DIMTEXT"，在"文字高度"数值中定义文字高度为"2.5"，并设置"文字位置"和"文字对齐"中的内容。

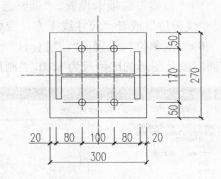

图 5-39　钢结构柱脚地板（比例尺 1:10）

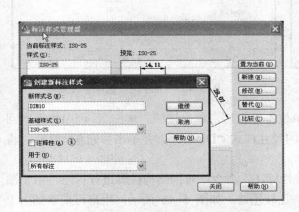

图 5-40　创建新标注样式

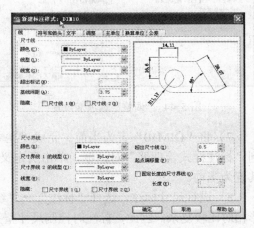

图 5-41　"线"选项卡设置

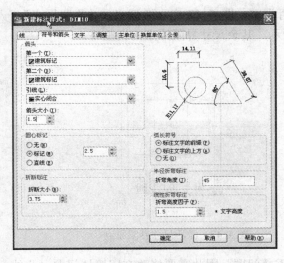

图 5-42　"符号和箭头"选项卡设置

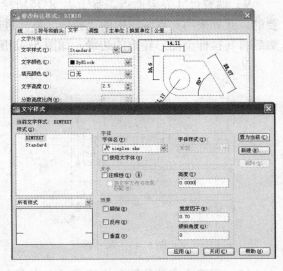

图 5-43　"文字样式"设置

5）"调整"选项卡设置。"调整选项"中建议选择"文字和箭头"，"文字位置"可选择"尺寸线旁边"或者"尺寸线上方，带引线"，如图 5-44 所示。

6）"主单位"设置。"线性标注"中采用"小数"，精度达到"0"即可；由于采用模型空间出图且图形的比例尺为 1:10，"测量单位比例"可设置为"10"，如图 5-45 所示。

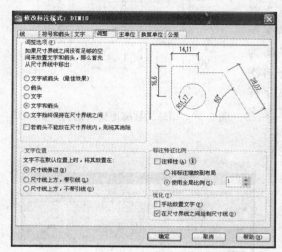

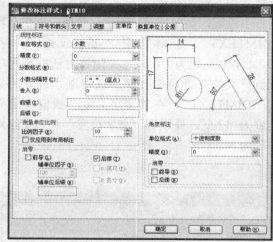

图 5-44　"调整"选项卡设置　　　　　图 5-45　"主单位"选项卡设置

7）将"DIM10"置为当前。完成"主单位"设置后，单击按钮 确定 ，程序将再次回到"标注样式管理器"对话框，单击所定义的尺寸样式"DIM10"，并单击按钮 置为当前(U) ，将其置为当前。

8）进行尺寸标注。选择"标注"→"线性标注"命令，对钢结构柱脚进行标注。由于图形相对比较复杂，因此，标注时控制尺寸整齐比较困难。如图 5-46 所示，用户可观察到由于标注时所选择尺寸界限的原点位置不同，造成了图形比较乱。另外，还有尺寸重叠的现象。

9）调整尺寸界限原点。鉴于第 8 步所标注的尺寸非常乱，因此，调整尺寸是非常有必要的，此处采用夹点编辑中的"拉伸"方式进行调整，图 5-47 表示激活"尺寸界限原点"，然后将其拉伸至图形轮廓的边缘，如图 5-48 所示。其余尺寸界限原点的调整略。

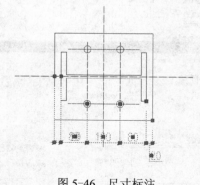

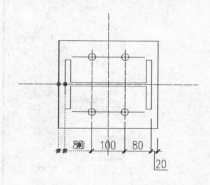

图 5-46　尺寸标注　　　　　　图 5-47　激活尺寸界限原点

10）调整文字的位置。由于尺寸文字存在重叠问题，因此需要修改文字遮挡问题，此处

138

采用夹点编辑的方法。如图 5-49 所示，利用"拉伸"方式，将文字移动到合适的位置，其余过程略。

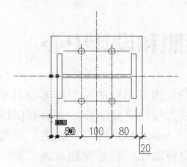 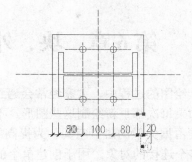

图 5-48　调整尺寸界限原点　　　　　图 5-49　调整文字的位置

5.5　思考与练习

1．怎样创建尺寸样式？尺寸样式主要选项的意义是什么？

2．基线标注的间距怎样控制？

3．在连续标注中，怎样选择特定的尺寸界线作为基准线？

4．快速标注的作用是什么？其各个选项的意义是什么？

5．怎样修改尺寸标注文字及其位置？

6．什么是尺寸标注的关联性？

7．完成图 5-50 和图 5-51 所示图形的尺寸标注。基本要求如下：箭头采用"建筑标记"；文字采用"simplex.shx"，单位格式为"小数"，精度为"0"，其余自定。

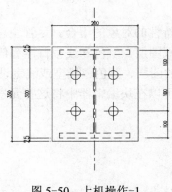 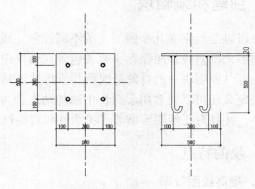

图 5-50　上机操作-1　　　　　　　图 5-51　上机操作-2

139

第6章 块、外部参照和设计中心

在设计绘图的过程中，大家经常会遇到一些复杂、重复出现的图形，如家具布置、栏杆扶手等，如果每次都重新绘制这些图形，不仅会造成大量的重复工作，而且存储这些图层及其信息还要占据大量的磁盘空间。为提高绘图效率，AutoCAD 为用户提供了块的编辑。块是一个或多个连接的对象，用于创建单个的对象。块帮助用户在绘制建筑施工图或其他图形中重复使用对象，并可以以用户需要的任意比例和旋转角度等插入到图中的任意位置。

外部参照（Xref）是把已有的其他图形链接到当前图形中。与插入"外部块"的区别在于，插入"外部块"是将块的图形数据全部插入当前图形中；而外部参照只记录参照图形位置等连接信息，并不插入该参照图形的图形数据。

利用设计中心，用户可以建立自己的个性化图库，也可以利用他人提供的强大资源快速、准确地进行图形设计。

本章重点
- 掌握创建与编辑块的方法
- 编辑与管理块属性
- 外部参照
- 设计中心

6.1 创建和编辑块

块可以是绘制在几个图层上的不同颜色、线型和线宽特性的对象的组合。尽管块总是在当前图层上，但块参照保存了有关包含在该块中的对象的原图层、颜色和线型特性等信息，用户还可以控制块中的对象是保留其原特性还是继承当前的图层、颜色、线型或线宽设置。

块定义还可以包含用于向块中添加动态行为的元素，可以在块编辑器中将这些元素添加到块中，并且为几何图形增添了灵活性和智能性。

6.1.1 块的特点

1. 提高绘图效率

在绘制建筑施工图等图形时，大家经常会遇到一些重复出现的图形，例如不同平面图中相同的家具等。AutoCAD 允许用户把这些图形以块的形式保存下来，在遇到类似的图形绘制时就可以用插入块的方法插入，即把绘图变成了拼图，从而避免了大量的重复性工作，提高了绘图效率。

2. 节省存储空间

AutoCAD 要保存图中每一个对象的相关信息，例如对象的类型、位置、图层、线型及颜色等，这些信息要占用很大的存储空间。如果在遇到复杂图形时，将相同的图形以块的形式插入，就可以节省很大的存储空间，还可以满足绘图要求。这是因为在 AutoCAD 中，仅需要保存这个块对象的相关信息，例如块名、插入点坐标及插入比例等。

3．便于改变图形

一张建筑工程图纸往往需要进行反复修改。如果把每个相同的图形都重复修改，势必会造成工作量的加大。如果把相同的图形以块的形式保存下来，就可以简单地对块进行再定义，例如大小、形状和方向等的修改，进而对整个图形修改，提高绘图效率。

4．可以使用若干种方法创建块

合并对象可以在当前图形中创建块；创建一个图形文件，然后将它作为块插入到其他图形中；使用块编辑器向当前图形的块定义中添加动态行为。

6.1.2　块的创建

1．功能

块是一个或多个关联的对象。块帮助用户在绘制建筑施工图或其他图形中重复使用对象，并以用户需要的比例和旋转角度插入到图中的任意位置。

2．命令调用

单击功能区"插入"选项卡→"块定义"面板→"创建块"按钮。

3．操作示例

根据上述方法执行创建块命令，系统将会弹出如图 6-1 所示的"块定义"对话框。

图 6-1　"块定义"对话框

对话框中各选项的功能如下。

● 名称：用于输入新建块的名称。

● 基点：用于选择插入块的基点坐标值。默认值为（0,0,0）。用户可以单击按钮（拾取点），将画面切换到绘图屏幕，单击一点作为图块基点；也可以在下面的 X、Y、Z 文本框中根据需要定义块的基点坐标值。一般情况下，基点位置选在块的对称中心、左下角或其他有特征的位置。

● 对象：用于选择制作图块的对象以及对象的相关属性。单击按钮（选择对象），可切换到绘图窗口，根据需要框选要组成块的对象；单击按钮（快速选择），可使用弹出的"快速选择"对话框设置所选对象的过滤条件；选择"保留"单选按钮，表示创建块后仍在绘图窗口上保留组成块的原始对象；选择"转换为块"单选按钮，表示创建块后在绘图窗口上保留组成块的原始对象并把它们也转换成块；选择"删除"单选按钮，表示创建块后在绘图窗口上不再保留组成块的原始对象。

- 方式：用于设置块是否具有"注释性"，且块是否"按统一比例缩放"和是否"允许分解"等属性。
- 设置：用于设置"块单位"。按钮 <kbd>超链接(L)...</kbd> 用于将图块超链接到其他对象。
- 说明：该文本框用于输入当前块的设计说明部分，并显示在设计中心。
- 在块编辑器中打开：选择该复选框，可将块设置为动态块，并在块编辑器中打开。

完成创建块的设置后，单击"确定"按钮，结束操作。

4．创建块

利用块定义功能将如图 6-2 所示的建筑图形"门连窗"创建为块。具体步骤如下：

1）单击"插入"选项卡的"块"面板中的（创建）按钮，弹出"块定义"对话框。

2）在"名称"文本框中输入新图块的名称：门连窗。

3）单击（拾取点）按钮，在绘图画面上单击图形左下角的 A 点作为插入点的坐标点，系统切换到"块定义"对话框。

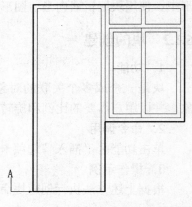

图 6-2　门连窗

4）选择"保留"单选按钮，然后单击（选择对象）按钮，框选所有对象并按〈Enter〉键继续，返回到"块定义"对话框。

5）设置"块单位"为"毫米"。

6）在"说明"文本框中对图形加以说明，输入"门连窗"，最后单击按钮 <kbd>确定</kbd>，完成块的创建。

6.1.3　块的存储

1．功能

用 BLOCK 命令定义的图块保存在其所属的图形当中，该图块只能在该图形中插入。但是在有些图形中也会用到同样的图块，这时需要使用系统提供的 WBLOCK 命令把图块以图形文件的形式（扩展名为 dwg）写入磁盘。

2．命令调用

由选定的对象创建新图形文件，方法如下。

- 在命令行中输入"WBLOCK"，然后按〈Enter〉键执行命令。
- 从现有的块定义创建新图形文件。
- 单击功能区"插入"选项卡→"块"面板→"创建块"按钮。

3．操作示例

（1）由选定的对象创建新图形文件

根据上述方法执行"写块"命令，系统将会弹出"写块"对话框，如图 6-3 所示。对话框中各选项的功能如下。

图 6-3 "写块"对话框

- 源：用于设置图形文件的对象来源是图块还是图形对象。选择"块"单选按钮，可以从右侧的下拉列表中选择一个图块，并保存为图形文件；选择"整个图形"单选按钮，可以把当前的整个图形保存为图形文件；选择"对象"单选按钮，可以把不属于图块的图形保存为图形文件。对象的选择可以使用"对象"选项区来设置，方法与前面的"块定义"设置类似。
- 目标：用于指定以图形文件形式存在的块的名字、保存路径和插入单位等，单击其右侧的按钮可以浏览图形。

完成块的设置后，单击"确定"按钮，结束操作。

（2）从现有的块定义创建新图形文件

1）打开如图 6-1 所示的"块定义"对话框。

2）在"名称"下拉列表中选择要修改的块，然后选中将其删除，输入新的名称。

3）在"说明"文本框中输入或修改新图形文件的说明。

4）单击"确定"按钮，结束操作。

6.1.4 块的插入

1. 功能

在 AutoCAD 绘图过程中，用户可根据需要随时把定义好的块或图形文件插入到当前图形的任意位置。插入块后也就创建了块参照。在插入的同时可以改变所插入块或图形的位置、比例因子和旋转角度，还可以用不同的 X、Y、Z 值指定其比例。

2. 命令调用

单击功能区"插入"选项卡→"块"面板→"插入"按钮。

3. 操作示例

根据上述方法执行插入命令，系统将会弹出如图 6-4 所示的"插入"对话框。对话框中各选项的功能如下。

- 名称：可以从下拉列表中选择需要的块或图形文件，也可以单击右侧的"浏览"按钮，屏幕上会弹出"选择图形文件"对话框，如图 6-5 所示，可以选择需要的块或图形文件。
- 路径：显示需要插入的块或图形文件的来源。
- 插入点：指定与导入块基点重合的插入点。可以在屏幕上指定一点，也可以通过 X、Y、Z 来输入一点的坐标值。
- 比例：插入块在当前图形中的比例大小。可以在屏幕上指定比例，也可以通过 X、Y、Z 来指定比例。"统一比例"复选框用于确定 X、Y、Z 方向上的比例值是否相等。

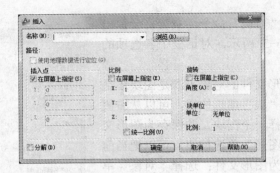

图 6-4 "插入"对话框

图 6-5 "选择图形文件"对话框

图 6-6 所示为按照不同比例插入的"窗立面"块。

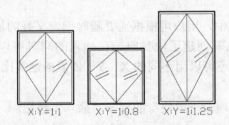

X:Y=1:1   X:Y=1:0.8   X:Y=1:1.25

图 6-6 按照不同比例插入的块效果

- 旋转：指定插入块时的旋转角度。可以在屏幕上指定一个角度（在屏幕上拾取一点与 AutoCAD 自动测量插入点之间的连线与 X 轴正方向之间的夹角）；也可以在"角度"文本框中输入角度值，角度值可以为正数（表示沿逆时针方向旋转），也可以为负数（表示沿顺时针方向旋转）。

图 6-7 所示为以不同旋转角度插入的"洗手盆"块。图 6-7a 表示旋转角度为 0°；图 6-7b 表示将图逆时针旋转 45°；图 6-7c 表示将图顺时针旋转 45°。

- 分解：选择该复选框，表示在插入块的同时将其分解，插入到图形中的块不再作为一个整体出现，而是作为单个对象单独出现，并可以分别对它们进行编辑。

完成插入块的设置后，单击"确定"按钮，结束操作。

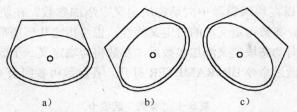

图 6-7 以不同旋转角度插入图块的效果

a) 旋转角度 = 0° b) 旋转角度 = 45° c) 旋转角度 = −45°

6.1.5 动态块

1. 功能

动态块具有灵活性和智能性。用户在操作时可以轻松地更改图形中的动态块参照，可以通过自定义夹点或自定义特性来操作动态块参照中的几何图形。这使得用户可以根据需要在位调整块，而不用搜索另一个块以插入或重定义现有的块。

例如，如果在建筑立面图中插入一个立面窗块参照，编辑图形时可能需要修改窗的大小。如果该块是动态的，并且定义为可调整大小的，那么只需要拖动自定义夹点或在"特性"选项板中指定不同的大小就可以修改窗的大小，如图 6-8 所示。

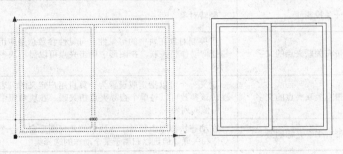

图 6-8 修改窗的大小

可以使用块编辑器创建动态块。块编辑器是一个专门的编写区域，用于添加能够使块成为动态块的元素。用户可以创建新块，也可以向现有的块定义中添加动态行为，还可以像在绘图区域中一样创建几何图形。

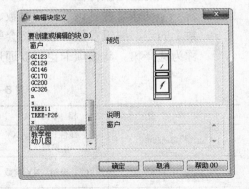

图 6-9 "编辑块定义"对话框

2. 命令调用

单击功能区"插入"选项卡中的"块定义"面板上的"块编辑器"按钮 。

3. 操作示例

执行上述操作后，屏幕上弹出如图 6-9 所示"编辑块定义"对话框。单击"编辑块定义"对话框中的"确定"按钮后，将显示块编写选项板和"块编辑器"选项卡两大部分。

（1）块编写选项板

● 参数：用户可以在块编辑器中向动态块定义中添加参数。在块编辑器中，参数的外观与标注类似。参数可定义块的自定义特性，也可指定几何图形在块参照中的位置、距离和角度。向动态块定义添加参数后，参数将为块定义一个或多个自定义特性。该选项卡也可以通过命令 BPARAMETER 打开。各参数可参照表 6-1。

表 6-1 "参数"选项卡

参 数 类 型	效果（类似）	参 数 说 明
点参数	坐标标注	在图形中定义 X、Y 的位置
线性参数	对齐标注	可显示出两个固定点之间的距离，约束夹点沿预置角度的移动
极轴参数	对齐标注	可显示出两个固定点之间的距离并显示角度值，用户可以使用夹点和"特性"选项板来更改距离值和角度值
XY 参数	线性标注	可显示出距参数基点的 X 距离和 Y 距离
旋转参数	显示为一个圆	可定义角度
对齐参数	对齐线	可定义 X 和 Y 位置以及一个角度。对齐参数总是应用于整个块，并且无须与任何动作相关联。对齐参数允许块参照自动围绕一个点旋转，以便与图形中的另一对象对齐。对齐参数会影响块参照的旋转特性
翻转参数	为一条投影线	翻转对象
可见性参数	为带有关联夹点的文字	可控制对象在块中的可见性。可见性参数总是应用于整个块，并且无须与任何动作相关联。在图形中单击夹点可以显示块参照中所有可见状态的列表
查寻参数	为带有关联夹点的文字	定义一个可以指定或设置为计算机用户定义的列表或表中值的自定义特性。该参数可以与单个查寻夹点相关联。在块参照中单击该夹点可以显示可用值的列表
基点参数	为带有十字光标的圆	在动态块参照中相对于该块中的几何图形定义一个基点。其无法与任何动作相关联，但可以归属于某个动作的选择集

● 动作：用户可以在块编辑器中向动态块定义添加动作，用于定义在图形中操作动态块参照的自定义特性时，该块参照的几何图形将如何移动或修改。动态块通常至少包含一个动作，并且该动作与参数、参数上的关键点以及几何图形相关联。关键点是参数上的点，编辑参数时该点将会驱动与参数相关联的动作。与动作相关联的几何图形称为选择集。此选项卡也可以通过命令 BACTION 打开。各动作可参照表 6-2。

表 6-2 "动作"选项卡

动 作 类 型	相 关 参 数	类 似 动 作	动 作 效 果
移动动作	点、线性、极轴、XY 参数	MOVE	使对象移动指定的距离和角度
缩放动作	线性、极轴、XY 参数	SCALE	使块的选择集进行缩放
拉伸动作	点、线性、极轴、XY 参数	STRETCH	使对象在指定的位置中移动和拉伸指定的距离
极轴拉伸动作	极轴参数		使对象旋转、移动和拉伸指定的角度和距离

146

动 作 类 型	相 关 参 数	类 似 动 作	动 作 效 果
旋转动作	旋转参数	ROTATE	使其相关联的对象进行旋转
翻转动作	翻转参数		使其相关联的选择集围绕一条称为投影线的轴进行翻转
阵列动作	线性、极轴、XY 参数		使其关联对象进行复制，并按照矩形样式阵列
查寻动作	查寻参数		创建查寻表，可以将自定义特性和值指定给动态块

- 参数集：可以向动态块定义添加一般成对的参数和动作，相当于将前面讲述的块编写选项板上的"参数"和"动作"合二为一，一次完成。参数集中包含的动作将自动添加到块定义中，并与添加的参数相关联。向块中添加参数集的方法与添加参数所使用的方法相同。

首次向动态块定义添加参数集时，每个动作旁边都会显示一个黄色警告图标，表示用户需要将选择集与各个动作相关联。用户可以双击黄色警示图标（或使用 BACTIONSET 命令），然后按照命令行上的提示将动作与选择集相关联。此选项卡也可以通过 BPARAMETER 命令打开。各参数集可参照表 6-3。

表 6-3 "参数集"选项卡

参 数 集	添加参数集后动态块的特征
点移动	同时具有带有一个夹点的点参数和关联移动动作
线性移动	同时具有带有一个夹点的线性参数和关联移动动作
线性拉伸	同时具有带有一个夹点的线性参数和关联拉伸动作
线性阵列	同时具有带有一个夹点的线性参数和关联阵列动作
线性移动配对	同时具有带有两个夹点的线性参数和与每个夹点相关联的移动动作
线性拉伸配对	同时具有带有两个夹点的线性参数和与每个夹点相关联的拉伸动作
极轴移动	同时具有带有一个夹点的极轴参数和关联移动动作
极轴拉伸	同时具有带有一个夹点的极轴参数和关联拉伸动作
环形阵列	同时具有带有一个夹点的极轴参数和关联阵列动作
极轴移动配对	同时具有带有两个夹点的极轴参数和与每个夹点相关联的移动动作
极轴拉伸配对	同时具有带有两个夹点的极轴参数和与每个夹点相关联的拉伸动作
XY 移动	同时具有带有一个夹点的 XY 参数和关联移动动作

参 数 集	添加参数集后动态块的特征
XY 移动配对	同时具有带有两个夹点的 XY 参数和与每个夹点相关联的移动动作
XY 移动方格集	同时具有带有 4 个夹点的 XY 参数和与每个夹点相关联的移动动作
XY 拉伸方格集	同时具有带有 4 个夹点的 XY 参数和与每个夹点相关联的拉伸动作
XY 阵列方格集	同时具有带有 4 个夹点的 XY 参数和与每个夹点相关联的阵列动作
旋转集	同时具有带有一个夹点的旋转参数和关联旋转动作
翻转集	同时具有带有一个夹点的翻转参数和关联翻转动作
可见性集	添加带有一个夹点的可见性参数。无须将任何动作与可见性参数相关联
查寻集	同时具有添加带有一个夹点的查寻参数和查寻动作

（2）"块编辑器"选项卡

该选项卡主要为用户提供了在块编辑器中使用的、用于创建动态块以及设置可见性状态等的工具。

6.2 编辑与管理块属性

块属性是附属于块的非图形信息。块包括两方面的内容：图形对象和非图形信息。例如：一个建筑立面中的门，在把这个门定义为块的时候，也将该门的编号、尺寸、材料、价格及说明等文本信息一并加入到块当中。在通常情况下，属性用于在块的插入过程中进行自动注释。

6.2.1 定义块属性

1．功能
通过创建块的属性，可以方便对块进行编辑、管理等操作。

2．命令调用
单击功能区"插入"选项卡→"块定义"面板→"定义属性"按钮。

3．操作示例
利用定义块属性，为图 6-10 所示的未定义为块的图形定义属性。其中，块名为"立面窗"，并且块中包括表 6-4 所示的属性。具体操作步骤如下。

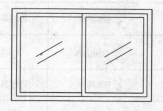

图 6-10　未定义为块的图形

表 6-4　块的属性信息

属 性 标 记	属 性 提 示	属 性 默 认 值	模　　式
立面窗	设计日期	2012.1.1	预设

1）打开"属性定义"对话框。

2）在"模式"选项区域中选择"预设"复选框。

3）在"属性"选项区域中的"标记"文本框中输入"立面窗"，在"提示"文本框中输入"设计日期"，在"默认"文本框中输入"2012.1.1"。

4）在"插入点"选项区域中选择"在屏幕上指定"复选框，然后在绘图画面中单击一点作为插入点的位置。

5）在"文字设置"选项区域中的"对正"下拉列表中选择"中间"，在"文字样式"下拉列表中选择默认格式，在"高度"文本框中输入"50"，在"旋转"文本框中选择默认值。

6）单击"确定"按钮，完成属性的定义，同时在图中的定义位置显示出概述性的标记，如图 6-11 所示。

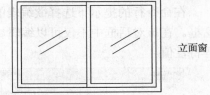

图 6-11　显示属性标记的图形

6.2.2　修改块属性

1．功能

为块定义属性后，用户还可以对属性的定义加以修改，包括修改属性定义中的属性标记、提示及默认值。

2．命令调用

● 在命令行中输入"Ddedit"，然后按〈Enter〉键执行命令。

● 双击需要修改的块。

3．操作示例

执行命令后，命令行提示如下。

　　　命令: _ddedit
　　　选择注释对象或 [放弃(U)]:

在该提示下选择属性定义标记后，系统弹出"编辑属性定义"对话框，如图 6-12 所示。利用该对话框可修改属性定义的标记、提示和默认。

图 6-12　"编辑属性定义"对话框

6.2.3　编辑块属性

1．功能

当将带有属性的块插入到图形中后，用户还可以对属性进行编辑。对属性的编辑分为两种方法，即使用一般属性编辑器和增强属性编辑器。

2．命令调用

● 在命令行中输入"Ddedit"，然后按〈Enter〉键执行命令。

● 在命令行中输入"Eattedit"，然后按〈Enter〉键执行命令。

● 单击功能区"插入"选项卡→"块"面板→"单个"按钮。

● 双击需修改的块。

3．操作示例

（1）一般属性编辑器

执行"Eattedit"命令后,在命令行的提示下,光标变为拾取框,选择要修改属性的块,在屏幕上将弹出如图 6-13 所示的"编辑属性"对话框。在对话框中显示了所选块中包含的前 8 个属性的值,用户可以对这些属性值进行修改。如果该块中还有其他的属性,可以单击"上一个"和"下一个"按钮对它们进行观察和修改。

(2)增强属性编辑器

执行"Eattedit"命令后,系统提示如下。

命令: EATTEDIT
选择块:

在命令行的提示下选择欲编辑的块,系统弹出如图 6-14 所示的"增强属性编辑器"对话框。在该对话框中不仅可以编辑属性值,还可以编辑属性的文字选项和图层、线型、颜色等特性值。

图 6-13 "编辑属性"对话框

图 6-14 "增强属性编辑器"对话框

- 属性:该选项卡显示了块中每个属性的标记、提示和值。在下面的列表框中选择某一属性后,"值"文本框中会显示对应的属性值,用户可在该文本框中进行属性值的修改。
- 文字选项:该选项卡显示了属性文字的格式,用户可以在此修改属性文字的格式,如图 6-15 所示。
- 特性:用于修改属性文字的图层,以及其线宽、线型、颜色及打印样式等,如图 6-16 所示。

图 6-15 "文字选项"选项卡

图 6-16 "特性"选项卡

6.2.4 块属性管理器

1. 功能

通过块属性编辑器,可以对已定义属性的块进行编辑。

2．命令调用

● 单击功能区"插入"选项卡→"块定义"面板→"管理属性"按钮 。

● 在命令行中输入"Battman"，然后按〈Enter〉键执行命令。

3．操作示例

执行上述命令后，系统会弹出如图 6-17 所示的"块属性管理器"对话框。

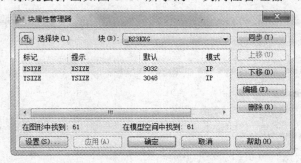

图 6-17 "块属性管理器"对话框

对话框中各选项的功能如下。

● 按钮：单击该按钮，画面切换到绘图窗口，光标变为拾取框，选择要操作的块即可。

● 块下拉列表：包括当前图形中所有含有属性的块的名称，通过下拉列表进行选择。

● 属性列表：显示当前所选择块的所有属性，包括属性的标记、提示、默认和模式。

● 按钮 同步(Y)：单击该按钮，可以更新已修改的属性特性实例。

● 按钮 上移(U)：单击该按钮，在属性列表中将选中的属性行向上移动一行。但对属性行是定值的行不起作用。

● 按钮 下移(D)：单击该按钮，在属性列表中将选中的属性行向下移动一行。

● 按钮 编辑(E)...：单击该按钮，在屏幕上弹出如图 6-13 所示的"编辑属性"对话框，利用该对话框可以重新设置块属性定义的构成、文字特性和图形特性等。

● 按钮 删除(R)：单击该按钮，可以从块定义中删除在属性列表框中选中的属性定义，并且块中对应的属性值也被删除。

● 按钮 设置(S)...：单击该按钮，在屏幕上会弹出如图 6-18 所示的"块属性设置"对话框。利用该对话框可以设置能在"块属性管理器"对话框的属性列表中显示的文本内容。

完成块属性的设置后，单击"确定"按钮，结束操作。

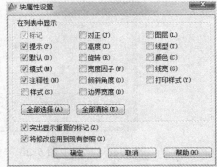

图 6-18 "块属性设置"对话框

6.2.5 提取属性数据

1．功能

可以从图形中提取属性信息，创建单独的文本文件，供数据库软件或 BOM 表使用。此功能用于使用已经输入图形数据库中的信息创建部件列表。提取属性信息不会对图形产生影响。

2. 命令调用

在命令行中输入"Eattext"，然后按〈Enter〉键执行命令。

3. 操作示例

执行上述命令后，将弹出如图 6-19 所示的"数据提取-开始"对话框，提取步骤如下。

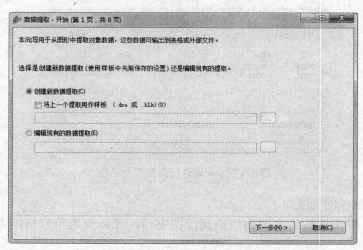

图 6-19 "数据提取-开始"对话框

1) 单击该对话框中的"下一步"按钮，将数据提取保存，同时弹出如图 6-20 所示的"数据提取-定义数据源"对话框。

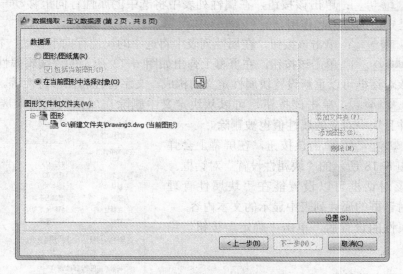

图 6-20 "数据提取-定义数据源"对话框

2) 选择"在当前图形中选择对象"单选按钮，然后单击右侧的按钮，画面切换到绘图窗口，根据命令行的提示选择块，按〈Enter〉键后，返回到"数据提取-定义数据源"对话框，单击"下一步"按钮，弹出如图 6-21 所示的"数据提取-选择对象"对话框。

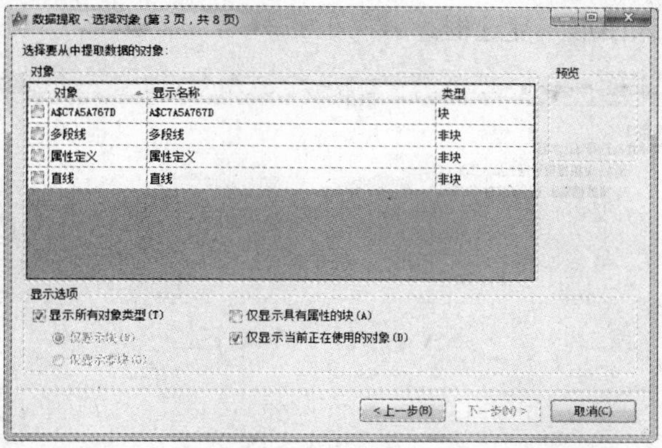

图 6-21 "数据提取-选择对象"对话框

3）单击"下一步"按钮，弹出如图 6-22 所示的"数据提取-选择特性"对话框。

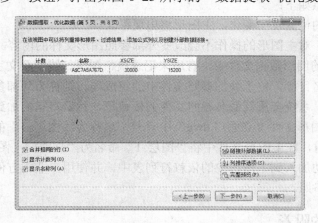

图 6-22 "数据提取-选择特性"对话框

4）单击"下一步"按钮，弹出如图 6-23 所示的"数据提取-优化数据"对话框。

图 6-23 "数据提取-优化数据"对话框

5）单击"下一步"按钮，弹出如图 6-24 所示的"数据提取-优化数据"对话框，选择

"将数据提取处理表插入图形"复选框。

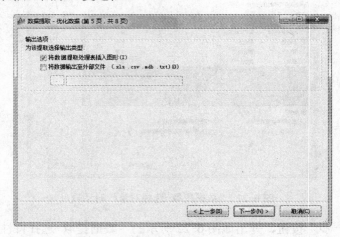

图 6-24 "数据提取-优化数据"对话框

6）单击"下一步"按钮，设置图表格式，然后单击"完成"按钮，在屏幕上的适当位置指定一点，所提取的 BOM 表格即可插入到屏幕中。

6.3 外部参照

外部参照（Xref）是把已有的其他图形文件链接至当前图形，并不真正插入。

外部参照的优点如下：

1）参照图形一旦被修改，当前图形会自动进行更新。

2）由于外部参照的图形只是链接到当前图形，所以不会显著增加图形文件的大小。这种情况对于参照图形很大的时候会更显优势。

3）适合于多个用户的工作保持同步。

外部参照的缺点如下：

一旦参照图形的位置发生变化，主图形将出现错误。

需要注意的是，对主图形的操作不会改变外部参照图形文件的内容。

在 AutoCAD 的图形数据文件中，有用来记录块、图层、线型及文字样式等内容的表，表中的项目称为命名目标，位于外部参照文件中的组成项，则称为外部参照文件的依赖符。在插入外部参照时，系统会重新命名参照文件的依赖符，然后将它们加到主图形中。例如：假设 AutoCAD 的图形文件"立面门.dwg"中有一个名称为"图层 1"的图层，在该文件被当做外部参照文件时，在主图形文件中将"图层 1"命名为"立面门|图层 1"，同时系统将这个新图层名称自动加入到主图形中的依赖符列表中，并使用户非常方便地看出每个命名目标来自于哪个外部参照。

6.3.1 外部参照的附着

1. 功能

将图形作为外部参照插入图形时，外部参照图形所作的修改都会显示在当前图形中。

2．命令调用

● 单击功能区"插入"选项卡→"参照"面板→"附着"按钮 ![]。

● 在命令行中输入"Xattach"，然后按〈Enter〉键执行命令。

3．操作示例

执行上述命令后，在屏幕上将弹出如图 6-25 所示的"选择参照文件"对话框。

图 6-25 "选择参照文件"对话框

在该对话框中，选择要附着的图形文件。选择需要的图形后，单击"打开"按钮，在屏幕上会弹出如图 6-26 所示的"附着外部参照"对话框。

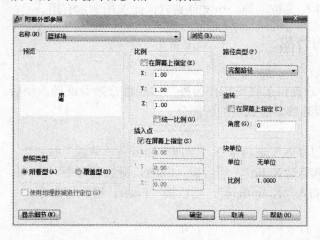

图 6-26 "附着外部参照"对话框

对话框中主要选项的功能如下。

● 附着型：选择该复选框，表示外部参数是可以嵌套的，并显示出嵌套参数中的嵌套内容。

● 覆盖型：选择该复选框，表示外部参数不会嵌套，且不显示嵌套参数中的嵌套内容。

举个简单的例子，假设图形 B 附着于图形 A，接着将图形 A 又附着于或覆盖于图形 C。如果选择了"附着型"复选框，则 B 图最终也会嵌套到 C 图中；如果选择了"覆盖型"

复选框，则 B 图不会嵌套到 C 图中。最后效果如图 6-27 所示。

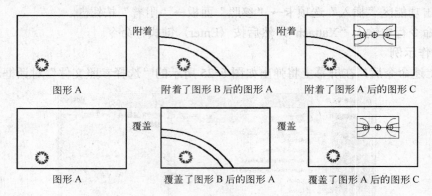

图 6-27 "附着型"和"覆盖型"参照

- 完整路径：选择该选项时，外部参照的精确位置（例如，F:\Projects\2012\Office\xrefs\门.dwg）将保存在主图形中。此选项的精确度最高，但灵活性最小。如果移动工程文件夹，AutoCAD 将无法融入任何使用完整路径附着的外部参照。
- 相对路径：选择该选项时，表示将外部参照相对于主图形的位置作为保存路径。此选项的灵活性最大。如果移动工程文件夹，只要此外部参照相对主图形的位置未发生变化，AutoCAD 仍可融入任何使用相对路径附着的外部参照。
- 无路径：选择该选项时，AutoCAD 首先在主图形的文件夹中查找外部参照。当外部参照文件与主图形位于同一个文件夹时，此选项非常有用。

6.3.2　外部参照的剪裁

1. 功能

AutoCAD 为用户提供了将图形作为外部参照进行附着或插入块后，可以定义剪裁边界的功能，以便仅显示外部参照或块的一部分。

2. 命令调用

- 单击功能区"插入"选项卡→"参照"面板→"剪裁"按钮🗐。
- 在命令行中输入"Xclip"，然后按〈Enter〉键执行命令。
- 在命令行中输入"Xclipfram"，然后按〈Enter〉键执行命令。

3. 操作示例

（1）剪裁外部参照

执行上述操作后，系统提示如下。

> 选择对象：（选择被参照图形）
> 选择对象：（继续选择被参照图形，或者按〈Enter〉键结束该命令行）
> 输入剪裁选项
> [开(ON)/关(OFF)/剪裁深度(C)/删除(D)/生成多段线(P)/新建边界(N)] <新建边界>：

完成设置后，按〈Enter〉键完成操作。

下面介绍命令行提示"[开(ON)/关(OFF)/剪裁深度(C)/删除(D)/生成多段线(P)/新建边界

(N)] <新建边界>:"中各选项的含义。

- 开(ON)：表示在主图形中不显示外部参照或块的被剪裁部分。
- 关(OFF)：表示在主图形中显示外部参照或块的所有几何信息，忽略剪裁边界。
- 剪裁深度(C)：表示在外部参照或块上设置前剪裁平面和后剪裁平面，如果对象位于边界和指定深度定义的区域外，将不显示。在指定剪裁深度之前，外部参照必须包含剪裁边界。
- 删除(D)：表示为选定的外部参照或块删除剪裁边界。
- 生成多段线(P)：表示自动绘制一条与剪裁边界重合的多段线。此多段线采用当前的图层、线型、线宽和颜色设置。
- 新建边界(N)：可以将外部参照剪裁边界指定为矩形或多边形边界，还可以选择多段线来定义剪裁边界。

（2）剪裁边界边框

执行上述操作后，系统提示如下。

> 命令：xclipframe
> 输入 XCLIPFRAME 的新值 <0>：

完成设置后，按〈Enter〉键完成操作。

剪裁外部参照图形时，可以通过系统变量 XCLIPFRAME 来控制是否显示剪裁边界的边框。在"输入 XCLIPFRAME 的新值<0>："命令行中，当其值设置为 1 时，将显示剪裁边框，并且该边框可以作为对象的一部分进行选择和打印，如图 6-28a 所示；当其值设置为 0 时，将不显示剪裁边框，如图 6-28b 所示。

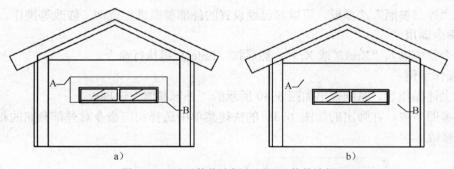

a)   b)

图 6-28　显示剪裁边框和不显示剪裁边框

a）显示剪裁边框　b）不显示剪裁边框

6.3.3　外部参照的绑定

1．功能

如果将外部参照绑定到当前图形，则外部参照及其依赖命名对象将成为当前图形的固有部分，不再是外部参照文件。外部参照依赖命名对象的命名语法从"块名 | 定义名"变为"块名n定义名"。在这种情况下，将为绑定到当前图形中的所有外部参照的相关命名对象（块、标注样式、图层、线型和文字样式）创建唯一的命名对象。

将外部参照绑定到图形有助于将图形发送给审阅者。用户可以使用"绑定"选项将外部参照合并到主图形中，而不必发送主图形及其参照图形。

例如，有一个名称为"台阶"的外部参照，它包含一个图层名"number1"，在绑定了外部参照后，依赖外部参照的图层"台阶｜number1"将变成名为"台阶$n$number1"的本地定义图层。如果已经存在同名的本地命名对象，n中的 n 将自动增加。在此例中，如果图形中已经存在"台阶2number1"，依赖外部参照的图层"台阶｜number1"将变成名为"台阶3number1"。

2．命令调用

在命令行中输入"Xbind"，然后按〈Enter〉键执行命令。

3．操作示例

执行上述操作后，系统弹出如图 6-29 所示的"外部参照绑定"对话框。该对话框中主要选项的功能如下。

图 6-29　"外部参照绑定"对话框

- 外部参照：用于显示所选择的外部参照。可以将其展开，进一步显示该外部参照的各种设置定义名，如标注样式、图层、线型和文字样式等。
- 绑定定义：用于显示被绑定外部参照的有关设置定义。

选择完毕后，单击"确定"按钮，退出对话框。系统将所有外部参照的相关命名对象（块、标注样式、图层、线型和文字样式）添加到用户图形。

6.3.4　外部参照的管理

1．功能

通过"外部参照"选项板，可以对已经设置的外部参照进行查询、修改等操作。

2．命令调用

在命令行中输入"Xref（或 Xr）"，然后按〈Enter〉键执行命令。

3．操作示例

执行上述操作后，系统弹出如图 6-30 所示的"外部参照"选项板。

右击参照名称，在弹出的如图 6-31 的快捷菜单中选择相应命令对外部参照的相关命名对象进行修改。

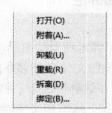

图 6-30　"外部参照"选项板　　图 6-31　"外部参照管理"快捷菜单命令

6.3.5 在单独的窗口中打开外部参照

1. 功能

在主图形中,可以选择外部参照并打开参照图形,而无须使用"选择文件"对话框浏览该外部参照。

2. 命令调用

在命令行中输入"Xopen",然后按〈Enter〉键执行命令。

3. 操作示例

执行上述操作后,系统提示如下。

> 选择外部参照:

选择外部参照后,系统将立即重新建立一个窗口,显示外部参照图形。

6.3.6 参照编辑

1. 功能

对于已经附着或绑定的外部参照,可以通过参照编辑命令对其进行编辑。

2. 命令调用

- 单击功能区"插入"选项→"参照"面板→"编辑参照"按钮 。
- 在命令行中输入"Refedit",然后按〈Enter〉键执行命令。
- 在位参照编辑期间,没有选定对象的情况下,在绘图区域右击,然后选择"关闭 Refedit 任务"命令。
- 在命令行中输入"Refclose",然后按〈Enter〉键执行命令。
- 在命令行中输入"Refset",然后按〈Enter〉键执行命令。

3. 操作示例

(1)在位编辑参照

执行上述命令后,在命令行提示下选择参照,将弹出如图 6-32 所示的"参照编辑"对话框。对话框中各选项的功能如下。

- 标识参照:为要编辑的参照提供形象化辅助工具,并控制选择参照的方式。
- 设置:为编辑参照提供选项,如图 6-33 所示。

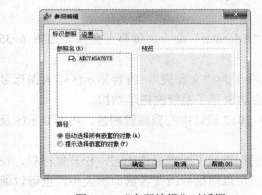

图 6-32 "参照编辑"对话框   图 6-33 "设置"选项卡

对上述两个选项卡设置完成后，单击"确定"按钮，退出对话框，即可对所选的参照进行编辑。

对某一个参照进行编辑后，该参照在其他图形中或同一图形其他插入位置的图形也同时改变。

（2）保存或放弃参照修改

在命令行中输入"Refclose"命令，系统提示如下。

> 输入选项 [保存参照修改(S)/放弃参照修改(D)] <保存参照修改>:

在命令行的提示下，选择"保存参照修改"或"放弃参照修改"即可。在命令执行的过程中，屏幕上会弹出如图 6-34 所示的警告提示框，用户可以确认或取消操作。

（3）添加或删除对象

在命令行中输入"Refset"命令，系统提示如下。

图 6-34　警告提示框

> 命令: _refset
> 在参照编辑工作集和宿主图形之间传输对象...
> 输入选项 [添加(A)/删除(R)] <添加>: _add
> 选择对象: 找到 1 个
> 选择对象:（按〈Enter〉键后结束选择对象）
> ** 1 个选定对象已在工作集中 **

按〈Enter〉键完成操作。

6.4　设计中心

在 AutoCAD 2012 中，系统为用户提供了设计中心。通过设计中心，用户可以组织对图形、块、图案填充和其他图形内容的访问，可以将源图形中的任何内容拖动到当前图形中，还可以将图形、块和填充拖动到工具选项板上。源图形可以位于用户的计算机上、网络上或网站上。另外，如果打开了多个图形，可以通过设计中心在图形之间复制和粘贴其他内容（如图层定义、布局和文字样式）来简化绘图过程。

6.4.1　启动设计中心

按〈Ctrl+2〉组合键，也可在命令行中输入"Adcenter"命令，屏幕上会弹出如图 6-35 所示的"设计中心"选项板。

系统第一次启动设计中心时，默认打开的选项卡为"文件夹"，内容显示区以大图标显示了所有浏览资源的细目或内容，资源管理器的左边显示了系统的树形结构。

用户可以通过鼠标拖动边框来改变 AutoCAD 2012 设计中心资源管理器、内容显示区及绘图区的大小。

如果要改变设计中心的位置，可在设计中心的标题栏上用鼠标拖动它，松开鼠标后，设计中心便处于当前所定义的位置，到新位置后，仍可以用鼠标改变各窗口的大小，也可以通过设计中心边框左下角的"自动隐藏"按钮来隐藏设计中心。

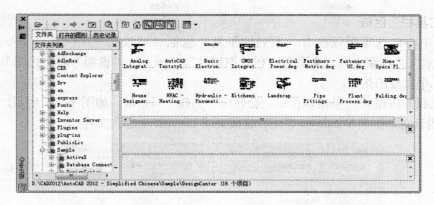

图 6-35 "设计中心"选项板

6.4.2 设计中心选项板

在图 6-35 所示的"设计中心"选项板中,主要包括以下内容。

1. "选项卡"区域

在图 6-35 所示的"设计中心"选项板中有 3 个选项卡:文件夹、打开的图形和历史记录。

- 文件夹:用于显示设计中心的资源(如图 6-35 所示),该选项卡与 Windows 资源管理器类似。该选项卡显示了导航图标的层次结构,包括网络和计算机、Web 地址(URL)、计算机驱动器、文件夹、图形和相关的支持文件、外部参照、布局、填充样式和命名对象,图形包括图形中的块、图层、线型、文字样式、标注样式和表格样式。

- 打开的图形:用于显示在当前环境中打开的所有图形,其中包括最小化的图形,如图 6-36 所示。此时选择某个文件,就可以在右边的显示框中显示该图形的有关设置,如标注样式、布局、块、图层、外部参照等。

- 历史记录:用于显示用户最近访问过的文件,包括这些文件的具体路径。双击列表中的某个图形文件,可以在"文件夹"选项卡的树形结构中定位此图形文件,并将其内容加载到内容显示区中。

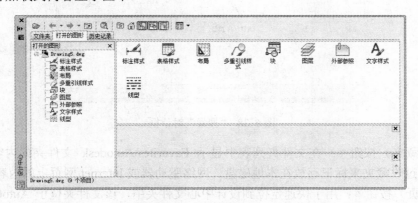

图 6-36 "打开的图形"选项卡

2. "工具栏" 区域

"设计中心" 选项板顶部有一系列的工具，包括 "加载"、"上一页 (下一页或上一级)"、"搜索"、"收藏夹"、"主页"、"树状图切换"、"预览"、"说明" 和 "视图" 等按钮。下面介绍几个主要的按钮。

● (加载) 按钮 📁：单击该按钮，会弹出 "加载" 对话框，如图 6-37 所示。用户可以利用该对话框从 Windows 桌面、收藏夹或 Internet 上加载文件。

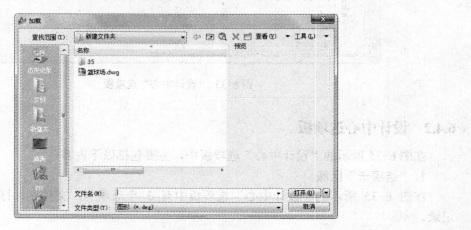

图 6-37 "加载" 对话框

● (搜索) 按钮 🔍：用于查找对象。单击该按钮，会弹出 "搜索" 对话框，如图 6-38 所示。在该对话框中有 3 个选项卡，相应给出了 3 种搜索方式：通过 "图形" 信息搜索、通过 "修改日期" 信息搜索和通过 "高级" 信息搜索。

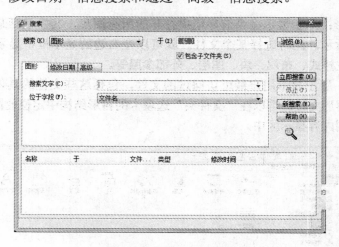

图 6-38 "搜索" 对话框

● (收藏夹) 按钮 📁：在文件夹列表中显示 Favorites\Autodesk 文件夹的内容，用户可以通过收藏夹来标记存放在本地磁盘、网络驱动器或 Internet 网页上的内容。

● (主页) 按钮 🏠：用于快速定位到设计中心文件夹中，该文件夹位于 AutoCAD 2012\Sample 下。

6.4.3 插入块

用户可以将块插入到图形中。当将一个块插入到图形中时，块定义就被复制到图形数据库中。在一个块被插入到图形之后，如果原来的块被修改，则插入到图形中的块也随之改变。

当其他命令正在执行时，不能将块插入到图形中。例如，在提示行正在执行一个命令时，如果插入块，此时光标变成一个带斜线的圆，提示此操作无效。并且，一次只能插入一个块。AutoCAD 设计中心提供了插入块的两种方法，即"利用鼠标指定比例和旋转方式"和"精确指定坐标、比例和旋转角度方式"。

1．"利用鼠标指定比例和旋转方式"插入块

利用该方法时，系统将根据鼠标拉出的线段长度与角度确定比例与旋转角度。

利用该方法插入块的步骤如下。

1）从文件夹列表或搜索结果列表中选择要插入的块，按住鼠标左键，将其直接拖到绘图画面。然后松开鼠标左键，此时，所选择的对象将插入到当前打开的图形中。在绘图画面中，可以将对象插入到任何需要的地方。

2）按下鼠标左键，指定一点作为插入点，然后移动鼠标，以鼠标位置点与插入点之间的距离为缩放比例，按下鼠标左键确定比例。同样的方法移动鼠标，鼠标指定位置与插入点连线和水平线角度为旋转角度。被选择的对象将根据鼠标指定的比例和角度插入到图形当中。

2．"精确指定坐标、比例和旋转角度方式"插入块

利用该方法可以设置插入图块的参数，具体步骤如下。

1）从文件夹列表或搜索结果列表中选择要插入的对象，然后单击，拖动对象到绘图画面中。

2）在绘图画面中右击，从弹出的快捷菜单中选择"比例"、"旋转"等命令，如图 6-39 所示。

3）在相应的命令行提示下输入比例和旋转角度等数值。

```
命令: '_adcenter
命令: _-INSERT 输入块名或 [?]<门>: "F:\第 6 章\门.dwg"
单位: 毫米    转换:    1.0000
指定插入点或 [基点(B)/比例(S)/X/Y/Z/旋转(R)/预览比例(PS)/PX/PY/PZ/预览旋转(PR)]: （选择插
入点）
输入 X 比例因子，指定对角点，或 [角点(C)/XYZ] <1>:
输入 Y 比例因子或 <使用 X 比例因子>:
指定旋转角度 <0>: （输入旋转角度）
```

4）根据命令行的提示，被选择的对象根据指定的参数插入到需要的绘图画面中。

6.4.4 利用设计中心附着外部参照

外部参照可以作为单个对象显示，也可以根据指定的坐标、比例和旋转角度进行附着。当在图形中引用外部参照时，外部参照显示在 AutoCAD 设计中心的外部参照区。外部参照不会增加主图形文件的大小。嵌套的外部参照能否被读入取决于选择附着或覆盖外部参照。

利用设计中心附着或覆盖外部参照的步骤如下。

1）从文件夹列表或"搜索"对话框中选择外部参照，然后右击，在弹出的快捷菜单中

选择"附着外部参照"命令，如图 6-39 所示，弹出"附着外部参照"对话框，如图 6-40 所示。

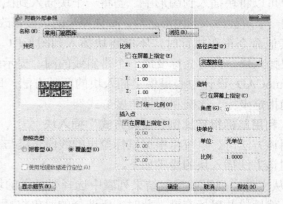

图 6-39　右键快捷菜单　　　　　　　图 6-40　"附着外部参照"对话框

2）在"附着外部参照"对话框的"参照类型"选项区中选择"附着型"或"覆盖型"。

3）在"外部参照"对话框的"插入点"、"比例"及"旋转"3 个选项区中输入数值，或者直接选择"在屏幕上指定"复选框。

4）以上设置完成后，单击"确定"按钮，画面切换到绘图画面，单击鼠标左键确定图形。

6.4.5　图形的复制

1．在图形之间复制图形

利用设计中心可以浏览和装载需要复制的块，将块复制到剪贴板中，然后利用剪贴板将块粘贴到图形中。具体步骤如下。

1）在文件夹列表中选择需要复制的块，然后右击，在弹出的快捷菜单中选择"复制"命令，将块复制到剪贴板上。

2）通过"粘贴"命令将其粘贴到当前图形上。

2．在图形之间复制图层

利用设计中心可以从任何一个图形复制图层到其他图形。例如，已经绘制了一个包括设计所需的所有图层的图形，在绘制时可以新建一个图形，并通过设计中心将已有的图层复制到新的图形中，这样可以节省时间，并保证图形的一致性。

（1）拖动图层到已打开的图形

确认要复制图层的目标图形文件被打开，并且是当前的图形文件。在文件夹列表或搜索结果列表框中选择要复制的一个或多个图层，拖动图层到打开的图形文件。松开鼠标后，所选择的图层被复制到打开的图形中。

（2）复制或粘贴图层到打开的图形

确认要复制图层的图形文件被打开，并且是当前的图形文件。在文件夹列表或搜索结果列表框中选择要复制的一个或多个图层，然后右击，在弹出的快捷菜单中选择"复制"命令。如果要粘贴图层，确认粘贴的目标图形文件被打开，并且为当前文件，然后右击，在弹出的快捷菜单中选择"粘贴"命令。

6.5 实训操作

6.5.1 插入立面门块

1. 实训要求

运用本章所学内容，将图 6-41 所示的建筑立面图中门的位置处插入立面门块。在绘制过程中，要注意插入块等功能的应用。

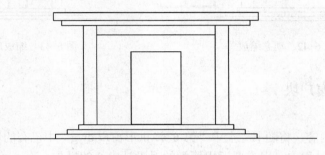

图 6-41　建筑立面图

2. 操作指导

1）单击功能区"插入"选项→"块"面板→"插入"按钮，系统会弹出"插入"对话框。

2）在"插入"对话框中选择块的名称"立面门"。并确定块的插入点为"在屏幕上指定"、"缩放比例"为 1:1、"旋转角度"为 0°。

3）单击"确定"按钮，块插入在需要绘制的图形中。

4）选择"工具"→"块编辑器"命令，系统弹出"编辑块定义"对话框，在该对话框中选择需要进行编辑的块名称。

5）单击"确定"按钮，画面切换到"块编辑器"绘图平面。

6）在块编写选项板的"参数"选项卡中选择"线性参数"，命令行提示如下。

> 命令: _BParameter 线性
> 指定起点或 [名称(N)/标签(L)/链(C)/说明(D)/基点(B)/选项板(P)/值集(V)]: （指定点 A）
> 指定端点: （指定点 B）
> 指定标签位置:

7）在块编写选项板的"动作"选项卡中选择"缩放动作"，命令行提示如下。

> 命令: _BActionTool 比例
> 选择参数: （选择上一步设置的"线性参数"）
> 指定动作的选择集
> 选择对象: 指定对角点: 找到 1 个，总计 11 个　选择所关联的对象
> 指定动作位置或 [基点类型(B)]: （根据需要指定动作的位置）

8）关闭编辑器，系统提示是否需要"保存块定义？"，单击"是"按钮，画面切换到绘图画面。

9）在当前图形中选择块，系统会显示块的动态缩放标记，如图 6-42 所示。选中该标记，拖动鼠标，结果如图 6-43 所示。

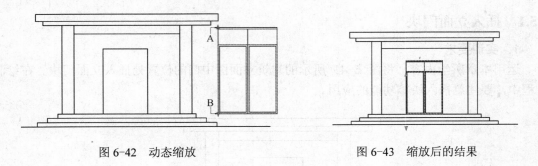

图 6-42 动态缩放   图 6-43 缩放后的结果

6.5.2 插入拱形窗户块

1. 实训要求

运用本章所学内容，将随书光盘中"第 6 章\拱形窗户.dwg"中已有的块插入到图 6-44 中的 A 点处。在绘制过程中，用户要运用所学的对设计中心的操作。

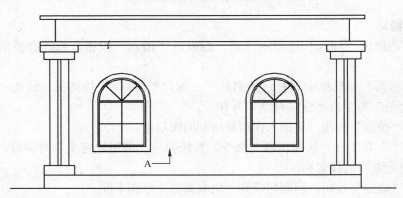

图 6-44 需要插入块的图形

2. 操作指导

1）选择"工具"→"设计中心"命令，打开"设计中心"选项板。

2）单击按钮 🔍，弹出如图 6-45 所示的"搜索"对话框，在该对话框中选择要插入的块"拱形窗户.dwg"。

3）按住鼠标左键，将名为"拱形窗户"的块拖到绘图画面上。命令行提示如下。

    命令: _-INSERT 输入块名或 [?]: "F:\第 6 章\拱形窗户.dwg"
    正在用 [chineset.shx] 替换 [complex]。
    单位: 毫米   转换: 1.0000
    指定插入点或 [基点(B)/比例(S)/X/Y/Z/旋转(R)/预览比例(PS)/PX/PY/PZ/预览旋转(PR)]: （选定插入点为 A 点，单击"对象捕捉"按钮）

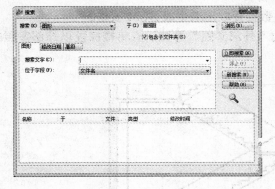

图 6-45 "搜索"对话框

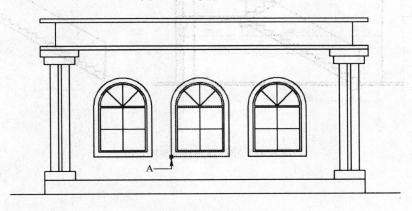

图 6-46 插入块后的图形

输入 X 比例因子，指定对角点，或 [角点(C)/XYZ] <1>:（按〈Enter〉键采用默认值）
输入 Y 比例因子或 <使用 X 比例因子>:（按〈Enter〉键采用默认值）
指定旋转角度 <0>:（按〈Enter〉键采用默认值，结束命令，如图 6-46 所示）

6.6 思考与练习

1. 利用块属性功能绘制一张办公室的平面图，如图 6-47 所示。办公室内布置有若干形状相同的桌椅，每一套桌椅都对应着教师的姓名、年龄、性别、职称。

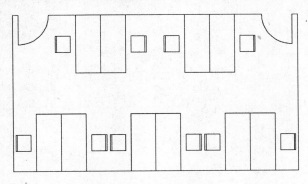

图 6-47 办公室平面图

2．将上题中的属性数据提取出来生成 BOM 表格。

3．结合本章所学的"外部参照"等知识点将楼梯段以外部参照的形式附着在建筑剖面图上，如图 6-48 所示。

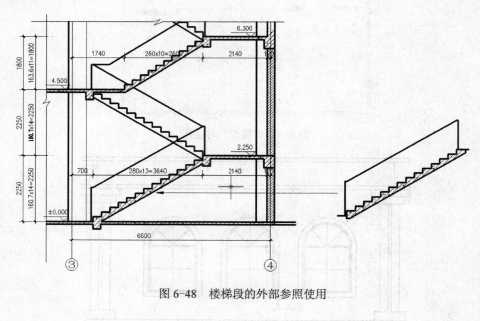

图 6-48　楼梯段的外部参照使用

第7章 建筑图样样板的制作

制作样板实际上就是把经常使用的惯例和设置通过创建或自定义样板文件保存起来，使得每次启动它时，都直接获得这些特定的设置，以便节省时间。本章将以 A2 图、出图比例为 1:100 为例，创建相应的样板文件。

本章重点

- 图形单位和精度的设置
- 图幅尺寸的设置
- 图层和线性的设置
- 文字样式的设置
- 标注样式的设置
- 图框和标题栏

7.1 图形单位和精度的设置

在 AutoCAD 中，可以采用 1:1 的比例因子绘图，所有的直线、圆和其他对象都可以真实的大小进行绘制。例如，一面墙体长 2000mm，可以按照 2000mm 的真实大小来绘制，在打印出图时再将图形按图纸大小进行缩放。一般来说，这是制作建筑图样样板的第一步，具体操作步骤如下。

1）选择 "格式" → "单位" 命令，或在命令窗口中输入 "Units" 命令，弹出 "图形单位" 对话框，如图 7-1 所示。

2）在 "图形单位" 对话框中设置长度单位与角度单位。我国建筑工程绘图习惯使用十进制，所以在 "长度" 选项区的 "类型" 下拉列表中选择 "小数"，在 "角度" 选项区的 "类型" 下拉列表中选择 "十进制度数"。

3）由于在建筑绘图中一般采用全尺寸作图（即 1:1），所以在 "长度" 和 "角度" 两个选项区的 "精度" 下拉列表中都选择 "0"。

图 7-1 "图形单位" 对话框

4）在 "图形单位" 对话框中单击 "方向" 按钮，弹出 "方向控制" 对话框确定角度的零度方向与正方向，如图 7-2 所示。一般以正东方向为零度，逆时针方向为正。设置完后，单击 "确定" 按钮，返回到 "图形单位" 对话框。由于默认逆时针方向为正方向，所以不要在对话框中选择 "顺时针" 复选框。单击 "确定" 按钮，退出 "图形单位" 对话框，结束图形单位和精度的设置。

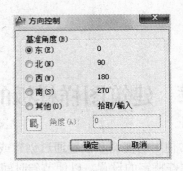

图 7-2　"方向控制"对话框

7.2　图幅尺寸的设置

AutoCAD 的一大优点是可以使用户按 1:1 的比例绘图，不像手工绘图那样要根据图纸大小，按不同比例绘图。工程图纸规格有 A0、A1、A2、A3、A4。如果按 1:1 绘图，为使其按比例绘制在相应图纸上，关键要设置好图形界限。表 7-1 提供的数据是按 1:50 和 1:100 出图，图形编辑区按 1:1 绘图的图形界限，设计时，用户可根据实际出图比例选用相应的图形界限。

表 7-1　图纸规格和图形编辑区按 1:1 绘图的图形界限对照表

图纸规格	A0（mm×mm）	A1（mm×mm）	A2（mm×mm）	A3（mm×mm）	A4（mm×mm）
实际尺寸	841×1189	594×841	420×594	297×420	210×297
比例 1:50	42 050×59 450	29 700×42 050	21 000×29 700	14 850×21 000	10 500×14 850
比例 1:100	84 100×118 900	59 400×84 100	42 000×59 400	29 700×42 000	21 000×29 700

设置 A2 图幅的具体操作如下。

1）选择"格式"→"图形界限"命令，或在命令行中输入"limits"，命令行提示如下。

命令: limits
重新设置样型空间界限:
指定左下角点或 [开(ON)/关(OFF)] <0,0>:（按〈Enter〉键接受左下角点的默认设置）
指定右上角点 <559,400>: 59400,42000（输入右上角点的设置，按〈Enter〉键结束图幅尺寸设置）

2）打开界限检查状态。

命令: limits
重新设置样型空间界限:
指定左下角点或 [开(ON)/关(OFF)] <0,0>: on（输入"on"）

3）用 ZOOM ALL 命令使绘图区图形重新生成，并使绘图界限充满显示区。

命令: z
ZOOM

指定窗口的角点，输入比例因子（nX 或 nXP），或者[全部(A)/中心(C)/动态(D)/范围(E)/上一个(P)/比例(S)/窗口(W)/对象(O)] <实时>: a（输入 a）

4）按〈Enter〉键完成操作。

7.3 图层的设置

图层是 AutoCAD 提供的管理图形对象的工具，使一个 AutoCAD 图形好像是由多张透明的图纸重叠在一起组成的，用户可以根据图层对图形中的几何对象、文字、标注等元素进行归类处理。

在建筑工程制图中，图形中主要包括基准线、轮廓线、虚线、剖面线、尺寸标注及文字说明等元素。如果用图层来管理，不仅能使图形的各种信息清晰有序，便于观察，而且也能为图形的编辑、修改和输出带来方便。

7.3.1 图线的国家标准规定

1）图线宽度：0.18、0.25、0.35、0.5、0.7、1.0、1.4、2.0mm。

2）线宽比：每个图样的线宽不得超过 3 种，其线宽比应为 b:0.5b:0.25b。如果选用两种线宽，应为 b:0.25b。

3）线型的选用的国家标准见表 7-2。

表 7-2　有关线型选用的国家标准

名　称	线　型	线　宽	用　途
粗实线	———	b	平、剖面图中被剖切的主要建筑构造（包括构配件）的轮廓线 建筑立面图的外轮廓线 建筑构造详图中被剖切的主要部分的轮廓线
中实线	———	0.5b	平、剖面图中被剖切的次要建筑构造（包括构配件）的轮廓线 建筑平、立、剖面图中建筑构配件的轮廓线 建筑构造详图及构配件详图中的一般轮廓线
细实线	———	0.25b	小于 0.5b 的图形线、尺寸线、尺寸界线、图例线、索引符号、标高符号等
中虚线	— — —	0.5b	建筑构造及建筑构配件不可见的轮廓线 建筑平面图中的起重机轮廓线 拟扩建的建筑物轮廓线
细虚线	- - - -	0.25b	图例线，小于 0.35b 的不可见轮廓线
粗点画线	▬·▬·▬·	b	起重机轨道线
细点画线	—·—·—	0.25b	中心线、对称线、定位轴线
折断线	⌐√⌐	0.25b	不需画全的断开界线
波浪线	∿∿∿	0.25b	不需画全的断开界线 构造层次的断开界线

7.3.2 加载线型

单击"特性"面板中的"线型"按钮，弹出如图 7-3 所示的"线型管理器"对话框。在绘图过程中，用户可根据具体情况选择需要的线型，如果该对话框中没有所需的线型，可单击"加载"按钮，弹出如图 7-4 所示的"加载或重载线型"对话框，从当前线型库中选择需要加载的线型，然后单击"确定"按钮。

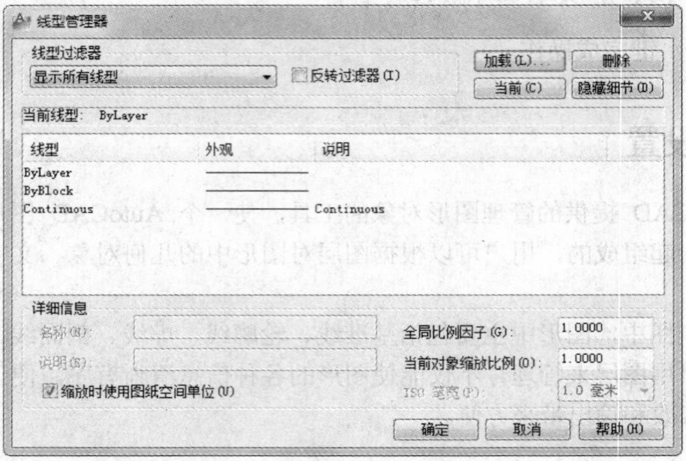

图 7-3 "线型管理器"对话框

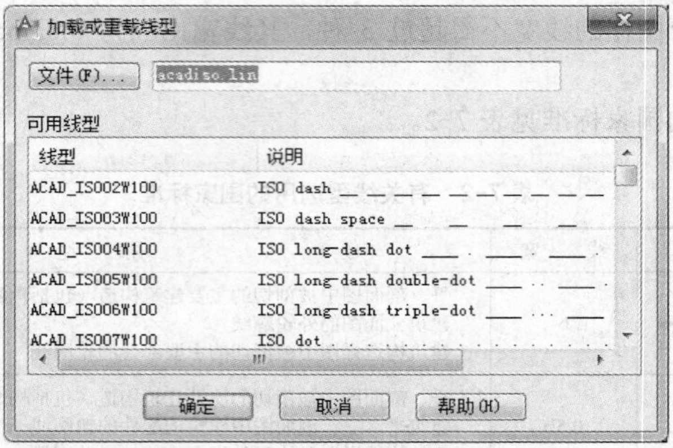

图 7-4 "加载或重载线型"对话框

　　AutoCAD 中的线型包含在线型库定义文件 acad.lin 和 acadiso.lin 中。其中，在英制测量系统下，使用线型库定义文件 acad.lin；在公制测量系统下，使用线型库定义文件acadiso.lin。用户可以根据需要，单击"加载或重载线型"对话框中的"文件"按钮，弹出"选择线型文件"对话框，选择合适的线型库定义文件。

7.3.3　图层的建立以及颜色、线型和线宽的设置

　　尽管不同的建筑图样所包含的图层的数量和名称不尽相同，但是，仍然存在一些共同的组成，如在建筑平面图的绘制中，几乎离不开"轴线"、"墙体"、"柱子"、"门窗"、"尺寸标注"、"文字标注"等图层，所以，在样板文件的制作中，将这些图层事先建立，以在今后的绘图中节省大量时间。至于某些临时用到的图层，可以在绘制正图的时候再进行建立。

1．创建新图层

　　开始绘制新图形时，AutoCAD 将创建一个名称为 0 的特殊图层。默认情况下，图层 0

将被指定使用 7 号颜色（白色或黑色，由背景决定）、Continuous 线型、"默认"线宽及 Normal 打印样式。用户不能删除或重命名 0 层。在绘图过程中，如果用户要使用更多的图层来组织自己的图形，则需要先创建新图层。方法有以下几种：

- 在命令行中输入"Layer"或"La"，然后按〈Enter〉键执行命令。
- 单击功能区"常用"选项卡→"图层"面板→"图层特性"按钮⟨图标⟩。
- 选择"格式"→"图层"命令。

执行上述操作后，将弹出如图 7-5 所示的"图层特性管理器"选项板。

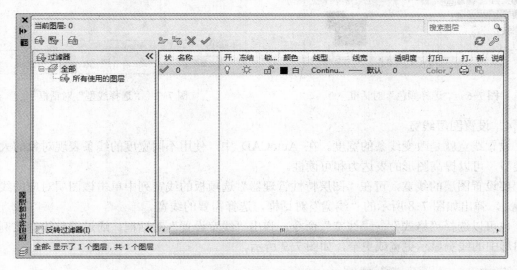

图 7-5 "图层特性管理器"选项板

在"图层特性管理器"选项板中，单击"新建图层"按钮⟨图标⟩，可以在图层列表中创建一个名称为"图层 1"的新图层。默认状况下，新建图层与当前图层的状态、颜色、线型、线宽等设置相同。

在创建了图层后，图层的名称将显示在图层列表中，如果要更改图层的名称，则可以单击该图层名，然后输入一个新的图层名并按〈Enter〉键执行。

2．设置图层颜色

颜色在图形中具有非常重要的作用，可用来表示不同的构件、功能和区域。图层的颜色实际上是图层中图形对象的颜色。每一个图层都具有一定的颜色，对于不同的图层可以设置相同的颜色，也可以设置不同的颜色，这样在绘制复杂的图形时就可以很容易地区分图形中的每个部分。

在"图层特性管理器"选项板中单击图层与颜色列对应的图标，弹出如图 7-6 所示的"选择颜色"对话框，用户可在其中设定图层的颜色。

3．设置图层线型

在绘制不同对象时，可以使用不同的线型来区分，这就需要对线型进行设置。默认情况下，图层的线型为 Continuous。要改变线型，可以在图层列表中单击线型列的 Continuous，弹出如图 7-7 所示的"选择线型"对话框，在"已加载的线型"列表框中选择一种线型，然后单击"确定"按钮。

图 7-6 "选择颜色"对话框　　　　　　　　　　　图 7-7 "选择线型"对话框

4．设置图层线宽

设置线宽就是改变线条的宽度。在 AutoCAD 中，使用不同宽度的线条表现对象的大小或类型，可以提高图形的表达力和可读性。

要设置图层的线宽，可在"图层特性管理器"选项板的线宽列中单击该图层对应的线宽 — 默认，弹出如图 7-8 所示的"线宽"对话框，选择需要的线宽。

也可以选择"格式"→"线宽"命令，弹出"线宽设置"对话框，通过调整线宽比例，使图形中的线宽显示更宽或更窄，如图 7-9 所示。

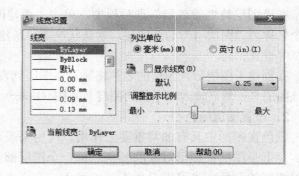

图 7-8 "线宽"对话框　　　　　　　　　　　图 7-9 "线宽设置"对话框

在"线宽设置"对话框的"线宽"列表框中选择所需线条的宽度后，还可以设置其单位和显示比例等参数，各选项的功能如下。

- 列出单位：设置线宽的单位，可以是"毫米"或"英寸"。
- 显示线宽：设置是否按照实际线宽来显示图形，也可以单击状态栏上的"线宽"按钮来显示或关闭线宽。
- 默认：设置默认线宽值，即关闭显示线宽后 AutoCAD 所显示的线宽。
- 调整显示比例：通过调节显示比例滑块，可以设置线宽的显示比例大小。

7.4　设置文字样式

在建筑绘图中，一般使用仿宋字体。

- 选择"格式"→"文字样式"命令。
- 单击功能区"注释"选项卡中的"文字"面板上的"文字样式"。
- 在命令行中输入"Style"或"St"，然后按〈Enter〉键执行命令。

执行上述命令后，弹出如图 7-10 所示的"文字样式"对话框，在其中设置字型、字高及宽度因子等参数。具体设置在此不再赘述。

图 7-10　"文字样式"对话框

7.5　设置尺寸标注样式

尺寸标注样式的设置是正式标注前的一项十分重要的工作，其内容包括线条和箭头、文字、调整、主单位、换算单位和公差 6 项内容，具体参照第 5 章所述。

应该注意，尺寸标注的设置应与图形的整体比例相协调。现行建筑设计规范对尺寸、文字的标注做了相应的规定，但大多给定了一些参数的范围，用 AutoCAD 绘图进行该项设置时，必须给出具体的数据。全局比例系数视出图比例确定，如按照 1:100 出图，则全局比例系数为 100，依此类推。

7.6　绘制图框和标题栏

为了合理使用图纸和便于装订、保管，《建筑制图标准》（GB/T 50104—2010）对图纸幅面定出了 5 种基本幅面，如表 7-3 所示。

表 7-3　基本幅面及其尺寸

图幅	A0	A1	A2	A3	A4
b×1	841×1189	594×841	420×594	297×420	297×210
c		10		5	
a			25		

其中，b、l 分别为图纸的短边和长边，a、c 为图框线和图幅线之间的宽度。图框幅面一般使用横式，即长边横向，如图 7-11 所示。

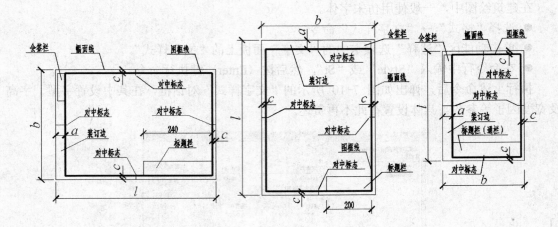

图 7-11　图框幅面

本例中，根据图的尺寸选用 A2 图幅大小的图纸进行绘图。

1）选择"绘图"→"矩形"命令，然后绘制外框，命令行提示如下。

　　命令: _rectang
　　指定第一个角点或 [倒角(C)/标高(E)/圆角(F)/厚度(T)/宽度(W)]: 0,0（指定第一个角点）
　　指定另一个角点或 [面积(A)/尺寸(D)/旋转(R)]: 59400,42000（指定第二个角点，按〈Enter〉键结束外框的绘制）

2）选择"绘图"→"矩形"命令，然后绘制内框，命令行提示如下。

　　命令: _rectang
　　指定第一个角点或 [倒角(C)/标高(E)/圆角(F)/厚度(T)/宽度(W)]: w（选择"宽度"选项）
　　指定矩形的线宽 <0>: 50（设定线条宽度为 0.5mm）
　　指定第一个角点或 [倒角(C)/标高(E)/圆角(F)/厚度(T)/宽度(W)]: 2500,1000（指定第一个角点）
　　指定另一个角点或 [面积(A)/尺寸(D)/旋转(R)]: 58400,41000（指定第二个角点，按〈Enter〉键结束内框的绘制，如图 7-12 所示）

3）绘制标题栏外框，命令行提示如下。

　　命令: _rectang
　　当前矩形样式：宽度=50
　　指定第一个角点或 [倒角(C)/标高(E)/圆角(F)/厚度(T)/宽度(W)]:（捕捉 A 点）
　　指定另一个角点或 [面积(A)/尺寸(D)/旋转(R)]: @-14000,3200（输入另一角点的相对直角坐标，按〈Enter〉键结束操作）

图 7-12　绘制内、外边框

4）将矩形外框分解，命令行提示如下。

　　命令: _explode
　　选择对象: 找到 1 个（选择外框）

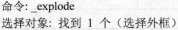

176

选择对象:（按〈Enter〉键结束操作）

5）对外框的纵横线条进行偏移，得到如图 7-13 所示的图形。

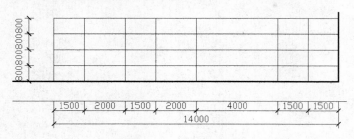

图 7-13　绘制标题栏线条

6）选择"修改"→"修剪"命令，对多余线条进行修剪，结果如图 7-14 所示。

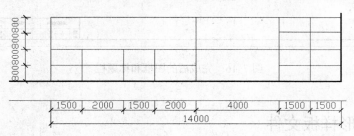

图 7-14　修剪线条

7）用"多段线"将标题栏外框重新绘制一遍，线条宽度为 50，命令行提示如下。

```
命令: pl
PLINE
指定起点:
当前线宽为 0
指定下一个点或 [圆弧(A)/半宽(H)/长度(L)/放弃(U)/宽度(W)]: w
指定起点宽度 <0>: 50
指定端点宽度 <50>: 50
指定下一个点或 [圆弧(A)/半宽(H)/长度(L)/放弃(U)/宽度(W)]:
指定下一点或 [圆弧(A)/闭合(C)/半宽(H)/长度(L)/放弃(U)/宽度(W)]:
指定下一点或 [圆弧(A)/闭合(C)/半宽(H)/长度(L)/放弃(U)/宽度(W)]:
```

8）标注标题栏文字，具体操作过程略，效果如图 7-15 所示。

某建筑设计院		某住宅		图号	2
				图别	建施
设计		校对		比例	1:100
绘图		审核		日期	2006.6

图 7-15　标注标题栏文字

9）完成后的图框和标题栏如图 7-16 所示。

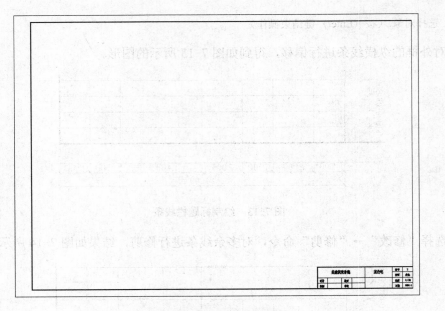

图 7-16　完成后的图框和标题栏

7.7　创建图形样板文件

选择"文件"→"另存为"命令，弹出如图 7-17 所示的"图形另存为"对话框。在"文件类型"下拉列表框中选择"AutoCAD 图形样板（*.dwt）"，在"文件名"文本框中输入文件名"A2"，然后单击"保存"按钮，即可保存为图形样板文件。此时系统弹出"样板选项"对话框，在"说明"文本框中输入该样板的说明文字，如图 7-18 所示，然后单击"确定"按钮，样板文件创建完毕。

图 7-17　"图形另存为"对话框

178

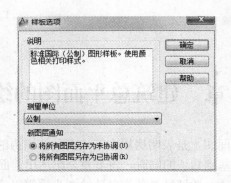

图 7-18 "样板选项"对话框

7.8 思考与练习

1. 怎样设定绘图单位与精度？
2. 采用全尺寸（1:1）绘图时，绘制 1:100 的 A2 图幅，绘图界限应怎样设置？
3. 建立图形样板，满足以下要求：比例为 1:200，绘图图幅为 A1。
4. 建立图形样板，满足以下要求：比例为 1:500，绘图图幅为 A2。

第8章 建筑总平面图的绘制

建筑总平面图简称总平面图，是表明房屋在基地有关范围内的总体布置图。本章在向读者介绍有关建筑总平面图的基础知识的同时，将着重介绍运用前面学习的 AutoCAD 基本命令来绘制建筑总平面图的方法，并通过具体实例使绘图步骤得以清晰地呈现。读者通过本章的学习，可以完成建筑总平面图的绘制。

本章重点

● 建筑总平面图的基础知识

● 建筑总平面图中各种图例的绘制方法

● 建筑总平面图的绘制步骤

8.1 建筑总平面图概述

建筑总平面图用于表明新建、拟建、原有房屋的平面轮廓形状和层数，以及它们的相对位置、周围环境、地貌地形、道路和绿化等的布置情况。建筑总平面图是新建房屋及其他设施的施工定位、土方施工，以及设计水、暖、电、燃气等管线总平面图的依据。

通常情况下，通过在建设地域上空对建筑物及其周围环境做正投影，便能得到建筑总平面图。

8.1.1 建筑总平面图的内容

一张完整的建筑总平面图应包括的内容如图 8-1 所示。

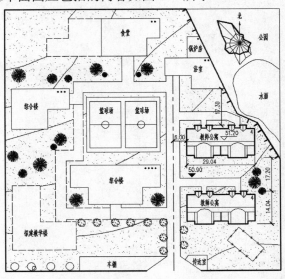

图 8-1 建筑总平面图包括的内容

1）图名及其相应的比例（尺）。

2）国家标准所颁布的图例，对于自定图例要绘出并注明其名称。

3）建筑基地所处的位置、形状、地形条件等。

4）新建房屋在建筑基地范围内的具体位置，与邻近建筑物的距离，并以 m 为单位标注出定位尺寸及自身尺寸。

5）新建房屋底层室内地面与室外地坪及道路的绝对标高。

6）建筑基地范围内的道路布置与绿化安排。

7）指北针、风向频率玫瑰图。

8）计划扩建房屋的预留位置。

9）在绘制建筑总平面图时，由于其包括的范围较大，一般采用 1:500、1:1000、1:2000 的较大比例。

8.1.2　用 AutoCAD 绘制建筑总平面图的一般过程

不同的建筑总平面图所包含的内容不尽相同，其图形也是不规则的，在此介绍用 AutoCAD 绘制建筑总平面图的一般过程，其绘制的一般过程如下。

1）建立绘图环境。

2）绘制整体网格体系。

3）绘制各种建筑物、构筑物及道路。

4）绘制建筑物、构筑物的局部及绿化。

5）绘制指北针或风向玫瑰图，添加尺寸标注、文字注释和图例。

6）打印输出。

8.1.3　建筑总平面图的图例

由于绘图比例较小，在总平面图中所表达的对象要用《总图制图标准》（GB/T 50103－2010）中所规定的图例来表示。常用的总平面图例见表 8-1。当标准图例不能表达图中内容时，用户可以自行设置图例，但是必须在建筑总平面图中画出自行设定的图例，并详细注明其名称，以便于识图。

表 8-1　建筑总平面图例

序号	名　称	图　例	附　注
1	新建建筑物		1）需要时，可用▲表示出入口，可在图形内右上角用点数或数字表示层数 2）建筑物外形（一般以±0.00 高度处的外墙定位轴线或外墙面线为准）用粗实线表示。需要时，地面以上建筑物用粗实线表示，地面以下建筑物用细虚线表示
2	原有建筑物		用细实线表示
3	计划扩建的预留地或建筑物		用中粗虚线表示
4	拆除的建筑物		用细实线表示

（续）

序号	名　称	图　例	附　注
5	建筑物下面的通道		
6	散状材料露天堆场		需要时可注明材料名称
7	其他材料露天堆场或露天作业场		
8	铺砌场地		
9	敞棚或敞廊		
10	高架式料仓	—〇〇〇〇—或—□□□—	
11	漏斗式储仓		左、右图为底卸式，中图为侧卸式
12	冷却塔（池）		应注明冷却塔或冷却池
13	水塔、储罐		左图为水塔或立式储罐，右图为卧式储罐
14	水池、坑槽		也可以不涂黑
15	烟囱		实线为烟囱下部直径，虚线为基础，必要时可注写烟囱高度和上、下口直径

8.2 建筑总平面图的绘制方法

本节通过一个办公楼的实例向读者介绍绘制建筑总平面图的方法，以及利用 AutoCAD 2012 绘制建筑总平面图的具体步骤，效果如图 8-2 所示。

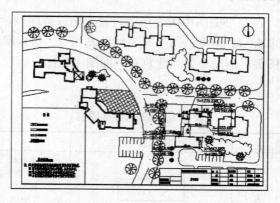

图 8-2　某办公建筑的总平面图

8.2.1　设置绘图环境

1. 设置图形单位和绘图边界

设置图形单位和绘图边界的详细过程可以参考前面的设置步骤。在本例中采用足尺寸作图，选用 A2 图纸大小，命令行提示如下。

命令：limits

重新设置模型空间界限：

指定左下角点或[开(ON)/关(OFF)] <0.0000,0.0000>：

指定右上角点<420.0000,297.0000>：597000,420000

执行上述命令后，图形界限左下角为（0,0），右上角为（597000,420000）。在上述命令行提示中打开图形开关 ON，则图形的绘制被限制在图幅内，图幅外的操作将无法实现。

2．设置图层

为了方便对图形进行编辑和修改，用户可以将不同部分的图形设置在不同的图层中。具体操作如下。

1）单击"图层"工具栏中的"图层特性管理器"按钮 。

2）在弹出的"图层特性管理器"选项板中单击"新建图层"按钮 ，创建一个新图层。

3）在出现的动态文本框中输入"绿化"，然后单击"确定"按钮，完成"绿化"图层的设置，如图 8-3 所示。

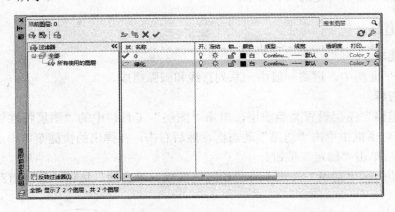

图 8-3　设置"绿化"图层

4）采用同样的方法依次创建"新建建筑物"、"已建建筑物"、"道路"、"标注"、"辅助线"、"图框"、"围墙"等图层，如图 8-4 所示。

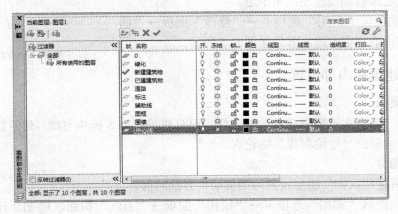

图 8-4　"图层特性管理器"选项板

183

8.2.2 绘制图形

绘制环境设置完毕后，就可以进行建筑总平面图的绘制了。绘制总平面图的过程大致可以分为以下几个步骤。

1）绘制道路。
2）绘制建筑和内部设置。
3）绘制绿化植物。
4）绘制指北针。
5）添加尺寸标注、文字说明和图例。
6）添加图框和标题栏。

8.3 实训操作

将图 8-2 分解为绘制道路、建筑和内部设置、绿化植物、指北针、文字说明、尺寸标注等过程，每一过程都有特定的实训要求。

8.3.1 绘制道路

1. 实训要求

在建筑总平面图中，道路一般由一系列直线和圆弧组成。

2. 操作指导

1）将"道路"图层设置为当前层，单击"图层"工具栏中的"图层特性管理器"按钮 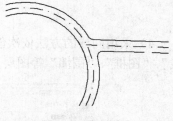，在弹出的对话框中单击"道路"动态框，然后右击，在弹出的快捷菜单中选择"置为当前"命令，最后单击"确定"按钮。

2）单击功能区"常用"选项卡→"绘图"面板→"直线"按钮，绘制道路的直线部分的轴线。

3）单击功能区"常用"选项卡→"绘图"面板→"样条曲线"按钮，绘制道路的弧线部分的轴线。

4）单击功能区"常用"选项卡→"修改"面板→"偏移"按钮，通过偏移轴线绘制出主干道。

5）单击功能区"常用"选项卡→"修改"面板→"圆角"按钮，完善道路主干道，效果如图 8-5 所示。

图 8-5　绘制道路

8.3.2 绘制建筑和内部设置

1. 实训要求

在本例中，新建建筑物为 3 栋公共建筑，已有建筑物为 5 栋住宅楼，建筑物的绘制只需要轮廓即可，请根据尺寸绘制建筑物轮廓。

2. 操作指导

1）将"新建建筑物"图层设置为当前层，方法同前。

2）单击功能区"常用"选项卡→"绘图"面板→"直线"按钮，绘制新建建筑轮廓。注意，将房屋的一些突出的窗、散水、台阶等绘制出来。

3）将"已建建筑物"图层设置为当前层，然后绘制已建建筑物的轮廓，效果如图 8-6 所示。

4）利用功能区"常用"选项卡→"绘图"面板→"样条曲线"和"多段线"按钮，绘制宅前路和停车场等内部设施。

5）利用功能区"常用"选项卡→"修改"面板→"圆角"、"修剪"等按钮，完善内部设施，效果如图 8-7 所示。

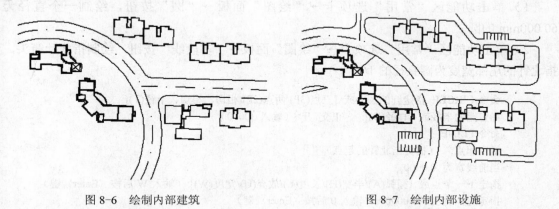

图 8-6　绘制内部建筑　　　　　　　　　　图 8-7　绘制内部设施

8.3.3　绘制绿化植物

1．实训要求
在规划中，绿化是重要的组成部分，树木等植被可用块的形式插入到总平面图中。

2．操作指导
1）单击功能区"插入"选项卡→"块"面板→"插入"按钮，将植物插入到图中。

2）单击功能区"常用"选项卡→"修改"面板→"缩放"按钮，根据需要调整植物的大小。

3）单击功能区"常用"选项卡→"修改"面板→"复制"按钮，复制植物到需要的地方，效果如图 8-8 所示。

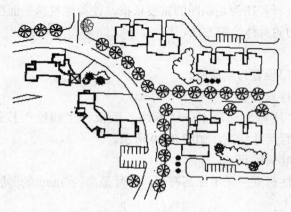

图 8-8　绘制植物

8.3.4 绘制指北针

1．实训要求

在建筑总平面图中，经常要按照需要绘制风向玫瑰图和指北针，用来表示该地区的常年风向频率以及建筑物等的朝向。在本例中只绘制指北针和图纸比例。

2．操作指导

1）单击功能区"常用"选项卡→"绘图"面板→"圆"按钮，绘制一个直径为60 000mm 的圆。

2）单击功能区"常用"选项卡→"绘图"面板→"多段线"按钮，绘制指北针箭头，指北针的尾部宽度为圆直径的 1/8。

> 命令:CIRCLE 指定圆的圆心或 [三点(3P)/两点(2P)/相切、相切、半径(T)]:
> 指定圆的半径或 [直径(D)]: ＜正交 开＞（输入 30000）
> 命令:PLINE
> 指定起点: （捕捉指北针的起点）
> 当前线宽为 0.0000
> 指定下一个点或 [圆弧(A)/半宽(H)/长度(L)/放弃(U)/宽度(W)]:（输入 W 后按〈Enter〉键）
> 指定起点宽度 ＜0.0000＞:（输入 0 后按〈Enter〉键）
> 指定端点宽度 ＜600.0000＞:1000（输入 7500 后按〈Enter〉键）
> 指定下一个点或 [圆弧(A)/半宽(H)/长度(L)/放弃(U)/宽度(W)]:（捕捉指北针终点）
> 指定下一点或 [圆弧(A)/闭合(C)/半宽(H)/长度(L)/放弃(U)/宽度(W)]:
> 命令:_dtext
> 当前文字样式: Standard 当前文字高度: 5000.0000
> 指定文字的起点或 [对正(J)/样式(S)]:（指定文字的起点）
> 指定文字的旋转角度 ＜0＞:（按〈Enter〉键后输入"北"字）

3）完成指北针的绘制，效果如图 8-9 所示。

图 8-9　绘制指北针

8.3.5 添加尺寸标注、文字说明和图例

1．实训要求

尺寸标注、文字注释和图例是识图的重要依据，使得建筑总平面图所表示的内容清晰明了。下面分别介绍它们的具体绘制方法。

2．操作指导

1）将"标注"图层设置为当前层。

2）设置尺寸标注样式。

3）单击功能区"注释"选项卡→"标注"面板→"线性"按钮╟╢和"连续"按钮╟╢╢，对新建办公楼进行尺寸标注，如图 8-10 所示。

4）标出其他建筑物等的尺寸。

5）标注标高。标注标高应采用标高符号，符号是高约 3mm 的等腰直角三角形，用细实线绘制。

6）标注层数。建筑层数标注如图 8-11 所示。

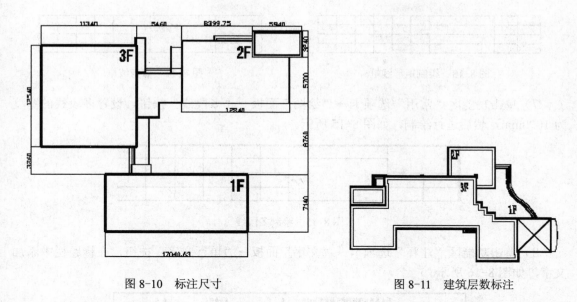

图 8-10　标注尺寸

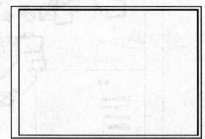

图 8-11　建筑层数标注

7）添加文字标注，包括图名、比例、建筑名称、房间的功能、门窗符号、楼梯说明及其他文字说明等。

8）添加图例。图例的绘制采用"矩形"、"填充"、"文字标注"等命令，具体步骤不再赘述。

8.3.6　添加图框和标题栏

1. 实训要求

根据前面所学知识绘制图框和标题栏，并将总平面图插入到图框中，以确定绘图的范围，方便安排图形，有利于打印出图。

2. 操作指导

1）将"图框"图层设置为当前层。

2）单击功能区"常用"选项卡→"绘图"面板→"矩形"按钮，绘制一个矩形，第一角点为（0,0），第二角点为（597 000,420 000），然后将绘制的矩形向内偏移 10 000mm。

3）单击功能区"常用"选项卡→"修改"面板→"分解"按钮，将内部的矩形分解，将左侧的线向右偏移 15 000mm。

4）单击功能区"常用"选项卡→"绘图"面板→"多段线"按钮，以上面得到的矩形为轴线重新绘制矩形框，线宽为 3000mm，如图 8-12 所示。

5）使用"直线"和"偏移"工具按钮，绘制图框下面的标题栏，如图 8-13 所示。

6）单击功能区"常用"选项卡→"修改"面板→"修剪"按钮，选择修剪对象，按〈Enter〉键后，选择被修剪对象，效果如图 8-14 所示。

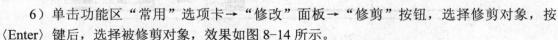

图 8-12　用多段线绘制线框

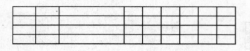

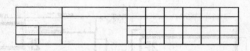

图 8-13　绘制矩形线框　　　　　　　　　　图 8-14　修剪线框

7）单击功能区"常用"选项卡→"绘图"面板→"多段线"按钮，设置多段线的宽度为 1000mm，然后进行绘制，如图 8-15 所示。

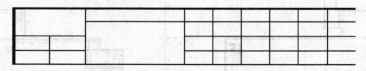

图 8-15　绘制多段线

8）单击功能区"注释"选项卡→"文字"面板→"单行文字"按钮，在标题栏中添加文字，如图 8-16 所示。

沂水县马站镇杨家被子社区便民超市		审　定		专业负责人		图　号	
		审		复核		专业	建施
资质证书编号	总平面图	鉴(厂)审		设计		日期	2010.07
注册师印章编号		项目负责人		绘图		第1张	共8张

图 8-16　添加文字

9）单击功能区"常用"选项卡→"修改"面板→"移动"按钮，选择标题框，将其移动到图框的适当位置，并将绘制好的总平面图插入到图框中，调整其大小适应图框大小，然后根据需要在标题框中填写需要的工程名、图名等，如图 8-17 所示。

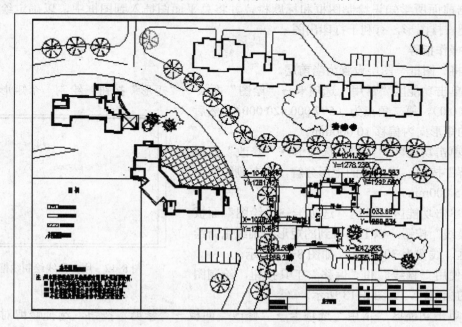

图 8-17　添加图框和标题栏

8.4 思考与练习

1. 总平面图是怎样产生的？
2. 总平面图的绘制内容有哪些？绘制比例怎样确定？
3. 总平面图中常见的符号和图例有哪些？怎样绘制？
4. 简述总平面图的绘制步骤。
5. 结合自己的实际工作，绘制一张建筑总平面图或居住区规划图，比例为 1:5000～1:1000。

第 9 章　建筑施工图的绘制

房屋是供人们生活、生产、工作、学习和娱乐的场所。将一幢拟建房屋的内、外形状和大小，以及各部分的结构、构造、装修、设备等内容，按照国家标准的规定，用正投影方法，详细准确地画出的图样，称为"房屋建筑图"。它是用于指导施工的一套图纸，所以又称为"施工图"。

房屋的建造一般经过设计和施工两个过程，而设计工作又分为 3 个阶段：方案设计、初步设计和施工图设计。方案设计人员根据建设单位提出的设计任务和要求进行调查研究，收集必要的设计资料，提出方案，确定平面、立面和剖面等图样，表达出设计意图。方案确定后进一步解决建筑、结构、设备等各个工种之间的配合及技术问题，做进一步修改。初步设计图的内容主要包括总平面布置图、建筑平面图、立面图及剖面图。初步设计图经过有关部门的审批，批准后才到施工图设计阶段。施工图设计是按照建筑、结构和设备各专业分别完整地绘制所设计的全套房屋施工图，将施工中所需要的具体要求，都明确反映到图纸上。所以，建筑施工图主要包括建筑平面图、建筑立面图、建筑剖面图、建筑详图等。

本章重点
- 绘制建筑平面图
- 绘制建筑立面图
- 绘制建筑剖面图
- 绘制建筑详图

9.1　建筑平面图概述

建筑平面图是建筑施工图中最重要、最基本的图样之一，其他图纸（如立面图、剖面图及某些详图）多是以它为依据派生和深化而成的。建筑平面图也是其他工种（如结构、设备、装修）进行相关设计与制图的主要依据，其他工种（特别是结构与设备）对建筑的技术要求主要在平面图中表示，如墙厚、柱子断面尺寸、管道竖井、留洞、地沟、地坑、明沟等。同时，平面图的绘制也是建筑制图中最为重要的一步，是一项综合性很强的工作。

9.1.1　建筑平面图的形成及特点

建筑平面图的形成是假想用一水平的剖切面，沿门窗洞口的位置将房屋剖切后，对剖切面以下的部分房屋所做出的水平剖面图。它反映出房屋的平面形状、大小，房间的布置，墙（或柱）的位置、厚度和材料，门窗的类型和位置等情况。

建筑平面图通常是以层次来命名的，如底层平面图、二层平面图、顶层平面图等。如果一幢多层房屋的各层平面布置都不相同，应画出各层的建筑平面图，并在每个图的下方注明相应的图名和比例。如果各层的房间数量、大小和布置都相同，则这些相同的楼层可用一个平面图表示，称为标准层平面图。如果建筑平面图左右对称，则习惯上也可将两层平面图合并画在同一个图上，左边画出一层的一半，右边画出另一层的一半，中间用对称线分界，在对称线两端画上对称符号，并在图的下方分别注明它们的图名。

屋顶平面图是房屋顶部按俯视方向在水平投影面上所得到的正投影图，由于屋顶平面图比较简单，常常采用较小的比例绘制。在屋顶平面图中应详细表示有关定位轴线、屋顶的形状、女儿墙（或檐口）、天沟、变形缝、天窗、详图索引符号、分水线、上人孔、屋面、水箱、屋面的排水方向与坡度、雨水口的位置、检修梯、其他构筑物、标高等。此外，还应画出顶层平面图中未表明的顶层阳台雨篷、遮阳板等构件。

局部平面图可用于表示两层或两层以上合用平面图中的局部不同之处，也可用来将平面图中的某个局部以较大的比例另外画出，以便能较为清晰地表示出室内一些固定设施的形状，以及标注它们的细部尺寸和定位尺寸。这些房屋的局部主要指卫生间、厨房、楼梯间、高层建筑的核心筒、人防口部、汽车库坡道等。

9.1.2 建筑平面图的内容

某住宅建筑平面图如图 9-1 所示，其包括的主要内容如下。

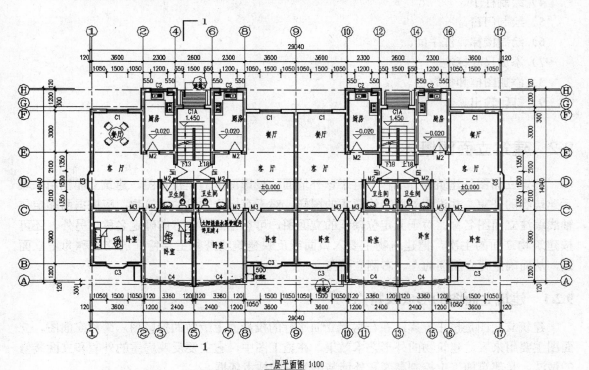

一层平面图 1:100

图 9-1 某住宅建筑平面图

1）某一层的平面形状，房间的位置、大小、用途以及相互之间的关系。

2）房间的名称、墙体、柱、墩、内外门窗位置及编号。

3）室内外的有关尺寸及室内楼、地面和室外地面的标高（底层地面为±0.000）。

4）电梯、楼梯位置及楼梯上下方向和主要尺寸。

5）阳台、雨篷、踏步、斜坡、管线竖井、窗台、消防梯、散水、排水沟、花池等位置及尺寸。

6）固定的卫生器具、水池、工作台、橱、柜、隔断等设施及重要设备位置。

7）标注有关部位上节点详图的索引符号。

8）在底层平面图附近画出指北针，指北针、散水、明沟、花池等在其他楼层平面图中不再重复画出。

9）图名和绘制比例。

9.1.3　建筑平面图的一般绘制过程

不同建筑平面图所包含的内容不尽相同，其图形也是不规则的，在此介绍用 AutoCAD 绘制建筑平面图的一般过程，其绘制的一般过程如下。

1）建立绘图环境。

2）绘制定位轴线。

3）绘制墙线。

4）绘制柱子。

5）绘制门窗。

6）绘制楼梯、洗手间。

7）添加尺寸标注。

8）添加图框和标题栏。

9）打印输出。

9.2　建筑立面图概述

建筑立面图是建筑物外墙在平行于该外墙面的投影面上的正投影图，建筑立面图用来表示建筑物的外貌，并说明外墙装饰要求的图样。对于有定位轴线的建筑物，应根据两端定位轴线编注立面图名称；对于无定位轴线的立面图，可按平面图的方向确定名称。另外，还可按建筑物立面的主次，把建筑物主要入口面或反映建筑物外貌主要特征的立面称为正立面图，从而确定背立面图的左、右侧立面图。

9.2.1　建筑立面图的形成及特点

建筑立面图是按正投影法在与房屋立面平行的投影面上所做的投影图，简称立面图。立面图主要用来表达建筑物的外形艺术效果，在施工图中，它主要反映房屋的外貌和立面装修的做法，是建筑施工中控制高度和外墙装饰效果的技术依据。

立面图应包括投影方向可见的建筑外轮廓线和墙面线脚、构配件、外墙面做法，以及必要的尺寸与标高等。按投影原理，立面图上应将立面上所有看得见的细部都表示出来。但由于立面图的比例较小，如门窗扇、檐口构造、阳台栏杆和墙面复杂的装修等细部，往往只用图例表示。它们的构造和做法，都另有详图或文字说明。因此，立面图上相同的门窗、阳台、外檐装修、构造作法等可在局部重点表示，绘出其完整图形，其余部分都可简化，只画出轮廓线。

较简单的对称式建筑物或对称的构配件等，在不影响构造处理和施工的情况下，立面图可绘制一半，并在对称轴线处画对称符号。这种画法，由于建筑物的外形不完整，故较少采用。前后或左右完全相同的立面，可以只画一个，另一个注明即可。

平面形状曲折的建筑物，可绘制展开立面图，圆形或多边形平面的建筑物，可分段展开绘制立面图，但均应在图名后加注"展开"二字。前后立面重叠时，前者的外轮廓线宜向外侧加粗，以示区别。立面图上的外墙表面分格线应表示清楚，用文字说明各部位所用材料及色彩。门窗洞口轮廓线宜粗于外墙表面分格线，以使立面更加清晰。对于平面为"回"字形的房屋，其内部院落的局部立面，可在相关剖面图上附带表示，如剖面图未能表示完全，则需单独绘出。

9.2.2　建筑立面图的内容

如图 9-2 所示为某住宅立面图。建筑立面图包括的主要内容如下。

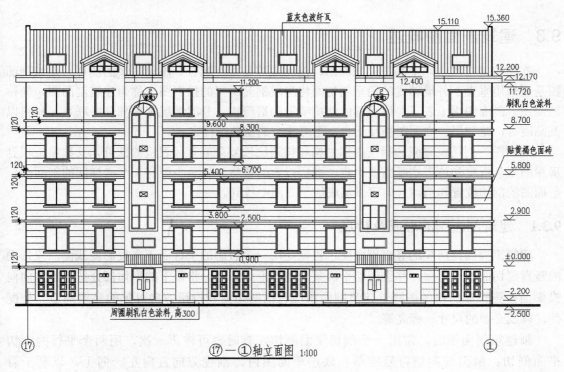

图 9-2　某住宅立面图

1）建筑物两端轴线编号，以及图名、比例。

2）女儿墙顶、檐口、柱、变形缝、阳台、栏杆、台阶、坡道、花台、雨篷、线条、烟囱、勒脚、门窗、洞口、雨水管，其他装饰构件和粉刷分格线示意等。

3）外墙的留洞应注尺寸与标高（宽×高×深及关系尺寸）。

4）建筑物立面造型、大小。

5）各部分构造、装饰节点详图索引、用料名称或符号。

6）建筑物立面的标高。

9.2.3 建筑立面图的一般绘制过程

在 AutoCAD 中，建筑立面图的绘制大致划分为以下几个步骤。

1）建立绘图环境。

2）绘制定位轴线。

3）绘制外墙面构件轮廓线。

4）绘制各建筑构配件的可见轮廓。

5）绘制门窗。

6）绘制建筑物细部。

7）添加尺寸标注。

8）添加图框和标题栏。

9）打印输出。

9.3 建筑剖面图概述

在建筑施工图中，平面图、立面图、剖面图等是相互配合、不可缺少的图样。建筑剖面图是假想用垂直于外墙轴线的铅垂剖切面将房屋剖开所得的投影图，称为建筑剖面图，简称剖面图。剖面图用于表示房屋内部的结构或者构造形式、分层情况和各部分的联系、材料以及高度等，是与平、立面图相互配合、不可缺少的重要图样之一。

剖面图的剖切位置应选择在内部结构和构造比较复杂或有代表性的部位，其数量应根据房屋的复杂程度和施工实际需要而定。两层以上的楼房一般至少要有一个楼梯间的剖面图。剖面图的剖切位置和剖切方向可以从底层平面图中找到。

9.3.1 建筑剖面图的形成及特点

建筑剖面图是房屋的竖直剖面图，也就是用一个假想的平行于正立投影面或侧立投影面的竖直剖切面剖开房屋，移去剖切平面某一侧的形体部分，将留下的形体部分按剖视方向向投影面做正投影所得的图样。建筑剖面图应包括剖切面和投影方向可见的建筑构造、构配件，以及必要的尺寸、标高等。

画建筑剖面图时，常用一个剖切平面剖切，有时也可转折一次，用两个平行的剖切平面剖切；剖面的剖切符号应画在底层平面图内，剖视方向宜向左、向上，以利于看图；剖切部位应根据图纸的用途或设计深度，在平面图上选择能反映全貌、构造特征以及有代表性的部位剖切，如选在层高不同、层数不同、内外空间比较复杂或典型的部位，并经常通过门窗洞和楼梯剖切。习惯上，剖面图不画出基础的大放脚，墙的断面只需画到地坪线以下适当的地方，画断开线断开就可以了，断开以下的部分将由房屋结构施工图的基础图表明。

9.3.2 建筑剖面图的内容

如图 9-3 所示为某住宅建筑剖面图，建筑剖面图包括的主要内容如下。

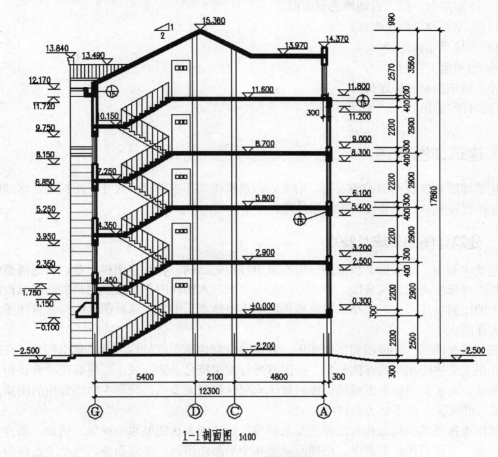

图 9-3 某住宅建筑剖面图

1）墙、柱、轴线及轴线编号。
2）建筑物内部分层情况。
3）剖切到的各部位的位置、形状和相互关系。
4）未剖切到的各部位的可见部分。
5）建筑物标高、构配件尺寸、建筑剖面图文字说明。
6）节点构造详图索引符号。

9.3.3 建筑剖面图的一般绘制过程

在 AutoCAD 中，建筑剖面图的绘制过程如下。
1）建立绘图环境。
2）绘制辅助线。
3）绘制地坪线、各层楼面线。

4）绘制墙线及屋顶轮廓线。

5）绘制楼梯及休息平台。

6）绘制阳台、门、窗洞口的剖面图。

7）绘制各种梁的轮廓线。

8）添加尺寸标注。

9）绘制索引符号。

10）添加图框和标题栏。

11）打印输出。

9.4 建筑详图概述

建筑详图是建筑细部的施工图，用来表达建筑物局部的形状、尺寸、用料等。这些图的绘制往往比较复杂，需要较高的绘图技巧。

9.4.1 建筑详图的形成及特点

建筑平面图、立面图、剖面图一般都采用较小的比例，在这些图样上难以表达清楚建筑物的某些局部构造或建筑装饰，必须专门绘制比例较大的详图，对这些建筑的细部或构配件用较大的比例将其形状、大小、材料和作法等详细地表示出来，这种图样称为建筑详图，也称为大样图。

在建筑平面图、立面图和剖面图中，凡需要绘制详图的部位均应画上索引符号，在所画出的详图上应注明相应的详图符号。详图符号与索引符号必须一致，以便看图时查找相互有关的图纸。对于套用标准图或通用图的建筑构配件和剖面节点，只需注明所套用的图集的名称、编号和页次，而不必另画详图。

详图根据细部的构造和构配件的复杂程度，按清晰表达的要求来确定。例如：墙身节点图只需画一个剖面详图来表示；楼梯间宜用几个平面详图和一个剖面图、几个节点详图来表示；门窗则常用立面详图和若干个剖面或断面详图来表示。详图的数量与房屋的复杂程度以及平、立、剖面图的内容、比例有关。详图的特点：一是用较大的比例绘制，二是尺寸标注齐全，三是构造、作法、用料等详细清楚。

9.4.2 建筑详图的内容

建筑详图主要可分为构造详图、配件和设施详图及装饰详图三大类。构造详图是指屋面、墙身内外装饰、吊顶、地面、地沟、地下工程防水、楼梯等建筑部位的用料和构造作法。配件和设施详图是指门、窗、幕墙等的用料、尺寸和构造。装饰详图是指为美化室内外环境和视觉效果，在建筑物上所做的艺术处理，如花格窗、柱头、壁饰、地面图案的纹样、用材、尺寸、构造等。

9.4.3 建筑详图的一般绘制过程

在绘制完建筑平、立、剖面图后，利用 AutoCAD 2012 绘制建筑详图就比较简单了。其绘制过程如下。

1）建立绘图环境。

2）提取绘图元素，并做必要的编辑修改。

3）进行尺寸标注。

4）添加文字注释。

5）添加图框和标题栏。

9.5 实训操作

9.5.1 绘制建筑平面图

运用本章所学知识，绘制一住宅建筑平面图，如图 9-4 所示，要注意绘制建筑平面图的具体步骤。

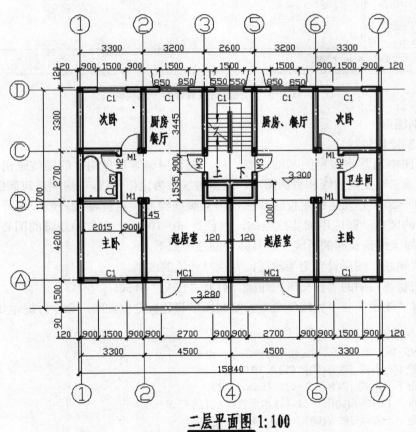

图 9-4 住宅建筑平面图

1. 设置图形单位和绘图边界

在本例中采用足尺寸作图，选用 A2 图纸大小，设置的绘图范围是宽 42 000、长 59 400。

2．设置图层

用户可以依次创建"墙"、"轴线"、"标注"、"窗"、"楼梯"、"门"等图层，如图 9-5 所示。

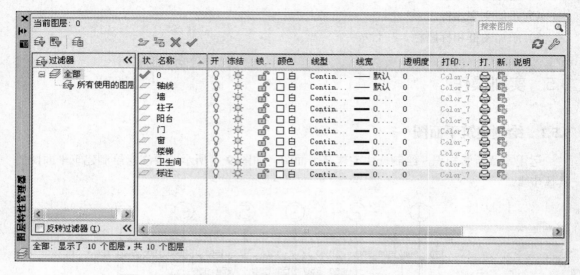

图 9-5　"图层特性管理器"选项板

3．绘制图形

（1）绘制定位轴线

在施工图中通常将房屋的基础、墙、柱、墩和屋架等承重构件的轴线画出，并进行编号，以便于施工时定位放线和查阅图纸，这些轴线称为定位轴线。《房屋建筑制图统一标准》（GB/T50001－2010）规定：定位轴线应用细点画线绘制。定位轴线一般应编号，编号注写在轴线端部的圆内。圆应用细实线绘制，直径为 8～10mm。定位轴线圆的圆心，应在定位轴线的延长线上或延长线的折线上。具体绘制过程如下。

1）将"轴线"图层设置为当前层，并选择合适的线型。

2）单击状态栏中的"正交"按钮█，打开"正交"开关。

3）选择"绘图"→"直线"命令，绘制水平和竖直定位轴线，命令行提示如下。

```
命令:line
LINE 指定第一点:（指定绘图区中的某一点）
指定下一点或 [放弃(U)]:（输入 19 000）
指定下一点或 [放弃(U)]:（按〈Enter〉键）
命令： LINE 指定第一点:（在水平直线左上方任选一点）
指定下一点或 [放弃(U)]:（输入 14 000）
指定下一点或 [放弃(U)]:（按〈Enter〉键）
```

4）选择"修改"→"偏移"命令，将水平直线按照所设计的尺寸偏移 3300。重复"偏移"命令，偏移距离分别为 2700、4200、1500，结果如图 9-6 所示。

5）选择"修改"→"偏移"命令，将竖直直线按照所设计的尺寸偏移 3300。重复"偏移"命令，偏移距离分别为 3200、1300、1300、3200、3300，结果如图 9-7 所示。

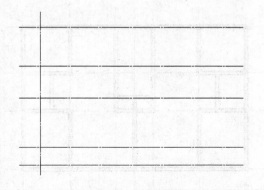

图 9-6 偏移水平轴线   图 9-7 轴线绘制结果

（2）绘制墙线

墙是建筑物的承重构件和围护构件。作为承重构件，墙承受着建筑物由屋顶或楼板层传来的荷载，并将这些荷载再传给基础；作为围护构件，外墙起着抵御自然界中各种因素对室内侵袭的作用，内墙起着分隔空间、组成房间、隔声、遮挡视线及保证室内环境舒适的作用。墙体要有足够的强度、稳定性，以及良好的保温、隔热、隔声、防火、防水等能力。

墙线的绘制一般有两种方法：一种是利用"直线"命令绘制一侧墙线，再利用"偏移"命令绘制另一侧墙线；另一种方法是利用"多线"命令绘制墙体，然后对多线进行编辑，修正墙线。本例采用第二种方法。

1）将"墙"图层设置为当前层，同时打开"草图设置"对话框的"对象捕捉"选项卡中的"端点"、"中点"、"交点"对象捕捉方式，如图 9-8 所示。

2）选择"绘图"→"多线"命令，命令行提示如下。

```
命令命令: _mline
当前设置: 对正 = 上，比例 = 20.00，样式 = STANDARD
指定起点或 [对正(J)/比例(S)/样式(ST)]:s（输入 s）
输入多线比例<20.00>: 240（输入墙的宽度）
当前设置: 对正 = 上，比例 = 240.00，样式 = STANDARD
指定起点或 [对正(J)/比例(S)/样式(ST)]:j（输入 j）
输入对正类型 [上(T)/无(Z)/下(B)] <无>: z（输入对正模式 z）
当前设置: 对正 = 无，比例 = 240.00，样式 = STANDARD
指定起点或 [对正(J)/比例(S)/样式(ST)]:（捕捉定位轴线交点）
指定下一点:（捕捉下一个定位轴线交点）
指定下一点或[放弃(U)]:
指定下一点或[闭合(C)/放弃(U)]:（按〈Enter〉键结束）
```

3）用同样的方法绘制其他墙线，当墙线的宽度发生变化时，应注意调整多线的比例，对于不经过轴线的墙体，应绘制辅助线进行定位，绘制完成的墙线如图 9-9 所示。

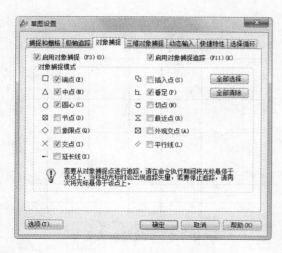

图 9-8 "对象捕捉"选项卡

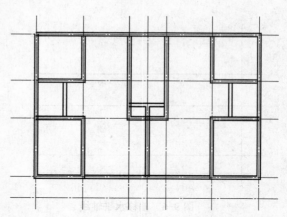

图 9-9 绘制完成的墙线

4）对墙线进行编辑。图 9-9 中所绘制的墙线，在交角处尚不完善，因此需要对墙线进行修改。选择"修改"→"对象"→"多线"命令，弹出"多线编辑工具"对话框，如图 9-10 所示。用户可以在该对话框中选择多线交点样式，例如角点处采用"角点结合" ⌐ 样式，T 形相交处采用"T 形闭合" ⊤ 样式等，对墙线进行编辑。编辑后的墙线如图 9-11 所示。

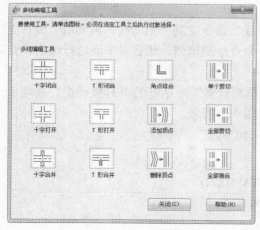

图 9-10 "多线编辑工具"对话框

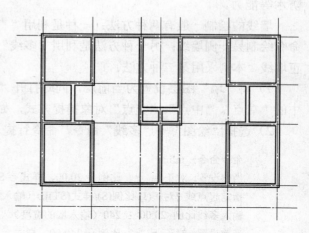

图 9-11 编辑后的墙线

（3）绘制柱子

柱子是房屋中的承重构件。在本例中其尺寸为 240mm×240mm，用户可以使用"矩形"命令绘制一个正方形，然后使用"填充"命令对正方形进行填充。

1）将"柱子"图层设置为当前层。

2）选择"绘图"→"矩形"命令，绘制正方形，命令行提示如下。

命令:RECTANG
指定第一个角点或 [倒角(C)/标高(E)/圆角(F)/厚度(T)/宽度(W)]:（指定第一个角点）
指定另一个角点或 [面积(A)/尺寸(D)/旋转(R)]:（输入 d，然后按〈Enter〉键）

指定矩形的长度 <10.0000>:（输入 240，然后按〈Enter〉键）

指定矩形的宽度 <10.0000>:（输入 240，按〈Enter〉键后即在指定的位置绘制出一个正方形）

3）选择"绘图"→"图案填充"命令，打开"图案填充创建"选项卡。选择"图案"面板中的 SOLID 图案，在正方形轮廓内单击，然后按〈Enter〉键，完成图案填充。

4）选择"修改"→"复制"命令，将填充完的柱子依次复制每个角点，绘制结果如图9-12 所示。

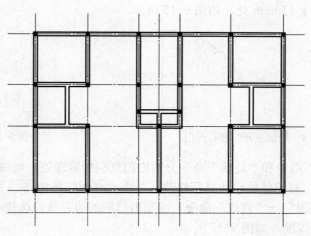

图 9-12　柱子绘制完成

（4）绘制阳台

在本例中，只有位于南向的阳台。

1）选择"绘图"→"多线"命令，对阳台采用"180"的宽度来绘制。

2）阳台线的编辑。在命令提示符下输入 Mledit 命令，弹出"多线编辑工具"对话框，采用"T 形闭合"⊤᥈样式，对阳台线进行编辑。编辑后的阳台如图9-13 所示。

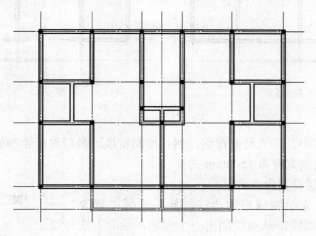

图 9-13　阳台绘制完成

（5）绘制门

根据建筑制图标准，门窗都是有固定尺寸的。在本例中只有一种门，宽为 900mm。因开启方向不同，门又分为左开门、右开门。为了绘图方便，可以先绘制出两种门的图形，然后将其设置为块，在使用时将其插入到图中。

1）将"门"图层设置为当前层。

2）选择"绘图"→"矩形"命令，绘制一个长为 900mm、宽为 45mm 的矩形作为门板，然后绘制 1/4 圆弧，形成左开门和右开门，如图 9-14 所示。

3）选择"绘图"→"块"→"创建"命令，将所绘制的门分别创建成名为"M1"和"M2"的块，基点定于 120mm 处，如图 9-15 所示。

图 9-14 绘制左开门和右开门   图 9-15 创建块

4）利用"复制"命令和"旋转"命令分别把门复制到墙跺处，如图 9-16 所示。

5）绘制完门后，对门处的墙线进行修改。单击"分解"按钮，把绘制墙线的多线分解开。然后选择"绘图"→"直线"命令，绘制出门洞的边界线，选择"修改"→"修剪"命令，裁减掉多余的线段，如图 9-17 所示。

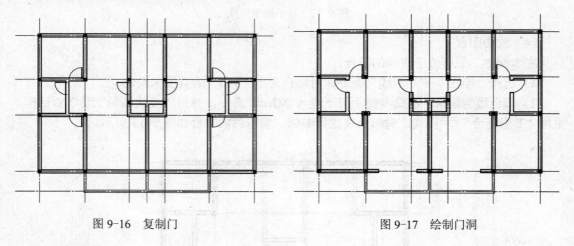

图 9-16 复制门   图 9-17 绘制门洞

（6）绘制窗

在绘制窗的过程中，应先绘制窗洞，然后绘制窗线，最后将所绘制的完整的窗复制到窗洞中。本例子中只绘制宽度为 1500mm 的窗。

1）将"窗"图层设置为当前层。

2）绘制窗洞。先绘制窗户的边线，然后选择"修改"→"修剪"命令，修剪墙线，从而绘制出一个窗洞，绘制方法与绘制门洞类似。结果如图 9-18 所示。

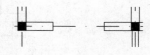

图 9-18 绘制窗洞

3）采用同样的方法，绘制其他窗洞，结果如图 9-19 所示。

4）绘制窗线。窗线的尺寸为 1500mm×240mm，利用"Divide"命令将窗户边线三等分，然后连接各个等分点，如图 9-20 所示。

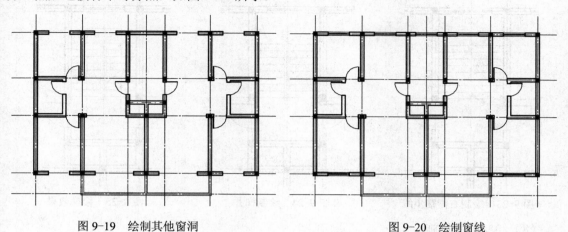

图 9-19　绘制其他窗洞　　　　　　　　　　　　　　图 9-20　绘制窗线

（7）绘制楼梯

楼梯是建筑中的垂直交通设施。本例中的楼梯是双跑楼梯，各部分具体尺寸为：休息平台宽 1180mm，梯段宽 1080mm，踏步宽 250mm，中间为宽 200mm 的梯井。

1）将"楼梯"图层设置为当前层。

2）选择"绘图"→"直线"命令，绘制楼梯踏步线，如图 9-21 所示。

3）选择"修改"→"偏移"命令，将楼梯踏步线向下偏移 250mm，共偏移 8 次，结果如图 9-22 所示。

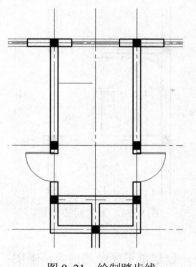　　　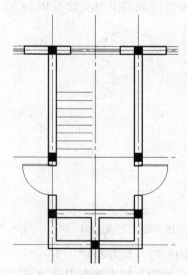

图 9-21　绘制踏步线　　　　　　　　　　　　　图 9-22　偏移一侧踏步线

4）选择"修改"→"镜像"命令，绘制右侧踏步线，结果如图 9-23 所示。

5）利用"矩形"和"偏移"命令绘制梯井，结果如图 9-24 所示。

6）利用"直线"和"多线段"命令绘制楼梯的起跑方向线和剖断线。绘制完的楼梯如图 9-25 所示。

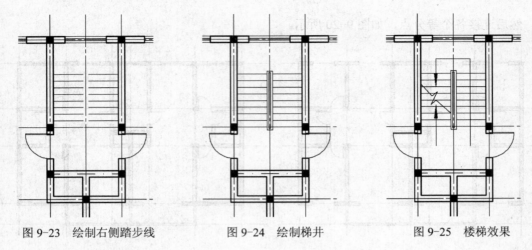

图 9-23　绘制右侧踏步线　　　　　图 9-24　绘制梯井　　　　　图 9-25　楼梯效果

（8）绘制卫生设施

卫生设施一般包括坐便器、洗面盆、浴盆等。

1）将"卫生间"图层设置为当前层。

2）绘制浴盆。本例中的浴盆由一个 1900mm×840mm 的矩形，外接一个半径为 420mm 的半圆所组成，如图 9-26 所示。

3）绘制坐便器。先绘制一个矩形表示水箱，然后绘制一个外接圆弧的矩形表示便槽。绘制结果如图 9-27 所示。

4）绘制洗面盆。先绘制一个矩形，然后在矩形中间绘制一个椭圆形和圆形的出水孔洞。绘制完成的卫生间如图 9-28 所示。

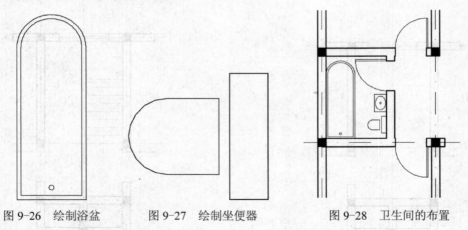

图 9-26　绘制浴盆　　　　图 9-27　绘制坐便器　　　　图 9-28　卫生间的布置

（9）进行尺寸标注

在绘制完的平面图中需要进行尺寸标注和文字注释，使建筑平面图的内容清晰明了，方便识图。

1）将"标注"图层设置为当前层。

2）设置尺寸标注样式。

3）选择"标注"→"线性"命令，标注水平第一道尺寸线，然后选择"标注"→"连续"命令，标注同一侧的其他轴线。结果如图 9-29 所示。

图 9-29　第一道尺寸线的标注

4）标注第二、第三道尺寸线，结果如图 9-30 所示。

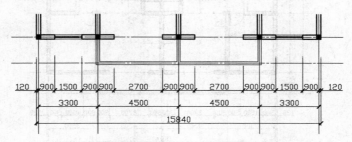

图 9-30　第二、三道尺寸线的标注

5）用同样的方法标注上部水平尺寸、左侧外墙尺寸及部分内部尺寸，结果如图 9-31 所示。

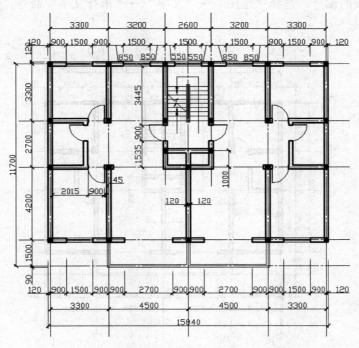

图 9-31　其他尺寸的标注

6）绘制轴线符号。平面图上定位轴线的编号，横向编号应用阿拉伯数字，从左到右顺序编写，竖向编号应用大写拉丁字母，从下到上顺序编写。拉丁字母的 I、Z、O 不得作为编号，以免与数字 1、2、0 混淆。编号应写在定位轴线端部的圆内，圆的直径为 800～1000mm，横向、竖向的圆的圆心各自对齐在一条线上，如图 9-32 所示。

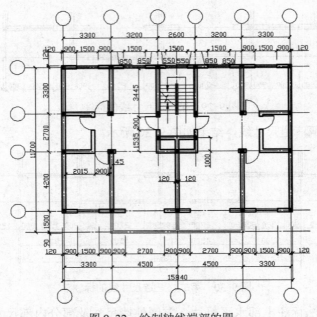

图 9-32　绘制轴线端部的圆

7）填写轴线的编号。选择"绘图"→"文字"→"单行文字"命令，编辑字体，如图 9-33 所示。

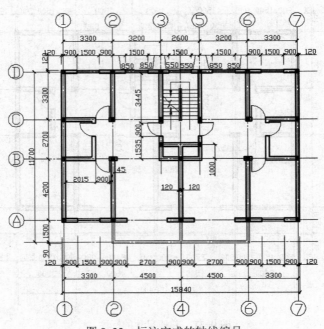

图 9-33　标注完成的轴线编号

（10）进行文字注释

文字注释包括图名、比例、房间的名称、门窗代号、标高符号、楼梯说明及其他文字说明等。

1）选择"格式"→"文字样式"命令，弹出"文字样式"对话框，设置文字样式。在

"字体"选项组的"SHX 字体"下拉列表中选择"txt.shx",将字体高度设置为 500,宽度因子修改为 0.7000,如图 9-34 所示。然后单击"新建"按钮,弹出"新建文字样式"对话框,如图 9-35 所示,设置样式名后单击"确定"按钮,系统返回到"文字样式"对话框,单击"关闭"按钮,完成设置。

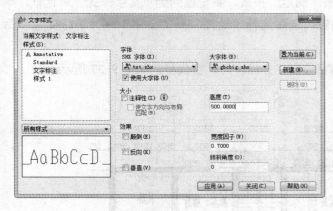

图 9-34 "文字样式"对话框   图 9-35 "新建文字样式"对话框

2)选择"绘图"→"文字"→"单行文字"命令,标注文字。命令行提示如下。

命令: _dtext
当前文字样式: 文字标注 当前文字高度: 700.0000
指定文字的起点或 [对正(J)/样式(S)]: (指定文字的起点)
指定文字的旋转角度 <0>: (按〈Enter〉键后,在绘图区域内出现动态文字输入框,在输入框中输入"主卧",完成一个房间名称的标注)

3)将"主卧"复制到其他各房间内,并进行文字的修改编辑,结果如图 9-36 所示。

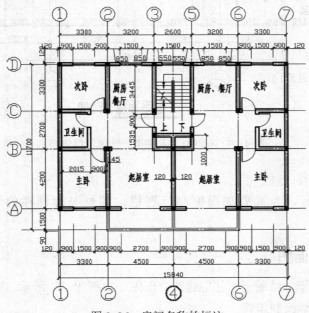

图 9-36 房间名称的标注

4）标注标高。标高符号的高度为300mm，标高数字的样式与尺寸标注相同。

5）选择"格式"→"文字样式"命令，弹出"文字样式"对话框，标注图名和比例。在此将字体高度设置为 700，宽度因子修改为 0.7000，然后单击"新建"按钮，弹出"新建文字样式"对话框，设置样式名后单击"确定"按钮，系统返回到"文字样式"对话框，单击"关闭"按钮，完成图名字体的设置。最后选择"绘图"→"文字"→"单行文字"命令，标注图名和比例。

6）将南阳台与起居室之间的门和窗绘出，并标注门、窗代号，如图 9-37 所示。

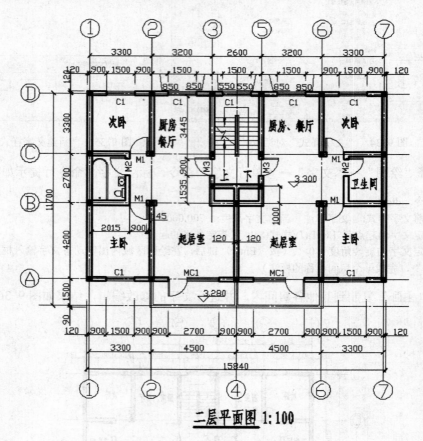

图 9-37　标注标高和图名、比例、门窗等

（11）添加图框和标题栏

绘制完平面图后，为其添加图框和标题栏。图框与标题栏的绘制方法在此不再赘述。

9.5.2　绘制建筑立面图

运用本章所学知识，绘制一个住宅建筑立面图，如图 9-38 所示。在绘制的过程中，要注意建筑立面图的具体绘制步骤。

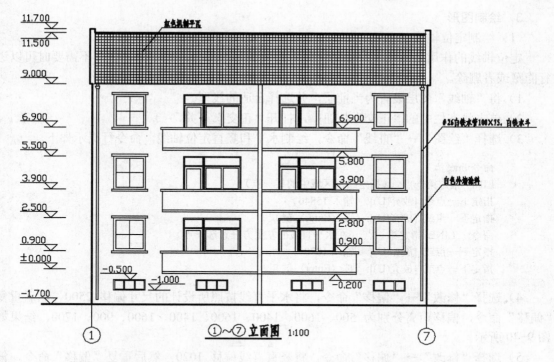

图 9-38　住宅建筑立面图

1．设置图形单位和绘图边界

本例采用足尺寸作图，选用 A2 图纸大小，设置的绘图范围是长 42 000mm、宽 29 700mm。

2．设置图层

用户可以采用 9.5.1 节的方法依次创建"装饰"、"轴线"、"标注"、"墙"、"轮廓线、地坪线"、"门"等图层，如图 9-39 所示。

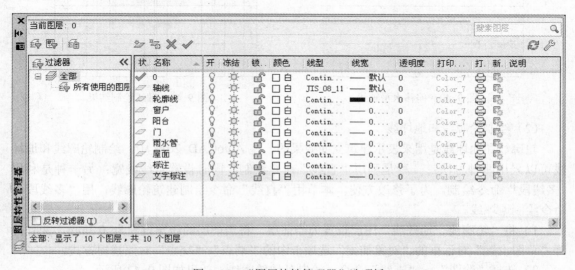

图 9-39　"图层特性管理器"选项板

3．绘制图形

（1）绘制定位轴线

定位轴线的作用是方便用户在绘图时对建筑的各个部分准确定位，在其不需要时可以进行隐藏或者删除。

1）将"轴线"图层设置为当前层，并选择合适的线型。

2）单击状态栏中的"正交"按钮□，打开"正交"开关。

3）选择"绘图"→"直线"命令，绘制水平和竖直定位轴线，命令行提示如下。

命令:line
LINE 指定第一点：（指定绘图区域中的某一点）
指定下一点或 [放弃(U)]：（输入 15840）
指定下一点或 [放弃(U)]：（按〈Enter〉键）
命令： LINE 指定第一点：（在水平直线的左上方任意选一点）
指定下一点或 [放弃(U)]：（输入 10700）
指定下一点或 [放弃(U)]：（按〈Enter〉键）

4）选择"修改"→"偏移"命令，将水平直线按照所设计的尺寸偏移 2500。然后重复"偏移"命令，偏移距离分别为 500、1600、1400、1600、1400、1600、900、1700，结果如图 9-40 所示。

5）选择"修改"→"偏移"命令，将竖直直线偏移 1020。然后重复"偏移"命令，偏移距离分别为 1500、810、990、2700、810、180、810、2700、990、810、1500、1020，结果如图 9-41 所示。

图 9-40　偏移水平轴线

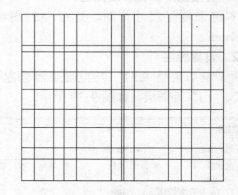

图 9-41　轴线绘制结果

（2）绘制轮廓线和地坪线

轮廓线和地坪线是用来表示建筑立面效果的。在 AutoCAD 2012 中，绘制轮廓线和地坪线可以采用两种方法：一种是利用"直线"命令绘制，同时设置直线线宽；另一种是利用"多线段"命令绘制。为了修改方便，本节用"直线"命令绘制建筑轮廓线，用"多线段"命令绘制地坪线。

1）将"轮廓线、地坪线"图层设置为当前层。将当前层的线宽设置为 0.3mm，并且打开"草图设置"对话框的"对象捕捉"选项卡中的"端点"、"交点"对象捕捉方式。

2）选择"绘图"→"直线"命令，绘制外墙轮廓线，效果如图 9-42 所示。

3）选择"绘图"→"多段线"命令，绘制地坪线。结果如图 9-43 所示。

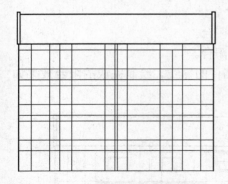

图 9-42　绘制外墙轮廓线

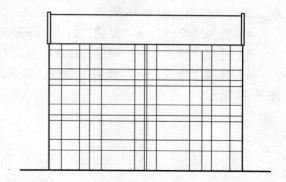

图 9-43　绘制地坪线

（3）绘制窗户

窗户是建筑立面中重要的组成部分，它反映了建筑物的采光形式。在绘制之前，应先观察该立面有几种窗户类型以及它们的位置。在本例中，共有 3 种窗户。下面以 1500mm×1600mm 窗户为例介绍窗户的绘制方法。

1）将"窗户"图层设置为当前层，并且打开"草图设置"对话框的"对象捕捉"选项卡中的"端点"、"中点"对象捕捉方式。

2）选择"绘图"→"直线"命令，绘制窗户的外轮廓线。

3）选择"修改"→"偏移"命令，完善窗户的内轮廓线。

4）选择"修改"→"修剪"命令，对内、外辅助线进行修剪。结果如图 9-44 所示。

5）采用同样的方法绘制另两种样式的窗户。

6）将绘制完成的窗户插入到合适的位置。绘制完成的效果如图 9-45 所示。

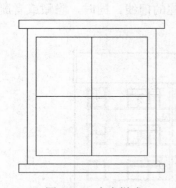

图 9-44　窗户样式

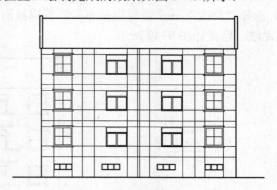

图 9-45　绘制完成的窗户立面图

（4）绘制阳台

在本立面图中，三层共有 6 个尺寸为 4500mm×1100mm 的阳台。在绘图过程中，可以先绘制一个阳台，然后利用"镜像"命令把阳台复制到其他合适的位置。

1）将"阳台"图层设置为当前层。

2）选择"绘图"→"矩形"命令，绘制阳台 4500mm×100mm 的底板和 4600mm×100mm 的上边扶手。

3）选择"绘图"→"直线"命令，连接底板和扶手，绘制 4500mm×900mm 的阳台挡板。阳台的效果如图 9-46 所示。

4）选择"修改"→"复制"命令，在竖向复制两个阳台。

5）选择"修改"→"镜像"命令，复制右侧的 3 个阳台。

6）选择"修改"→"修剪"命令，修剪掉被阳台挡住的窗线。绘制完成的阳台效果如图 9-47 所示。

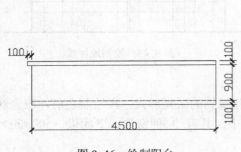

图 9-46　绘制阳台

图 9-47　完成阳台绘制的立面图

（5）绘制门

在立面图中，门也是一个重要的组成部分。门的绘制过程与窗户类似，在绘制之前，应先观察有几种类型的门及其位置。在本立面中，只有一种门。

1）将"门"图层设置为当前层。

2）利用"直线"命令和"矩形"命令完成门的绘制，结果如图 9-48 所示。

3）选择"修改"→"复制"命令，将门复制到适当的位置。

4）选择"修改"→"修剪"命令，修剪掉被阳台挡住的门线。同时，隐藏或者删除所有的辅助线。结果如图 9-49 所示。

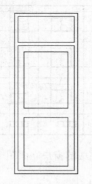

图 9-48　门的效果

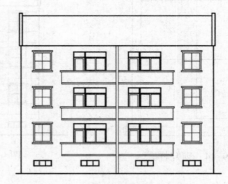

图 9-49　绘制完门的效果

（6）绘制雨水管

雨水管是排除屋顶雨水的管道。通常，雨水管的上部是梯形漏斗，下部为细长管道。

1）将"雨水管"图层设置为当前层。

2）选择"格式"→"多线样式"命令，弹出"多线样式"对话框，然后单击"修改"

按钮，弹出"修改多线样式"对话框，对"Standard"样式进行修改，参数设置如图 9-50 所示。

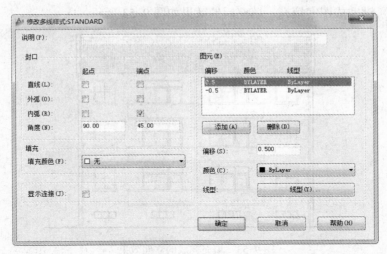

图 9-50　"修改多线样式"对话框

3）选择"绘图"→"多线"命令，并结合"直线"命令绘制雨水管。雨水管绘制完成后的立面效果如图 9-51 所示。

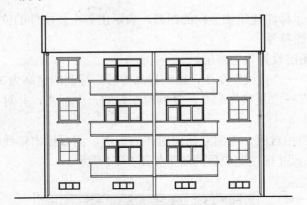

图 9-51　完成雨水管绘制的立面图

（7）绘制屋顶

在本例中，主要对屋顶上的瓦材进行材料填充。

1）将"屋面"图层设置为当前层。

2）选择"绘图"→"图案填充"命令，打开"图案填充创建"选项卡，填充屋面材料，如图 9-52 所示。

图 9-52　"图案填充创建"选项卡

3）在"图案"面板中选择"ANGLE"选项，将填充图案比例设置为 20，单击"边界"面板中的"拾取点"工具按钮⬚，在图形视图中选择需要填充的区域，然后在屋顶轮廓内单击，按〈Enter〉键完成图案填充。填充后的效果如图 9-53 所示。

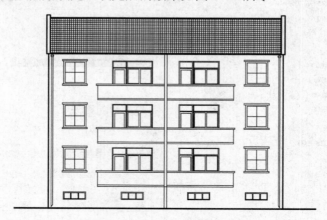

图 9-53　填充完成的立面效果

（8）进行尺寸标注

在绘制完的立面图中需要进行尺寸标注和文字注释，以使建筑立面图表示的内容更加清晰。

立面图标注是为了标注建筑物竖向的标高，表示出各主要构件的位置。另外，在需绘制详图之处还需添加详图符号。

1）将"标注"图层设置为当前层。

2）选择"绘图"→"直线"命令，绘制标高符号，标高的字高为 300。

3）选择"修改"→"复制"命令，复制绘制好的一个标高，并对标注数字进行修改，进行竖向标高。

4）与建筑平面图相对应，表明立面图所在的范围，需要标出轴线编号。在本例中标注 1、7 两道轴线编号。尺寸标注完成后的效果如图 9-54 所示。

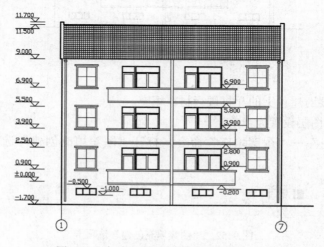

图 9-54　标高、轴号标注完成后的立面图

（9）进行文字注释

在建筑立面图中还应该标注墙面材质、作法、详图索引等其他必要的说明文字。

1）将"文字标注"图层设置为当前层。

2）选择"格式"→"文字样式"命令，弹出"文字样式"对话框，设置标注样式。并将字体高度设为300，宽度因子设为0.700，然后分别输入注释文字。

3）选择"绘图"→"直线"命令，绘制标注索引线。

4）选择"绘图"→"文字"→"单行文字"命令，编辑注释文字。文字标注完成后的立面效果如图9-38所示。

（10）添加图框和标题栏

绘制完立面图后，为其添加图框和标题栏。图框与标题栏的绘制方法在此不再赘述，完成后的立面图如图9-55所示。

图9-55　文字标注完成后的立面效果

9.5.3　绘制建筑剖面图

运用本章所学知识，绘制一个住宅建筑剖面图，如图 9-56 所示。在绘制的过程中，用户要注意建筑剖面图的具体绘制步骤。

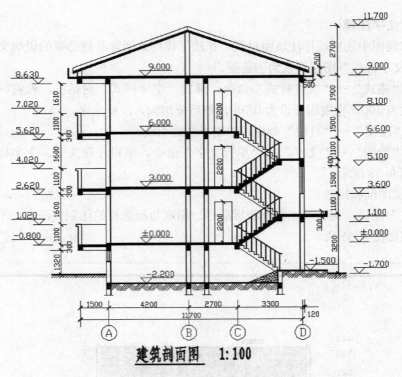

图 9-56　住宅建筑剖面图

1. 设置图形单位和绘图边界

本例中采用足尺寸作图，选用 A3 图纸大小，设置的绘图范围是长 42 000，宽 29 700。

2. 设置图层

依次创建"标注"、"墙线"、"辅助线"、"门、窗"、"阳台"、"梁"等图层，如图 9-57 所示。

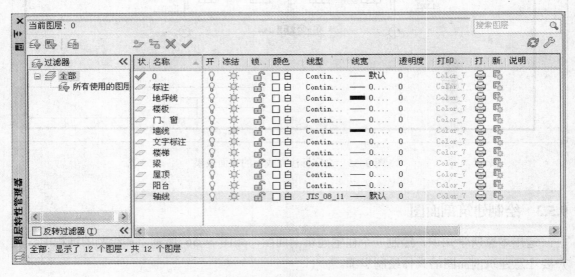

图 9-57　"图层特性管理器"选项板

3．绘制图形

（1）绘制辅助线

辅助线的作用是方便用户在绘制剖面图时对建筑的各个部分准确定位，在其不需要时可以进行隐藏或者删除。

1）将"轴线"图层设置为当前层，选择合适的线型。

2）单击状态栏中的"正交"按钮 ，打开"正交"开关。

3）选择"绘图"→"直线"命令，绘制水平和竖直定位轴线，命令行提示如下。

> 命令:line
> 指定第一点：（指定绘图区域中的某一点）
> 指定下一点或 [放弃(U)]:（键入 11700）
> 指定下一点或 [放弃(U)]:（按〈Enter〉键）
> 命令： LINE 指定第一点:（在水平直线的左上方任意选一点）
> 指定下一点或 [放弃(U)]:（输入 13900）
> 指定下一点或 [放弃(U)]:（按〈Enter〉键）

4）选择"修改"→"偏移"命令，将水平直线按照所设计的尺寸偏移 2750。然后重复"偏移"命令，偏移距离分别为 3000、3000、3000、1650、500，结果如图 9-58 所示。

5）选择"修改"→"偏移"命令，将竖直直线按照所设计的尺寸偏移 1500。然后重复"偏移"命令，偏移距离分别为 4200、960、1740、2250、1050，结果如图 9-59 所示。

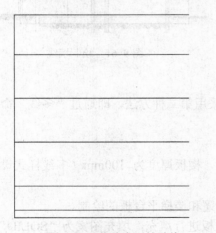

图 9-58　偏移水平辅助线

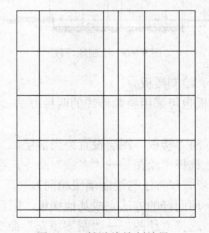

图 9-59　辅助线绘制结果

（2）绘制地坪线

绘制地坪线可以采用两种方法：一种是利用"直线"命令绘制，同时设置直线线宽；另一种是利用"多线段"命令绘制。在本节中采用"多线段"命令绘制地坪线。

1）将"地坪线"图层设置为当前层。

2）选择"绘图"→"多段线"命令，绘制室内地坪线和室外地坪线，将线宽设置为0.3mm。

3）选择"绘图"→"图案填充"命令，对地坪线以下部位进行填充，并用图例表示出材料的形式。绘制完成的地坪线效果如图 9-60 所示。

（3）绘制墙线

墙线是建筑剖面图的重要组成部分。在 AutoCAD 中可以采用两种方法绘制墙线：一种是通过"直线"命令绘制一侧墙线，再利用"偏移"命令绘制另一侧墙线；另一种是通过"多线"命令绘制墙线，然后对多线进行编辑，在多线交角处通过"Mledit"命令处理墙线的交角。本例中采用第二种办法，即通过"多线"命令绘制墙线。参照建筑平面图可知：墙厚240mm。

1）将"墙线"图层设置为当前层。

2）设置多线段样式。

3）选择"绘图"→"多线"命令，绘制"24墙"。绘制的结果如图9-61所示。

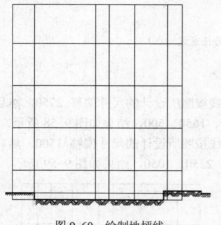

图 9-60　绘制地坪线　　　　　　　　　　图 9-61　绘制墙线

（4）绘制楼板

楼板也可采用绘制墙线的两种方法。本例中采用第二种方法，即通过"多线"命令绘制楼板。

1）将"楼板"图层设置为当前层。

2）选择"绘图"→"多线"命令，绘制楼板，楼板厚度为 100mm（多线样式设置的具体操作步骤和方法与绘制墙线相同）。

3）用同样的方法完成其他楼板、阳台板、雨篷和楼梯平台板的绘制。

4）选择"绘图"→"图案填充"命令，对楼板进行填充，填充图案为"SOLID"。绘制结果如图9-62所示。

（5）绘制阳台

在本例中，阳台被剖切到了，所以应分别绘制剖切到的断面和其余可见部分的投影。

1）将"阳台"图层设置为当前层。

2）选择"绘图"→"多线"命令，绘制阳台，阳台采用 180mm 的多线来绘制（多线样式设置的具体操作步骤和方法与绘制墙线相同）。

3）选择"绘图"→"直线"命令，绘制阳台栏板出挑部分。

4）选择"修改"→"修剪"命令，完善阳台栏板出挑部分。

5）选择"绘图"→"直线"命令，绘制阳台可见线。完成后的阳台如图9-63所示。

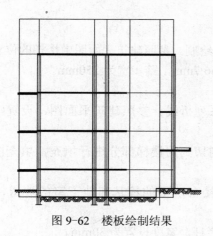

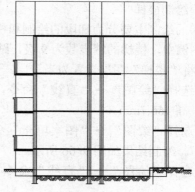

图 9-62　楼板绘制结果　　　　　　　　　图 9-63　阳台绘制完成的效果

（6）绘制屋顶

本例中采用的是坡屋顶，厚度为 100mm。参照建筑立面图中屋顶的位置和尺寸，绘制步骤如下。

1）将"屋顶"图层设置为当前层。

2）使用"直线"和"偏移"命令绘制屋顶剖切到部分的轮廓线和可见部分的轮廓线。

3）选择"绘图"→"图案填充"命令，对剖切到的屋顶部分进行填充，填充图案为"SOLID"。

4）选择"修改"→"延伸"命令，把墙线延伸到屋顶。

5）选择"绘图"→"多段线"命令，绘制屋顶檐口部分。绘制完成的效果如图 9-64 所示。

（7）绘制门、窗

结合建筑平面图和立面图门、窗的绘制过程，在建筑剖面图中，门、窗分为两种：一种是被剖切到的门、窗；另一种是没有被剖切到的门、窗。

1）将"门、窗"图层设置为当前层。

2）参照建筑平面图中门的位置，选择"绘图"→"矩形"命令，绘制一扇 2200mm×900mm 的门。

3）在本例中，有高 600mm 和 1500mm 两种被剖切到的窗，其绘制方法与建筑平面图中窗的绘制方法相同，在此不再赘述。绘制结果如图 9-65 所示。

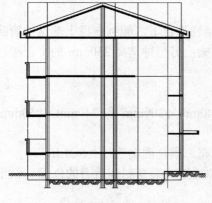

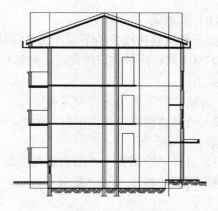

图 9-64　屋顶绘制完成的效果　　　　　　　图 9-65　门、窗绘制完成的效果

（8）绘制楼梯

楼梯的绘制主要分为梯段的绘制和栏杆扶手的绘制。参照建筑平面图中楼梯的位置和尺寸，在本例中，楼梯的踏步数为9级，踏步高为166.7mm，踏步宽为250mm。

1）将"楼梯"图层设置为当前层。

2）选择"绘图"→"直线"命令，绘制一系列折线。参照建筑平面图，设置踏步宽250mm、高166.7mm。

3）选择"绘图"→"图案填充"命令，对剖切到的楼梯部分进行填充，填充图案为"SOLID"。绘制结果如图9-66所示。

4）选择"绘图"→"直线"命令，绘制一楼台阶下的柱基和地下室的坡道，并进行填充。

5）选择"绘图"→"多线"命令，绘制一个栏杆，宽度设置为30mm。

6）选择"修改"→"复制"命令，完成其他栏杆的绘制。

7）选择"绘图"→"多线"命令，绘制扶手，宽度设置为30mm。

8）选择"修改"→"分解"命令，分解栏杆和扶手。

9）利用"延伸"和"修剪"命令修整扶手和栏杆的相交处。修整后的效果如图9-67所示。

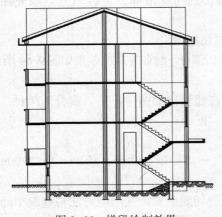 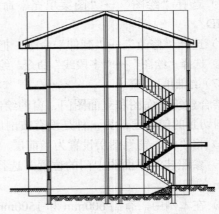

图9-66　梯段绘制效果　　　　　　　图9-67　楼梯绘制完成后的剖面图

（9）添加梁

梁一般设置在楼板的下面，或者门窗的顶部或楼梯平台下，起到支撑上部结构荷载的作用。本例中共有两种类型的梁：一种是高300mm的梁；另一种是高250mm的平台梁。绘制过程如下。

1）将"梁"图层设置为当前层。

2）选择"绘图"→"矩形"命令，分别绘制240mm×300mm和240mm×250mm的两个矩形。

3）选择"绘图"→"图案填充"命令，进行填充，填充图案选择"SOLID"。

4）选择"修改"→"复制"命令，分别将两种类型的梁复制到适当的位置。结果如图9-68所示。

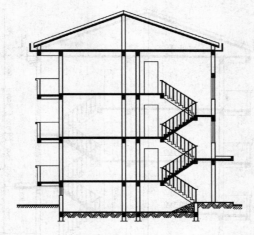

图 9-68　梁绘制完成

（10）尺寸标注

在绘制完的剖面图中需要进行尺寸标注和文字注释，以使建筑剖面图表示的内容更加清晰。

剖面图和平面图、立面图一样，宜标注室内外地坪、楼地面、地下层地面、阳台、平台、檐口、屋脊、女儿墙、雨篷、门、窗、台阶等处完成面的标高。

高度方向上的尺寸包括外部尺寸和内部尺寸。

外部尺寸应标注以下 3 道。

1）洞口尺寸：包括门、窗、洞口、女儿墙或檐口高度及其定位尺寸。

2）层间尺寸：即层高尺寸，含地下层在内。

3）建筑总高度：指由室外地面至檐口或女儿墙顶的高度。屋顶上的水箱间、电梯机房、排烟机房和楼梯出口小间等局部升起的高度可不计入总高度，另行标注。当室外地面有变化时，应以剖面所在处的室外地面标高为准。

内部尺寸主要标注地坑深度、隔断、搁板、平台、吊顶、墙裙，以及室内门、窗等的高度。

1）将"标注"图层设置为当前层。

2）选择"插入"→"块"命令，将"标高符号"块插入到需要标注的位置，标注各洞口尺寸和竖向标高。

3）与建筑平面图相对应，表明剖面图所在的范围，标出轴线编号。在本例中标注 A、B、C、D 4 道轴线编号。尺寸标注完成后的效果如图 9-69 所示。

（11）文字注释

在建筑剖面图中，有时需要对一些特殊的结构、材料及其他部分做必要的说明文字。

1）将"文字标注"图层设置为当前层。

2）选择"格式"→"文字样式"命令，弹出"文字样式"对话框，设置标注样式。在此根据国家建筑制图标准，将字体高度设置为 300。

3）选择"绘图"→"文字"→"单行文字"命令，编辑注释文字。文字标注完成后的剖面图效果如图 9-56 所示。

（12）添加图框和标题栏

绘制完剖面图后，为其添加图框和标题栏。图框与标题栏的绘制方法不再赘述。

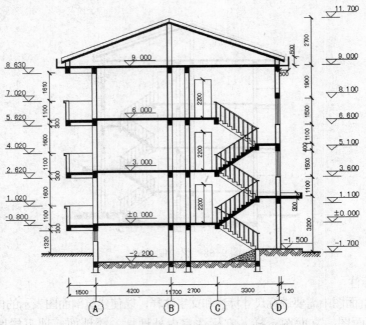

图 9-69　标高、轴号标注完成的剖面图

9.5.4　绘制建筑详图

　　建筑详图是建筑细部的施工图，用来表达建筑物局部的形状、尺寸、用料等。这些图的绘制往往比较复杂，需要较高的绘图技巧。本章以楼梯剖面详图为例介绍建筑详图的绘制方法，在绘制的过程中，用户要注意建筑详图的具体绘制步骤。效果如图 9-70 所示。

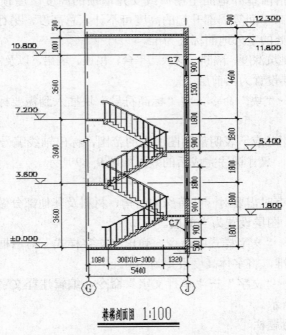

楼梯剖面图 1:100

图 9-70　楼梯剖面详图

1. 设置图形单位和绘图边界

在本例中采用足尺寸作图，选用 A2 图纸大小，设置的绘图范围是宽 42000、长 59400。

2. 设置图层

用户可以依次创建"标注"、"楼板"、"窗"、"辅助线"、"结构"、"楼梯"、"文字标注"等图层，如图 9-71 所示。

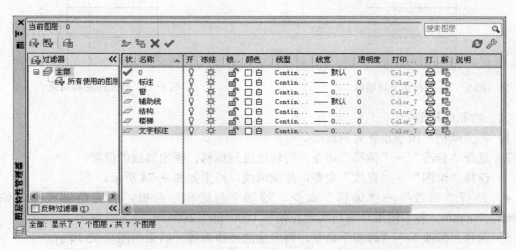

图 9-71　"图层特性管理器"选项板

3. 绘制图形

（1）绘制辅助线

辅助线的作用是方便用户在绘制剖面图时对建筑的各个部分准确定位，在其不需要时可以对辅助线进行隐藏或者删除处理。

1）将"辅助线"图层设置为当前层，选择合适的线型。

2）单击状态栏中的"正交"按钮，打开"正交"开关。

3）选择"绘图"→"直线"命令，绘制水平和竖直定位轴线，命令行提示如下。

> 命令:line
> 指定第一点:（指定绘图区域中的某一点）
> 指定下一点或 [放弃(U)]:（输入 11900）
> 指定下一点或 [放弃(U)]:（按〈Enter〉键）
> 命令:　LINE 指定第一点:（在水平直线的左上方任选一点）
> 指定下一点或 [放弃(U)]:（输入 5400）
> 指定下一点或 [放弃(U)]:（按〈Enter〉键）

4）选择"修改"→"偏移"命令，将水平直线按照所设计的尺寸偏移 1800。然后重复"偏移"命令，偏移距离分别为 1800、1800、1800、4600，结果如图 9-72 所示。

5）选择"修改"→"偏移"命令，将竖直直线按照所设计的尺寸偏移 1080。然后重复"偏移"命令，偏移距离分别为 3000、1320，结果如图 9-73 所示。

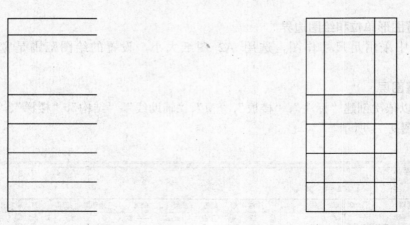

图 9-72　偏移水平辅助线　　　　　　　　　　图 9-73　辅助线绘制结果

（2）绘制结构部分

1）将"结构"图层设置为当前层。

2）选择"修改"→"偏移"命令，对轴线进行偏移，确定墙线的位置。

3）选择"绘图"→"直线"命令，绘制墙线，结果如图 9-74 所示。

4）选择"修改"→"偏移"命令，绘制平台梁和平台板，将定位轴线向下偏移 100mm、200mm，将右侧墙体内边线向左偏移 1000mm、200mm。

5）选择"修改"→"修剪"命令，将多余的线修剪掉，结果如图 9-75 所示。

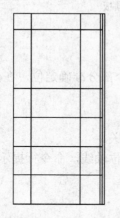

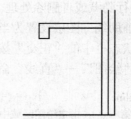

图 9-74　绘制墙线　　　　　　　　　　　　图 9-75　绘制右侧平板台

6）用同样的方法将所有的平台梁和平板台绘出，结果如图 9-76 所示。

（3）绘制窗

1）将"窗"图层设置为当前层。

2）在本例中，有高 900mm 和 1800mm 两种被剖切到的窗，它们的绘制方法与建筑平面图中窗的绘制方法相同，在此不再赘述。绘制结果如图 9-77 所示。

（4）绘制楼梯

1）将"楼梯"图层设置为当前层。

2）选择"修改"→"偏移"命令，将地面线向上偏移 164mm，偏移 10 次，将左侧辅助轴线向右偏移 1080mm，继续执行"偏移"命令，偏移距离为 300mm，共偏移 10 次，效果如图 9-78 所示。

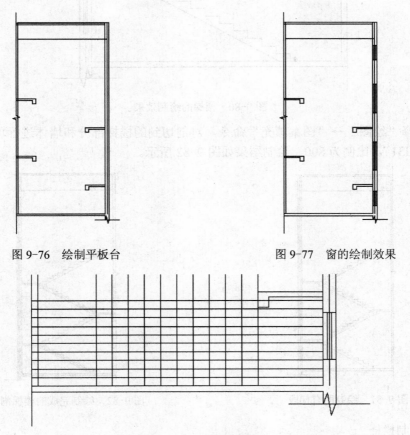

图 9-76　绘制平板台　　　　　　　　　　图 9-77　窗的绘制效果

图 9-78　偏移辅助线

3）选择"绘图"→"直线"命令，通过捕捉交点将网格的对角通过直线进行连接。

4）选择"修改"→"删除"命令，删除辅助线。

5）选择"绘图"→"直线"命令，连接楼梯下边缘线。最终绘制结果如图 9-79 所示。

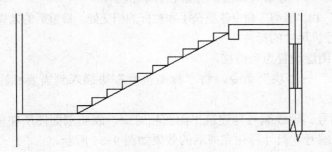

图 9-79　楼梯踏步的绘制

6）选择"修改"→"移动"命令，对楼梯下边缘线进行移动，使其通过板台梁的左下角点。

7）选择"修改"→"修剪"命令，修剪多余的线条，绘制结果如图 9-80 所示。

8）用同样的方法绘制其余梯段，绘制结果如图 9-81 所示。

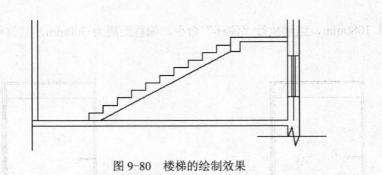

图 9-80　楼梯的绘制效果

9）选择"绘图"→"图案填充"命令，对剖切到的楼梯部分和墙体进行填充，填充图案为"ANSI31"，比例为800。绘制结果如图9-82所示。

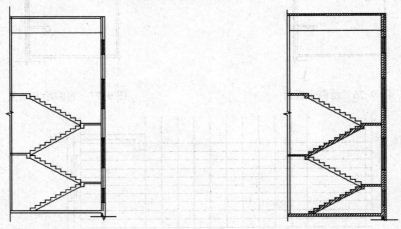

图 9-81　绘制所有梯段　　　　　　　　　　图 9-82　绘制完成的楼梯剖面

（5）绘制栏杆

1）选择"绘图"→"多线"命令，将宽度设置为 30mm，绘制一个栏杆。绘制栏杆后，使用"复制"命令完成其他栏杆的绘制。

2）选择"绘图"→"多线"命令，绘制扶手，宽度设置为 30mm。

3）选择"修改"→"分解"命令，分解栏杆和扶手。

4）利用"延伸"和"修剪"命令修整扶手和栏杆的相交处。修整后的效果如图9-83所示。

（6）标高、轴号、尺寸的标注

1）将"标注"图层设置为当前层。

2）选择"插入"→"块"命令，将"标高符号"块插入到需要标注的位置进行标高标注。

3）标出轴线编号。轴线编号与建筑平面图相对应，表明剖面图所在的范围，在本例中标注 G、J 两道轴线编号。尺寸标注完成后的效果如图9-84所示。

（7）文字标注

1）将"文字标注"图层设置为当前层。

2）选择"格式"→"文字样式"命令，弹出"文字样式"对话框，将字体高度设置为300。

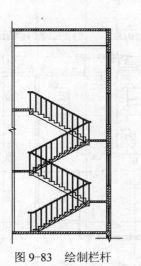

图 9-83 绘制栏杆

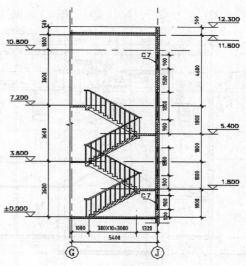

图 9-84 完成标注

3）选择"绘图"→"文字"→"单行文字"命令，编辑注释文字。文字标注完成后的剖面图效果如图 9-70 所示。

（8）添加图框和标题栏

绘制完剖面图后，为其添加图框和标题栏。图框与标题栏的绘制方法在此不再赘述。

9.6 思考与练习

1. 建筑平面图、立面图、剖面图和详图的图示内容有哪些？其绘制步骤分哪几步？

2. 结合本章所学的知识，对图 9-1 和图 9-85、图 9-86 所示的建筑平面图进行绘制练习。

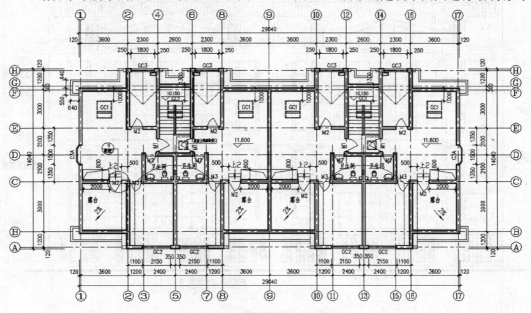

阁楼层平面图 1:100

图 9-85 某住宅阁楼层平面图

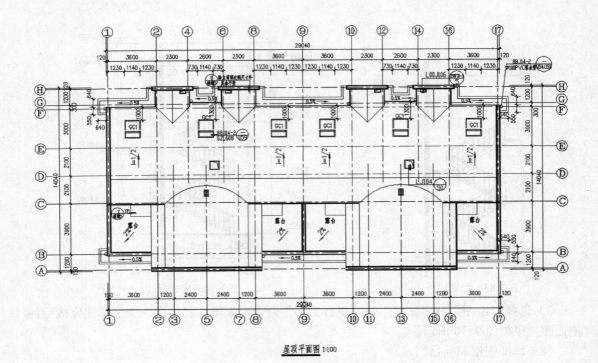

图 9-86　屋顶平面图

3. 根据图 9-1 所示的某住宅建筑平面图并结合本章所学的知识，绘制如图 9-87 和图 9-88 所示的建筑立面图。

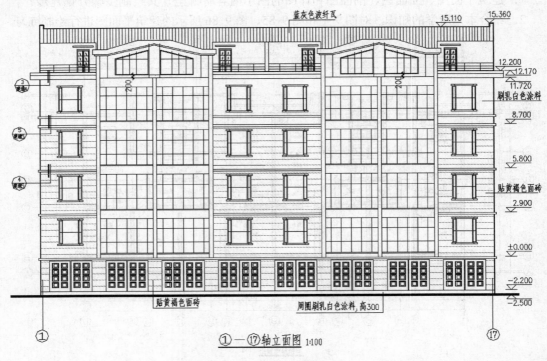

图 9-87　某住宅南立面图

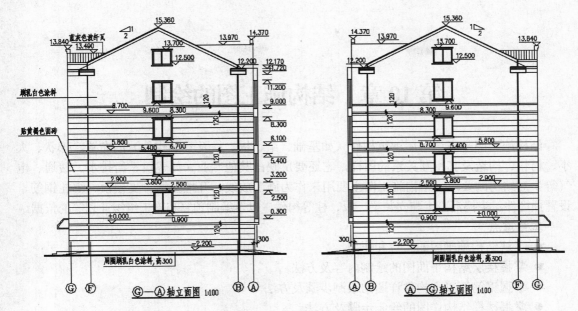

图 9-88　某住宅侧立面图

第10章　结构施工图的绘制

结构施工图是表达房屋承重构件（如基础、梁、板、柱及其他构件）的布置、形状、大小、材料、构造及其相互关系的图样，它还要反映出其他专业（如建筑、给排水、暖通、电气等）对结构的要求。结构施工图主要用来作为施工放线、开挖基槽、支模板、绑扎钢筋、设置预埋件、浇捣混凝土和安装梁、板、柱等构件，以及编制预算和施工组织计划等的依据。

本章重点
- 了解结构施工图的内容和作用
- 掌握楼层结构平面图的绘制内容及方法
- 掌握钢筋混凝土构件详图的绘制步骤及方法
- 掌握楼梯结构详图的绘制步骤及方法
- 掌握基础图的绘制内容及方法

10.1　结构施工图概述

房屋结构按承重构件的材料可分为以下内容。
- 砖混结构：承重墙用砖或砌块砌筑，梁、楼板和楼梯等承重构件都是钢筋混凝土构件。
- 钢筋混凝土结构：承重的柱、梁、楼板和屋面都是钢筋混凝土构件。
- 砖木结构：墙用砖砌筑，梁、楼板和屋架都是木构件。
- 钢结构：承重构件全部为钢材。
- 木结构：承重构件全部为木材。

房屋结构按结构体系可分为以下内容。
- 墙体结构：以墙体为主要承重构件的结构体系。
- 框架结构：由梁和柱以刚接或铰接相连接而成的承重体系。
- 剪力墙结构：由承受竖向和水平作用的钢筋混凝土剪力墙和水平构件所组成的结构体系。
- 框架—剪力墙结构：由剪力墙和框架共同承受竖向和水平荷载作用的组合型结构体系。

通常，民用房屋多采用混合砌体结构，即砖混结构。采用砖混结构造价较低，施工简便。在现代公共建筑或高层建筑中，钢筋混凝土框架结构或框架—剪力墙结构采用的较多，这些结构的抗震性能和稳定性好，平面布置灵活，可以满足较大空间的利用，如影剧院、博物馆、会议室等。

10.1.1　结构施工图的绘制内容

结构施工图主要包括结构设计说明、结构平面图、结构构件详图等部分。其中，结构平面图包括基础平面图和楼层结构平面图。结构构件详图包括基础详图、钢筋混凝土构件详图及楼梯结构详图。

10.1.2 结构施工图的作用

结构施工图是关于承重构件的布置、使用的材料、形状、大小及内部构造的工程图样，是承重构件以及其他受力构件施工的依据。其作用如下：
- 施工组织计划的依据。
- 施工放线的依据，确定各构件的形状和位置，如基础、梁、柱等构件定位、定型的依据。
- 配置钢筋的依据，确定钢筋数量、位置和绑扎方式，供施工单位根据结构施工图备料。

10.1.3 结构施工图的基本知识

在绘制结构施工图前，用户除了要了解其绘制内容及作用外，还应对结构施工图的其他基本知识有所了解，如绘制结构施工图的比例及钢筋的基本知识。

1. 绘图比例

在绘制结构施工图时，需要依据图样的用途和所绘形体的复杂程度，选用表 10-1 中的常用比例，特殊情况下也可选用可用比例。

表 10-1 结构制图比例

图 名	常 用 比 例	可 用 比 例
结构平面图、基础平面图	1:50、1:100、1:150、1:200	1:60
圈梁平面图、总图中管沟、地下设施等	1:200、1:500	1:300
详 图	1:10、1:20	1:5、1:25、1:40

2. 钢筋的基本知识

为避免钢筋在受拉时滑动，对光圆钢筋的两端进行了弯钩处理，弯钩常做成半圆弯钩或直弯钩，如图 10-1a 和 b 所示。钢箍两端在交接处也要做成弯钩，弯钩的长度一般在两端各伸长 50mm 左右，如图 10-1c 所示。

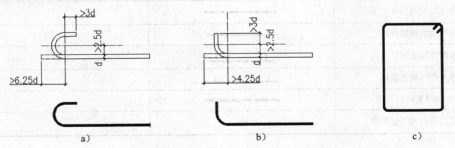

图 10-1 钢筋和钢箍的弯钩和简化画法
a）半圆弯钩 b）直弯钩 c）钢箍

在混凝土结构设计规范中，国产建筑用钢筋按其产品种类和强度值等级不同，分别给予不同代号，以便标注和识别，如表 10-2 所示。

表 10-2　普通钢筋代号及强度标准值

种类(热轧钢筋)	代　号	直径 d/mm	强度标准值 f_{yk}（N/mm²）	备　注
HPB235(Q235)	ϕ	8～20	235	光圆钢筋
HRB335(20MnSi)	ϕ	6～50	335	带肋钢筋
HRB400(20MnSiV、20MnSiNb、20MnTi)	ϕ	6～50	400	带肋钢筋
RRB400(K20MnSi)	ϕ^R	8～40	400	热处理钢筋

比较典型的两种钢筋标注方法如图 10-2 和图 10-3 所示。

图 10-2　板中钢筋标注　　　　　　图 10-3　梁中钢筋标注

在结构施工图中，钢筋的线型采用粗实线，构件的外形轮廓线的线型采用细实线；在构件断面图中，不画材料图例，钢筋用黑圆点表示。钢筋常用的表示方法如表 10-3 所示。

表 10-3　钢筋的一般表示方法

名　称	图　例	说　明
钢筋横断面	●	
无弯钩的钢筋端部		下方图表示长、短钢筋投影重叠时的情况，短钢筋的端部用 45° 斜画线表示
带半圆形弯钩的钢筋端部		
带直钩的钢筋端部		
带丝扣的钢筋端部		
无弯钩的钢筋搭接		
带半圆弯钩的钢筋搭接		
带直钩的钢筋搭接		
预应力钢筋或钢绞线		
单根预应力钢筋横断面	＋	

10.1.4　结构施工图的平面整体表示法

结构施工图的平面整体表示法（简称平法）概括来讲，是把结构构件的尺寸和配筋等，按照平面整体表示方法制图规则，将整体直接表达在各类构件的结构平面布置图上，再与标准构造详图相配合，构成一套完整的结构设计。

在平面布置图上表示各构件尺寸和配筋的方式，分平面注写方式、列表注写方式和截面注写方式 3 种。

按平法设计绘制结构施工图时，应将所有的柱、墙、梁构件进行编号，并用表格或其他方式注明各结构层楼（地）面标高、结构层高及相应的结构层号。

该法简洁，表达清晰，省时省力，适用于常用的现浇柱、梁、剪力墙的结构施工图，目前已在各设计单位和建设单位广泛应用。

1. 柱的平面整体表示法

柱的平面整体表示法是在绘出柱的平面布置图的基础上，采用截面注写方式或列表注写方式来表示柱的截面尺寸和钢筋配置的施工图。

（1）列表注写方式

以适当比例绘制柱的平面布置图，标注出柱的轴线编号、轴线间尺寸，并将柱进行编号，在同一编号的柱中选一根柱的截面，以轴线为界，标注出柱的截面尺寸，然后列出柱表，在表中注写相应的柱编号、柱段起止标高、柱的截面尺寸、配筋等。若柱为非对称配筋，需在表中分别表示各边的中部筋，并配上柱的截面形状图及箍筋类型图。柱的列表注写方式示例如图 10-4a～c 所示。

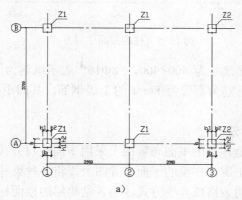

a)

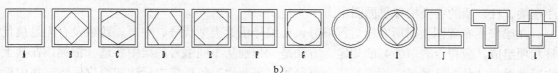

b)

柱号	标高	b×h (b1×h1)	主筋			箍筋	箍筋类型号	b1	b2	h1	h2
			角筋	b边中部筋	h边中部筋						
Z1	-1.000-9.950	400×400	4Φ16	1Φ16	1Φ16	Φ8-200/100	B	200	200	200	200
Z2	-1.000-12.950	400×400	4Φ18	1Φ18	1Φ18	Φ8-200/100	B	200	200	200	200

c)

图 10-4　柱的列表注写方式

a）柱平面布置图　b）箍筋类型图　c）柱表

（2）截面注写方式

截面注写方式是指在分标准层绘制的柱平面布置图上分别在同一编号的柱中选择一个截

面，并将此截面在原位放大，以直接注写截面尺寸和配筋具体数值。

在柱截面图上先标出柱的编号，在编号后面依次注写其截面尺寸 b×h，角筋或全部纵筋、箍筋，包括钢筋级别、直径与间距，并标注出柱截面与轴线的相对位置。下面以图 10-5 为例，说明如何采用截面注写方式表达柱平法施工图的内容。

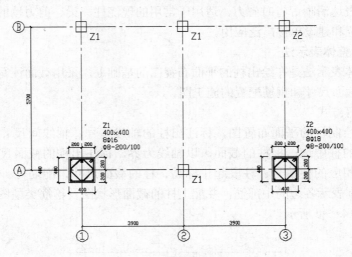

图 10-5　柱的截面注写方式

图中编号 Z1 的柱截面尺寸为 400×400，"8Φ16"表示纵筋为 8 根直径为 16 的 Ⅱ 级钢筋，"Φ8－200/100"表示箍筋为直径为 8mm 的 Ⅰ 级钢筋，其间距在加密区为 100mm，在非加密区为 200mm。

2．梁的平面整体表示法

梁的平面整体表示法是在梁的平面布置图上采用平面注写方式或截面注写方式表示梁的截面尺寸和钢筋配置的施工图。在梁的平面布置图上需将各种梁和与其相关的柱、墙、板一同采用适当比例绘出，应用表格或其他方式注明各结构层的顶面标高、结构层高，并分别标注在梁、柱、墙的各类构件平面图中。

在梁平面布置图上对所有梁进行编号，梁编号由梁类型代号、序号、跨数及有无悬挑代号几项组成，应符合表 10-4 的规定。方法是，分别从不同编号的梁中各选一根梁，在其上注写截面尺寸和配筋数量、钢筋等级及直径等。平面注写包括集中标注和原位标注，集中标注表达梁的通用数值，原位标注表达梁的数值。集中标注的方法是从某根梁引出一段线，在线段一侧表示出梁的编号、截面尺寸、主筋数量、等级、直径、箍筋间距等。原位标注是在梁的平面布置图上某梁特殊配筋的位置周围标注出其相应的尺寸与数量等。当钢筋多于一排时，用斜线将各排纵筋自上而下分开。

表 10-4　梁编号的规定

梁 类 型	代 号	序 号	跨数及是否带有悬挑
楼层框架梁	KL	××	(××)、(××A)或(××B)
屋面框架梁	WKL	××	(××)、(××A)或(××B)
框支架	KZL	××	(××)、(××A)或(××B)

（续）

梁 类 型	代 号	序 号	跨数及是否带有悬挑
非框架梁	L	××	(××)、(××A)或(××B)
悬挑梁	XL	××	
井字梁	JZL	××	(××)、(××A)或(××B)

梁的平面注写方式如图 10-6 所示。

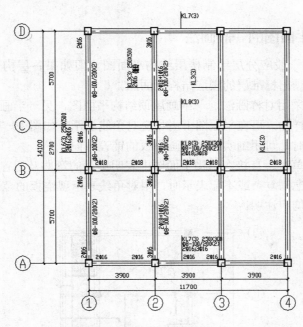

图 10-6 梁的平面注写方式

10.2 楼层结构平面图的绘制

楼层结构平面图是假想沿楼板顶面将房屋水平剖开后所做的楼层结构的水平投影，用来表示楼面板及其下面的墙、梁、柱等承重构件的平面布置，或表示现浇板的构造与配筋以及它们之间的结构关系。对于多层建筑一般应分层绘制楼层结构平面图，但如果一些楼层构件的类型、大小、数量、布置均相同，可以只画一个结构平面图，并注明"×层－×层"楼层结构平面图，或"标准层"楼层结构平面图。

10.2.1 楼层结构平面图的内容

楼层结构平面图是假想用一个水平的剖切平面沿楼板面将房屋剖开后所做的楼层水平投影。它是用来表示每层的梁、板、柱、墙等承重构件的平面布置，说明各构件在房屋中的位置以及它们之间的构造关系，是现场安装或制作构件的施工依据。

楼层结构平面图的主要内容如下：

● 图名、比例。

235

● 与建筑平面图相一致的定位轴线及编号。

● 墙、柱、梁、板等构件的位置及代号和编号。

● 现浇板的配筋。

● 预制板的跨度方向、数量、型号或编号和预留洞的大小及位置。

● 轴线尺寸及构件的定位尺寸。

● 详图索引符号及剖切符号。

● 文字说明。

10.2.2　楼层结构平面图的一般画法

对于多层建筑，一般应分层绘制楼层结构平面图，但如果各层构件的类型、大小、数量、布置相同，可只画出标准层的楼层结构平面图。

如平面对称，可采用对称画法，一半画屋顶结构平面图，另一半画楼层结构平面图。楼梯间和电梯间因另有详图，可在平面图上用相交对角线表示，如图 10-7 所示。

当铺设预制楼板时，可用细实线分块画出板的铺设方向。

当现浇板配筋简单时，直接在结构平面图中表明钢筋的弯曲及配置情况，注明编号、规格、直径、间距。当配筋复杂或不便表示时，用对角线表示现浇板的范围。

另外，梁柱编号均应注明。

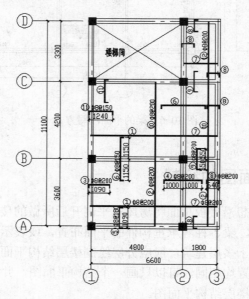

图 10-7　楼层结构平面图

圈梁、门窗过梁等应编号注出，若结构平面图中不能表达清楚，则需另绘其平面布置图。

楼层、屋顶结构平面图的比例同建筑平面图，一般采用 1:100 或 1:200 的比例绘制。

楼层、屋顶结构平面图中一般用中实线表示剖切到或可见的构件轮廓线，用中虚线表示不可见构件的轮廓线。

楼层结构平面图的尺寸，一般只注开间、进深、总尺寸及个别地方容易弄错的尺寸。定位轴线的画法、尺寸及编号应与建筑平面图一致。

下面以图10-7为例说明楼层结构平面图的绘制方法，具体绘制过程如下。

1）设置图层。选择"格式"→"图层"命令，弹出"图层特性管理器"选项板，先进行图层设置，主要包括柱层、梁层、配筋层、标注层等。图层的设置如图 10-8 所示。

2）设置文字样式。选择"格式"→"文字样式"命令，弹出"文字样式"对话框，新建文字样式，将字体的样式名命名为"标注字体"，如图10-9所示。

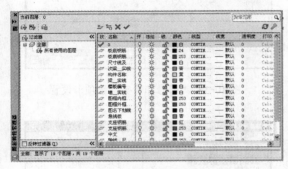

图10-8　建立图层　　　　　　　　　　图10-9　新建文字样式

3）设置"标注字体"文字样式的参数，具体设置如图10-10所示。

4）在"样式"列表框中选择"STANDARD"文字样式，并对其进行修改，用于其他文字的标注，字体样式的参数设置如图10-11所示。

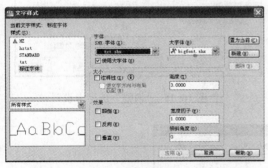

图10-10　建立"标注字体"文字样式　　　　图10-11　修改标注字体

5）执行"注释"选项卡的"标注"面板中的"标注样式"命令，对标注样式进行设置，具体参数设置如图10-12～图10-16所示。至此，绘图环境设置完成。

6）绘制轴线和轴线编号。执行"常用"选项卡的"绘图"面板中的 ✎（直线）命令绘制轴线，并对轴线编号，绘制完毕后选择"标注"→"线性"、"连续"命令进行必要的尺寸标注，效果如图10-17所示。

7）绘制梁线。选择"绘图"→"多线"命令绘制梁线，梁线的绘制和建筑图中的绘制方法相同，这里不再赘述。绘制完毕后选择"修改"→"对象"→"多线"命令对其进行编辑，编辑后的效果如图10-18所示。

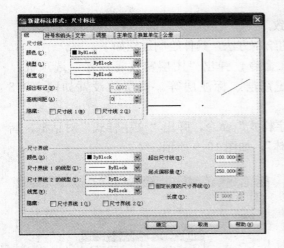

图 10-12 "线"选项卡设置

图 10-13 "符号和箭头"选项卡设置

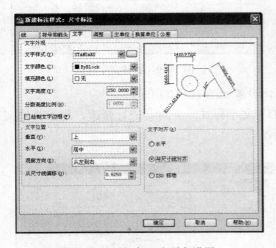

图 10-14 "文字"选项卡设置

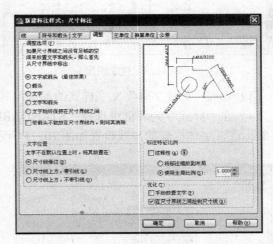

图 10-15 "调整"选项卡设置

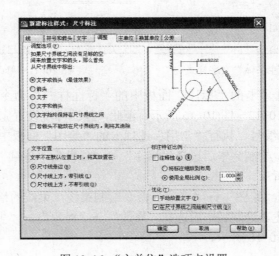

图 10-16 "主单位"选项卡设置

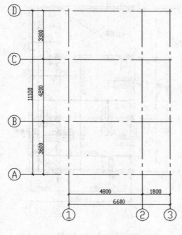

图 10-17 绘制轴线

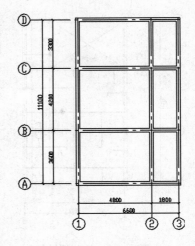

图 10-18 绘制梁线

8）绘制柱。先单击"常用"选项卡→"绘图"面板→"直线"按钮 ![] 绘制柱的轮廓，然后单击"常用"选项卡→"绘图"面板→"图案填充"按钮 ![] 对柱进行填充，效果如图 10-19 所示。

9）绘制楼梯间。单击"常用"选项卡→"绘图"面板→"直线"按钮 ![] 绘制楼梯间的开洞符号，绘制如图 10-20 所示。

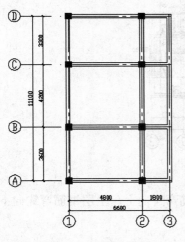

图 10-19 绘制柱图

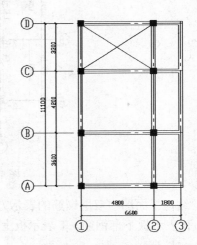

图 10-20 绘制开洞符号

10）绘制板钢筋。单击"常用"选项卡→"绘图"面板→"多段线"按钮 ![] 绘制钢筋，钢筋线宽为 30mm 左右，如图 10-21 所示。

11）钢筋标注。选择"绘图"→"文字"→"单行文字"命令，对钢筋进行标注，标注内容有：钢筋的编号、型号及间距。然后选择"标注"→"线性"命令进行钢筋长度标注，绘制效果如图 10-22 所示。

12）文字标注。选择"绘图"→"文字"→"单行文字"命令进行文字标注，具体方法和其他图样的标注相同，绘制效果如图 10-23 所示。

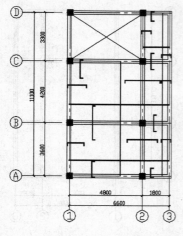

图 10-21 绘制钢筋

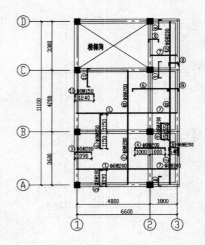

图 10-22 标注钢筋

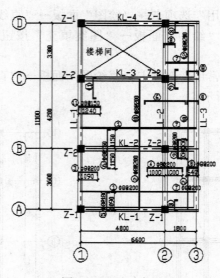

图 10-23 文字标注

　　楼层结构平面图中双层钢筋的表示方法：底层钢筋弯钩向上，上层钢筋弯钩向下。集中标注时，B 表示板下部钢筋，T 表示板上部钢筋。

10.3 钢筋混凝土构件详图的绘制

　　钢筋混凝土构件有定型构件和非定型构件两种。定型预制构件或现浇构件可直接引用标准图或本地区的通用图，只要在图纸上写明选用构件所在的标准图集或通用图集的名称、代号，便可查到相应的构件详图，因此不必重复绘制，而非定型构件必须绘制构件详图。

10.3.1 钢筋混凝土构件详图概述

　　用钢筋混凝土制成的梁、板、柱、基础等构件称为钢筋混凝土构件。钢筋混凝土构件详图的内容包括以下几方面：

- 构件名称或代号、比例。
- 构件的定位轴线及其编号。
- 构件的形状、尺寸和预埋件代号及布置。
- 构件内部钢筋的布置。
- 构件的外形尺寸、钢筋规格、构造尺寸及构件顶面标高。
- 施工说明。

10.3.2 钢筋混凝土梁配筋图的绘图步骤

梁的结构详图由配筋图和钢筋表组成。配筋图包括立面图、断面图，主要表示构件内部各种钢筋的位置、直径、形状和数量等。梁配筋图的绘图步骤大体如下。

1) 确定梁配筋图的绘图比例。

根据《建筑结构制图标准》（GB/T 50105－2010）的相关规定，用户应根据所绘梁的尺寸及图纸幅面的大小关系来确定合适的绘图比例。立面图的绘图比例可定为 1:50，断面图可选择 1:20 的绘图比例。

2) 分析图形，以确定绘图顺序、设定图层和线型。

3) 绘制定位轴线，并编号。

4) 绘制立面图。

5) 绘制断面图。

立面图和断面图中的构件轮廓线均用细实线画出，钢筋用粗实线或黑圆点（断面图中）画出。

断面图中的钢筋可采用 CIRCLE 命令绘制圆形后进行填充，也可以在 DONUT 命令中指定圆环的内径为"0"，然后根据钢筋的直径确定外径绘制圆点。由于断面中采用的钢筋直径有所不同，建议用户采用两三种外径加以区分。

下面以图 10-24 所示的梁配筋为例，具体说明梁配筋图的绘图步骤。

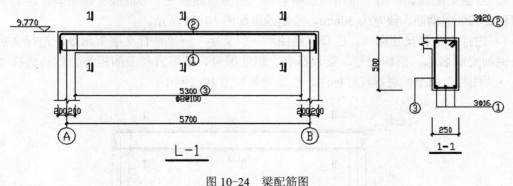

图 10-24　梁配筋图

1．绘制立面图

1) 绘制轴线。在绘制图形前，应先设置绘图环境，设置方法和绘制楼层平面图时的方法类似。单击"常用"选项卡→"绘图"面板→"直线"按钮绘制轴线，并进行编号，然后单击"常用"选项卡→"修改"面板→"偏移"按钮复制轴线，绘制效果如图 10-25 所示。

2）绘制梁、柱轮廓线。绘制辅助定位轴线，为绘制梁、柱轮廓线做准备。单击"常用"选项卡→"修改"面板→的"偏移"按钮🔳，将"A"、"B"轴线分别向两侧偏移200mm，并向上移动适当距离。然后单击"常用"选项卡→"绘图"面板→"直线"按钮📏，在适当位置绘制两条距离为500mm的水平直线，绘制效果如图10-26所示。

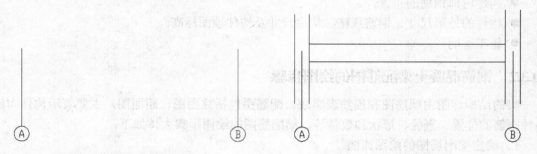

图 10-25　绘制轴线图　　　　　　　　　　　　　图 10-26　绘制辅助线

单击"常用"选项卡→"修改"面板→的"直线"按钮，绘制梁、柱轮廓线，并单击"常用"选项卡→"绘图"面板→"多段线"按钮↩，绘制柱截断线。修改后的效果如图 10-27所示。

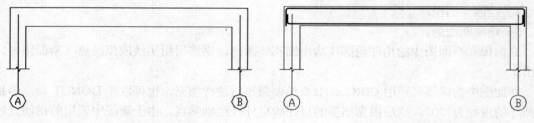

图 10-27　绘制梁、柱轮廓线　　　　　　　　　　图 10-28　绘制梁配筋

3）绘制梁配筋。单击"常用"选项卡→"绘图"面板→"多段线"按钮↩，绘制梁的顶部和底部纵向钢筋，线宽为50mm，绘制效果如图10-28所示。

4）进行文字和尺寸标注。选择"绘图"→"文字"→"单行文字"命令，进行文字标注，例如梁的名称、剖切符号、梁顶标高、钢筋编号、箍筋直径及间距等。然后选择"标注"→"线性"命令，进行尺寸标注。绘制效果如图10-29所示。

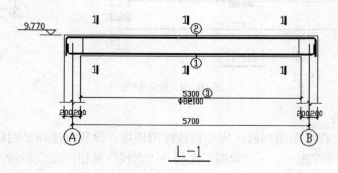

图10-29　文字和尺寸标注

242

2．绘制断面图

1）绘制梁截面轮廓。单击"常用"选项卡→"绘图"面板→"多段线"按钮，绘制梁的 1－1 剖面图，梁的尺寸为 250mm×500mm，板的厚度为 100mm。绘制效果如图 10-30 所示。

2）绘制箍筋。单击"常用"选项卡→"绘图"面板→"多段线"按钮，绘制箍筋，线宽为 10mm，箍筋和截面轮廓的距离为保护层的厚度，箍筋绘制效果如图 10-31 所示。

3）绘制纵筋，纵筋用填充圆表示。先单击"常用"选项卡→"绘图"面板→⊙（圆）命令绘制纵筋截面轮廓，然后单击"常用"选项卡→"绘图"面板→▣（图案填充）命令对圆形轮廓进行填充，效果如图 10-32 所示。

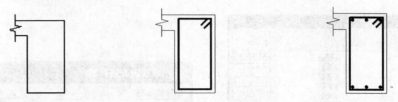

图 10-30　绘制梁截面轮廓　　　图 10-31　绘制箍筋　　　图 10-32　绘制纵向钢筋截面图

4）文字及尺寸标注。选择"绘图"→"文字"→"单行文字"命令进行文字标注，文字标注的主要内容是断面图编号、钢筋的编号、纵筋根数及直径。然后选择"标注"→"线性"命令进行梁的尺寸标注。绘制效果如图 10-33 所示。

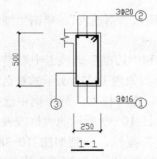

图 10-33　进行文字及尺寸标注

10.3.3　绘制钢筋混凝土梁的钢筋表

为便于编制预算、统计钢筋用料，对于配筋较复杂的钢筋混凝土构件应列出钢筋表，以计算钢筋用量。

根据钢筋编号，分别绘制钢筋的详图。钢筋简图中注意标注钢筋弯起位置和角度，以及钢筋的总长度。

现以图 10-34 为例说明钢筋表的绘制方法。

1．创建钢筋表表格样式

创建钢筋表的过程如下。

1）单击"注释"选项卡→"表格"面板→"表格样式"按钮，弹出如图 10-35 所示的"表格样式"对话框。

梁 钢 筋 表

编号	钢筋简图	规格	长度	根数	重量
①	240 5960 240	Φ16	6440	3	30
②	460 6040 460	Φ20	6960	3	42
③	190 440	Φ8	1500	53	31
总重					104

图 10-34 梁钢筋表

2）单击"表格样式"对话框中的"新建"按钮，弹出"创建新的表格样式"对话框，在当前表格样式"Standard"（标准样式）的基础上创建钢筋表表格样式，如图 10-36 所示。

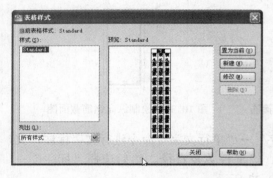

图 10-35 "表格样式"对话框

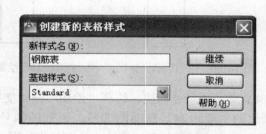

图 10-36 "创建新的表格样式"对话框

3）在"新样式名"文本框中输入"钢筋表"，单击"继续"按钮，弹出如图 10-37 所示的"新建表格样式：钢筋表"对话框。

4）通过在"常规"、"文字"和"边框"选项卡中对参数进行设置来确定表格样式，设置完成后单击"确定"按钮，返回到如图 10-38 所示的对话框。

5）如果要修改表格样式，可以在"样式"列表框中选择要修改的表格样式名称，然后单击右边的"修改"按钮，弹出如图 10-39 所示的"修改表格样式：钢筋表"对话框。

6）修改完毕后，单击"确定"按钮，回到如图 10-38 所示的对话框，单击"设为当前"按钮，这样以后绘制的表格样式均以"钢筋表"表格样式进行绘制。单击"关闭"按钮，完成表格样式的设置。

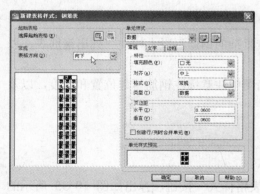

图 10-37 "新建表格样式：钢筋表"对话框

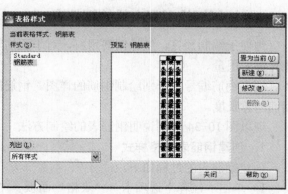

图 10-38 "表格样式"对话框

2.绘制梁钢筋表

1）选择"绘图"→"表格"命令，弹出如图 10-40 所示的"插入表格"对话框。

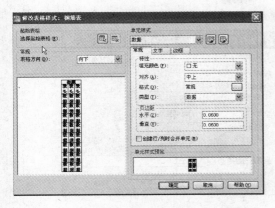

图 10-39 "修改表格样式：钢筋表"对话框

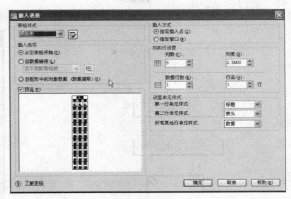

图 10-40 "插入表格"对话框

2）对表格参数设置完成后，单击"确定"按钮，弹出如图 10-41 所示的文字格式编辑器，用户可以在其中修改要输入文字的样式，然后在表格中输入文字。

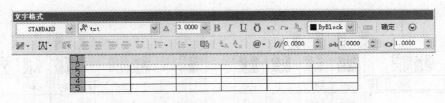

图 10-41 文字格式编辑器

3）使用"夹点编辑"命令调整表格的大小，以适应文字的长度，如图 10-42 所示。调整后的表格大小如图 10-43 所示。

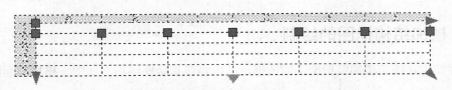

图 10-42 使用"夹点编辑"命令调整表格大小

4）继续输入文字，输入完成后效果如图 10-44 所示。

编号	钢筋简图	规格	长度	根数	重量

图 10-43 调整后的表格大小

编号	钢筋简图	规格	长度	根数	重量
①		Φ16	6440	3	30
②		Φ20	6960	3	42
③		Φ8	1500	53	31
总量					104

图 10-44 添加文字

5）绘制钢筋下料简图，并将其做成块，如图 10-45 所示。

6）单击表格悬浮框中的 （插入块）按钮，弹出如图 10-46 所示的"在表格单元中插入块"对话框，在"名称"文本框中输入块的名称"1"，在"全局单元对齐"下拉列表中选择"左上"选项。

图 10-45　绘制钢筋简图　　　　　　　图 10-46　"在表格单元中插入块"对话框

7）单击"确定"按钮，即在单元格中插入块，如图 10-47 所示。

再插入钢筋标号为"2"和"3"的块，并标注表格名称，绘制完成后效果如图 10-48 所示。

L-1　梁　钢　筋　表

编号	钢筋简图	规格	长度	根数	重量
①	240　5960　240	Φ16	6440	3	30
②		Φ20	6960	3	42
③		Φ8	1500	• 53	31
总重					104

图 10-47　在表格中插入块

L-1　梁　钢　筋　表

编号	钢筋简图	规格	长度	根数	重量
①	240　5960　240	Φ16	6440	3	30
②	460　6040　460	Φ20	6960	3	42
③	190　440	Φ8	1500	53	31
总重					104

图 10-48　完成表格的绘制

10.4　楼梯结构详图的绘制

楼梯结构详图是楼梯结构施工的依据，其内容包括楼梯结构平面图、楼梯剖面图及楼梯配筋图。

楼梯结构平面图与楼层结构平面图一样，表示楼梯板和楼梯梁的平面布置、代号、编号、尺寸及结构标高等。楼梯结构平面图中的轴线编号应与建筑施工图一致，剖切符号仅在底层结构平面图中表示。

下面绘制如图 10-49 所示的楼梯剖面结构图及楼梯配筋图，绘制过程如下。

1）绘制定位轴线，并编号。楼梯剖面图的轴线编号应与建筑施工图一致。

2）绘制框架。绘制楼梯承重构件，如梁和柱。

3）绘制楼梯段板和平台板。

4）绘制配筋。

5）文字及尺寸标注。

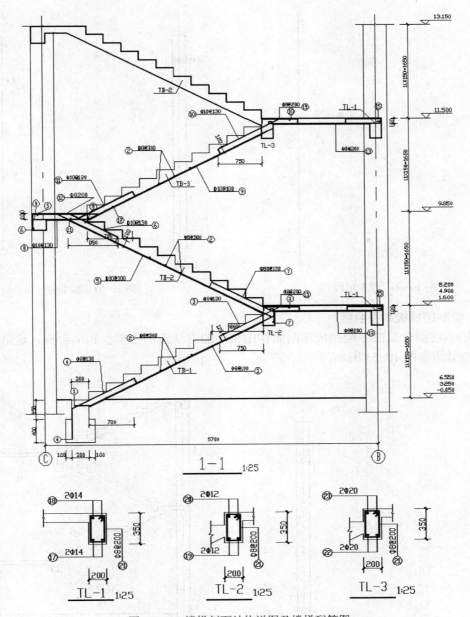

图 10-49　楼梯剖面结构详图及楼梯配筋图

1．绘制轴线和框架

1）绘制轴线。单击"常用"选项卡→"绘图"面板→"直线"按钮绘制。轴线的绘制效果如图 10-50 所示。

2）绘制柱。柱的宽度为 400mm，将轴线向两侧各偏移 200mm，对柱线进行定位，然后单击"常用"选项卡→"绘图"面板→"多段线"按钮绘制柱线，多段线的宽度为 20mm，绘制效果如图 10-51 所示。

3）绘制地面线。执行"常用"选项卡→"绘图"面板→"多段线"按钮，靠近柱的下端绘制一条地面线，多段线的宽度为 50mm，绘制效果如图 10-52 所示。

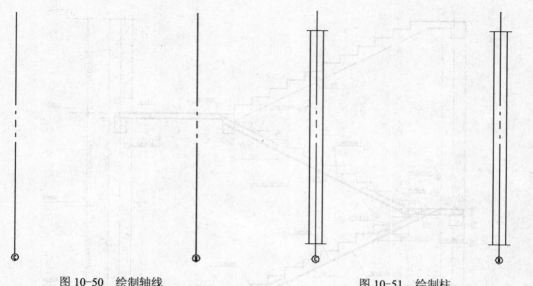

图 10-50　绘制轴线　　　　　　　　　　　　　　图 10-51　绘制柱

2．绘制楼梯板和平台板

使用和前面建筑图中绘制楼梯剖面详图相同的方法绘制楼梯板和平台板，这里不再赘述，绘制效果如图 10-53 所示。

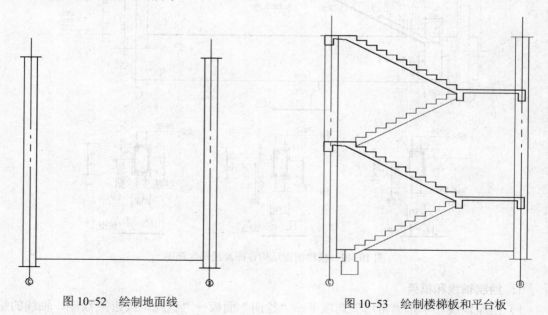

图 10-52　绘制地面线　　　　　　　　　　　　　图 10-53　绘制楼梯板和平台板

3．绘制配筋

单击"常用"选项卡→"绘图"面板→"多段线"按钮 ，绘制楼梯板和平台板的配筋。楼梯板和平台板内的钢筋一般分为上、下两层，楼梯板底的钢筋通长布置，钢筋应伸入梁内，且应布置分布筋，钢筋端部应绘制弯钩。绘制效果如图 10-54 所示。

4．文字及尺寸标注

楼梯的配筋比较复杂，在标注过程中应格外注意，使标注准确、完整和清晰。

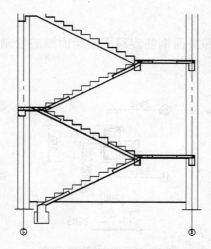

图 10-54　绘制楼梯板和平台板配筋

1）文字标注一般采用原位标注或引线标注，标注内容包括图名、钢筋编号、钢筋直径和根数、梯梁编号及平台板标高。标注方法在此不再赘述。

2）尺寸标注也采用原位标注或引线标注，标注内容包括楼梯板和平台板厚度、各段楼梯板总高度及楼梯基础尺寸等。楼梯的配筋比较复杂，在标注过程中其标注方法在此不再赘述。绘制效果如图 10-55 所示。

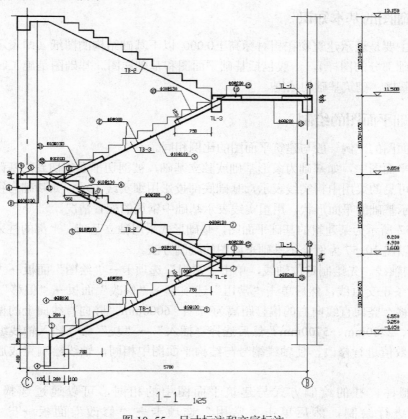

图 10-55　尺寸标注和文字标注

5．绘制梯梁配筋图

梯梁配筋图的绘制方法和前面钢筋混凝土梁断面图的绘制方法相同，效果如图 10-56 所示。

图 10-56　绘制梯梁配筋图

10.5　基础图的绘制

基础结构图也是结构施工图中一种重要的图形，在绘制过程中，将要用到"直线"、"矩形"、"复制"、"图层"、"尺寸标注"等命令，有时还需要使用"偏移"等命令。

10.5.1　基础图的基本知识

基础图主要是表示建筑物在相对标高±0.000 以下基础结构的图纸（即表示建筑物室内地面以下基础部分的图样），一般包括基础平面图和基础详图。基础图是施工时在基地上放灰线、开挖基槽、砌筑基础的依据。

10.5.2　基础平面图的绘制

基础平面图的比例一般与建筑平面图的比例相同。

在基础平面图中，如基础为条形基础或独立基础，被剖切平面剖切到的基础墙或柱用粗实线表示，可见的梁用中粗实线表示，基础底部投影用细实线表示；如基础为筏板基础，则用细实线表示基础的平面形状，用粗实线表示基础中钢筋的配置情况。

图 10-57 所示为某建筑的基础平面图，基础形式采用独立基础，上部的柱采用钢筋混凝土柱。下面以图 10-57 为例介绍基础平面图的绘制方法。

1）绘制轴线。先绘制定位轴线，单击"常用"选项卡→"绘图"面板→"直线"按钮 ，绘制两条正交直线，然后单击"常用"选项卡→"修改"面板→"偏移"按钮 ，对直线进行偏移，竖向直线向右的偏移距离为 7 个 6000mm，竖向直线向上的偏移距离依次为 5700mm、2700mm、5700mm。然后选择"插入"→"块"命令插入轴线编号图块，双击轴线编号数值进行修改，使轴线编号与结构平面图中相同，轴线绘制完成后如图 10-58 所示。

2）绘制柱。柱的绘制方式与建筑平面图中的相同，可以通过选择"插入"→"块"命令进行绘制，然后单击"常用"选项卡→"修改"面板→ "复制"按钮，使用多重复制命令进行绘制。本例中柱子的尺寸是 400mm×400mm，绘制后的效果如图 10-59 所示。

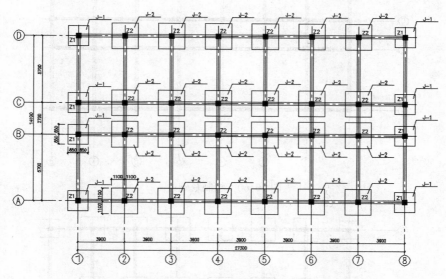

图 10-57 某建筑的基础平面图

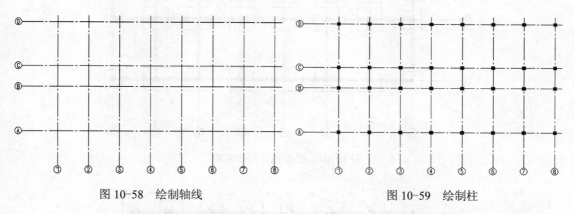

图 10-58 绘制轴线   图 10-59 绘制柱

3）绘制基础梁。梁的截面宽度为 250mm，可以单击"常用"选项卡→"绘图"面板→"多段线"按钮 ⌐ 绘制多段线来绘制基础梁，绘制后的效果如图 10-60 所示。

4）绘制基础轮廓线。单击"常用"选项卡→"绘图"面板→▭"矩形"按钮，以柱为中心绘制矩形轮廓线。对于相同型号的独立基础，通过对基础进行型号标注来对基础形式进行分类，一个类型的基础只需要绘制一个基础轮廓，然后通过"常用"选项卡→"修改"面板中的 °₃（复制）命令使用多重复制命令进行绘制。本例中的独立基础轮廓尺寸有两种：1700mm×1700mm 和 2200mm×2200mm，绘制后的效果如图 10-61 所示。

5）进行文字和尺寸标注。选择"绘图"→"文字"→"单行文字"命令进行文字标注，文字标注的主要内容有各种类型的柱和基础的编号。然后选择"标注"→"线性"及"连续"命令进行尺寸标注，尺寸标注的主要内容有轴线间距、柱的尺寸、基础的尺寸等。标注后的效果如图 10-62 所示。

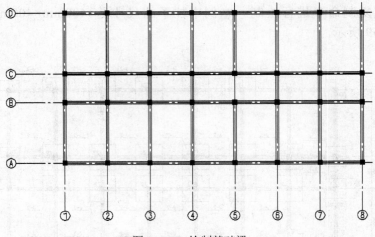

图 10-60　绘制基础梁

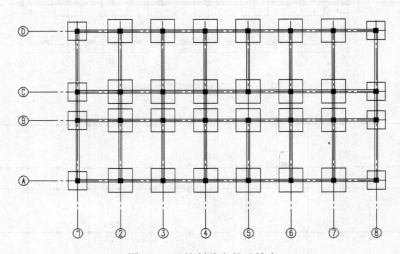

图 10-61　绘制独立基础轮廓

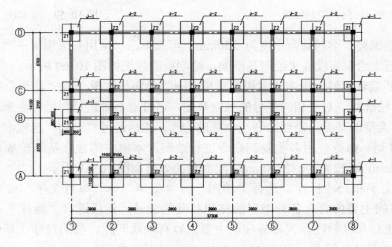

图 10-62　进行文字和尺寸标注

10.5.3 基础详图的绘制

基础平面图只表明了基础的平面布置，而基础各部分的形状、大小、材料、构造及基础的埋置深度等都没有表达出来，这就需要画出各部分的基础详图。

基础详图包括基础配筋图和基础断面图，具体表示基础的形状、大小、材料、配筋和构造方法，是基础施工的重要依据。如基础为钢筋混凝土基础，应重点突出钢筋在混凝土基础中的位置、形状、数量和规格。

基础详图的主要内容有：

1）图名、比例。

2）轴线及其编号。

3）基础平面和断面的形状、大小、材料以及配筋。

4）基础断面的详细尺寸、室内外地面标高及基础底面的标高。

5）防潮层的位置和制作方法。

6）施工说明等。

下面以图 10-63 为例介绍基础详图的绘制方法。

1．基础配筋图的绘制过程

1）绘制基础轮廓图。单击"常用"选项卡→"绘图"面板→"矩形"按钮▢绘制矩形框，4 个矩形的尺寸分别为 1900mm×1900mm、1700mm×1700mm、1000mm×1000mm、400mm×400mm，最大的矩形为基础垫层轮廓线。绘制后的效果如图 10-64 所示。

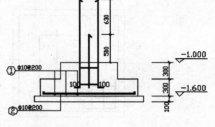

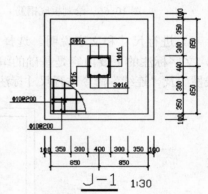

图 10-63　独立基础详图

2）绘制配筋区域。单击"常用"选项卡→"绘图"面板→"样条曲线"按钮〰，先用样条曲线绘制如图 10-65 所示的分隔区域。然后执行"常用"选项卡→"修改"面板→"修剪"按钮，对第 3 个矩形框进行修剪，删除超过样条曲线的直线。绘制后的效果如图 10-65 所示。

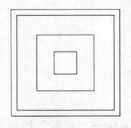

图 10-64　绘制基础轮廓图

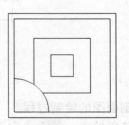

图 10-65　绘制底板钢筋范围

3）绘制底板配筋。单击"常用"选项卡→"绘图"面板→"多段线"按钮⏛，绘制底板配筋，可设置多段线的宽度为 60mm，间距可以不以实际钢筋间距为准，但要使图形协调。然后单击"常用"选项卡→"修改"面板→"修剪"按钮，对钢筋进行修剪，删除超过样条曲线的钢筋。绘制效果如图 10-66 所示。

4）绘制柱配筋。单击"常用"选项卡→"绘图"面板→"多段线"按钮 ⟲，绘制柱配筋。先绘制箍筋，箍筋与柱边的保护层距离可不按实际尺寸绘制，在施工说明中说明即可。其次绘制纵筋，单击"常用"选项卡→"绘图"面板→◉（圆）命令绘制钢筋截面的轮廓，然后执行"常用"选项卡→"绘图"面板→▨（图案填充）命令对截面轮廓进行填充。本例中配置 8 根直径为 16mm 的二级钢筋，效果如图 10-67 所示。

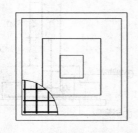

图 10-66　绘制板底钢筋

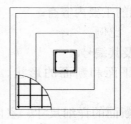

图 10-67　绘制柱配筋

5）进行尺寸和文字说明。选择"绘图"→"文字"→"单行文字"命令进行文字标注，文字标注的主要内容是基础的编号、基础绘制比例和配筋说明。然后选择"标注"→"线性"及"连续"命令进行尺寸标注。标注后的效果如图 10-68 所示。

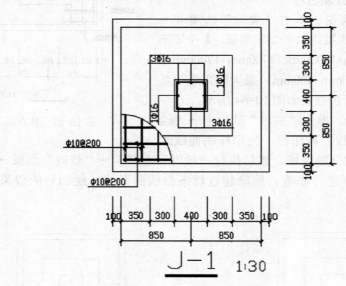

图 10-68　尺寸和文字说明

2．基础剖面图的绘制过程

1）绘制基础轮廓。单击"常用"选项卡→"绘图"面板→"直线"按钮 ／ 绘制基础的轮廓（包括垫层）。具体尺寸见后面的尺寸标注，绘制效果如图 10-69 所示。

2）绘制底板配筋。底板配筋包括受力筋和分布筋。受力筋通过单击"常用"选项卡→"绘图"面板→"多段线"按钮 ⟲ 绘制，分布筋通过绘制实心圆表示，先单击"常用"选项卡→"绘图"面板→"圆"按钮 ◉，绘制钢筋截面的轮廓，然后单击"绘图"面板→▨"图案填充"按钮 ⊙ 对截面轮廓进行填充，绘制效果如图 10-70 所示。

　　3）绘制纵向钢筋及箍筋。执行"常用"选项卡的"绘图"面板中的 ⊃（多段线）命令，绘制纵向配筋和箍筋。绘制效果如图 10-71 所示。

　　4）进行文字及尺寸标注。选择"绘图"→"文字"→"单行文字"命令进行文字标注，文字标注的主要内容是基础标高和配筋说明。然后选择"标注"→"线性"及"连续"命令进行尺寸标注。标注后的效果如图 10-72 所示。

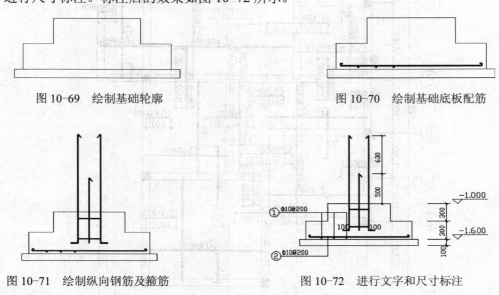

图 10-69　绘制基础轮廓　　　　　　　　　　图 10-70　绘制基础底板配筋

图 10-71　绘制纵向钢筋及箍筋　　　　　　　图 10-72　进行文字和尺寸标注

10.6　思考与练习

　　1. 绘制图 10-73 所示的梁配筋图及钢筋表。

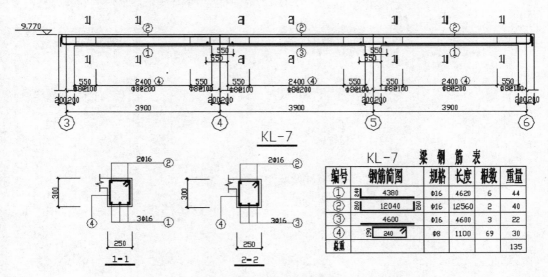

图 10-73　梁配筋图及钢筋表

2. 绘制图 10-74 所示的楼层结构平面图。

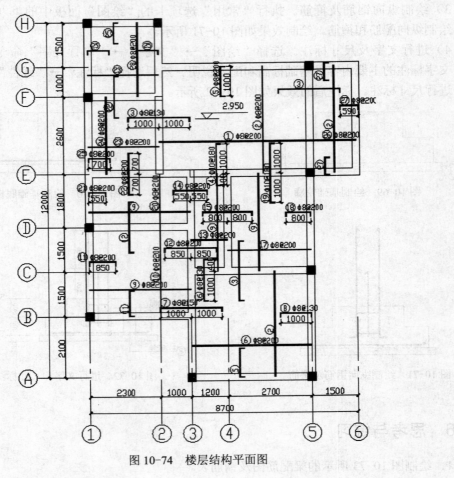

图 10-74 楼层结构平面图

第 11 章　布局与打印出图

在 AutoCAD 中绘图后，图形多以图纸的方式展现在工作人员面前，因此需要打印草图。用户可以在模型空间中直接选择打印工具进行打印，但是，在很多情况下，用户都希望对图形进行适当处理后再输出。例如，希望在一张图纸中输出图形的多个视图、添加标题块等，此时就要用到图纸空间对输出空间进行布局了。

本章重点
- 模型空间和图纸空间
- 图纸集
- 布局及布局管理
- 页面设置
- 打印机管理器
- 打印样式管理器
- 打印预览
- 打印

11.1　模型空间和图纸空间

AutoCAD 窗口提供了两个并行的工作环境，即"模型"选项卡和"布局"选项卡。在"模型"选项卡中工作时，可以绘制主体的模型，通常称其为模型空间。在"布局"选项卡中，可以布置模型的多个"快照"。一个布局代表一张可以使用各种比例显示一个或多个模型视图的图纸，通常称其为图纸空间。

无论是模型空间还是图纸空间，都以各种视口来表示图形。视口是图形屏幕上用于显示图形的一个矩形区域。默认情况下，系统把整个作图区域作为单一的视口，用户可以通过其绘制和显示图形。此外，用户也可以根据需要把作图屏幕设置成多个视口，每个视口显示图形的不同部分，这样可以更清楚地描述物体的形状。但同一时间仅有一个当前视口，这个当前视口便是工作区，系统在工作区周围显示粗的边框，以便让用户知道哪一个视口是工作区。

11.1.1　模型空间

在模型空间中，可以按 1:1 的比例绘制图形，还可以采用英制单位（用于支架）或公制单位（用于桥梁）。在模型空间中，屏幕上的作图区域可以被划分为多个相邻的非重叠的视口，用户可以使用 VPORTS 或 VIEWPORTS 命令建立视口，每个视口又可以再进行分区。在每个视口中可以进行平移和缩放操作，也可以进行三维视图设置，如图 11-1 所示的模型空间视图。

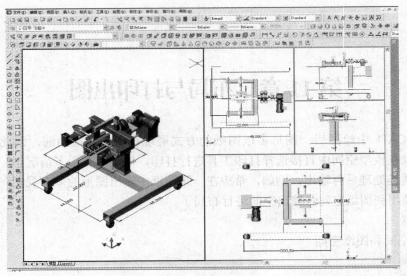

图 11-1　模型空间视图

11.1.2　图纸空间

通过"布局"选项卡可以访问虚拟图纸。设置布局时，可以设置使用图纸的尺寸。在布局中可以创建并放置视口，还可以添加标注、标题栏等其他几何图形。视口显示图形的模型空间对象，即在"模型"选项卡中创建的对象，每个视口都可以按指定的比例显示模型空间。使用布局视口可以在每个视口中有选择地冻结图层，以便于查看每个视口中的不同对象；还可以在每个视口中平移和缩放，以便于显示不同的视图。

此外，各视口作为一个整体，用户可以对其执行"Copy"、"Scale"、"Erase"等编辑操作，使视口可以以任意大小放置在图纸空间中的任何位置。此外，各视口间还可以相互邻接、重叠或分开，如图 11-2 所示。

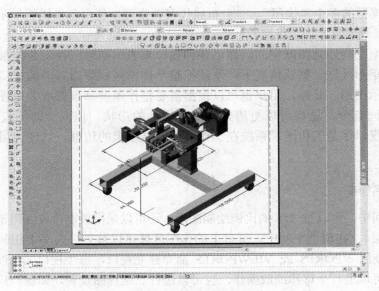

图 11-2　图纸空间视图

用户可以在图形中创建多个布局，每个布局都可以包含不同的打印设置和图纸尺寸。在默认情况下，新图形最开始有两个"布局"选项卡——"布局1"和"布局2"。

11.1.3 模型空间与图纸空间的转换

通常在模型空间中绘制视图，而在图纸空间中进行标注，所以需要在模型空间与图纸空间之之间进行转换，下面简单介绍几种转换方法。

1．状态变量控制

在命令行中输入"Tilemode"命令，系统提示如下。

```
命令: tilemode
输入 tilemode 的新值 <1>:
```

在此提示下输入数值"1"或"0"。如果用户以"1"响应，则系统成为模型空间；如果用户以"0"响应，则系统成为图纸空间。在模型空间中，主要做绘图和设计工作；在图纸空间，主要完成打印或绘图输出的图纸的最终布局。在模型空间和图纸空间中都可以建立CAD 实体。在模型空间中不可能观察图纸空间中的实体，但可以在图纸空间中打开窗口，以观察模型空间的模型。

2．选择相应的按钮或选项卡

最简单的方法是直接单击按钮或者选择相应的选项卡。

● 选择相应的选项卡。
● 在状态栏上单击相应按钮。

3．命令控制

在命令行中输入 MSPACE 命令后，系统可以实现从图纸空间向模型空间的转换；而在命令行中直接输入 PSPACE 命令后，系统可以实现从模型空间向图纸空间的转换。

11.2 图纸集

"图纸集管理器"可以将图形布局组织为命名图纸集。图纸集中的图纸可作为一个单元进行传递、发布和归档。

11.2.1 图纸集概述

图纸集是几个图形文件中图纸的有序集合，图纸是从图形文件中选定的布局。

对于大多数设计组而言，图纸集是主要的提交对象。图纸集用于传达项目的总体设计意图并为该项目提供文档和说明。然而，手动管理图形集的过程较为复杂和费时。使用图纸集管理器，可以将图形作为图纸集管理。

图纸集是一个有序命名集合，其中的图纸来自几个图形文件。图纸是从图形文件中选定的布局，用户可以从任意图形中将布局作为编号图纸输入到图纸集中。

11.2.2 创建图纸集

1．功能

在创建图纸集向导中，既可以基于现有图形从头开始创建图纸集，也可以使用图纸集样例作为样板进行创建。

2．命令调用

选择"文件"→"新建图纸集"命令。

3．操作示例

（1）从样例图纸集创建图纸集

1）执行"新建图纸集"命令后，系统弹出"创建图纸集-开始"对话框，如图 11-3 所示。选择"样例图纸集"单选按钮后，单击"下一步"按钮。接着在屏幕上会弹出"创建图纸集-图纸集样例"对话框，如图 11-4 所示。

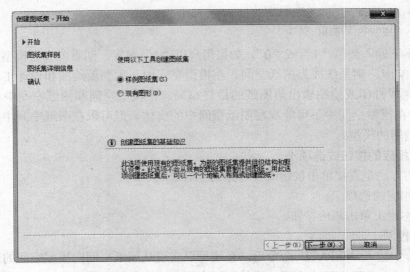

图 11-3 "创建图纸集-开始"对话框

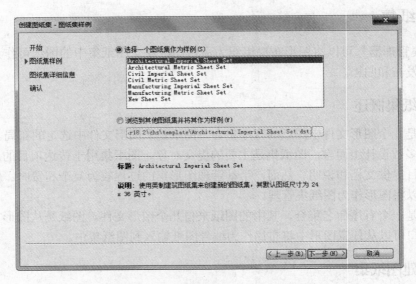

图 11-4 "创建图纸集-图纸集样例"对话框

在"创建图纸集-图纸集样例"对话框中，为用户提供了已有图纸集样例，用户也可以浏览到其他图纸集并将其作为样例。

2）选择需要的图纸集样例后，单击"下一步"按钮，接着在屏幕上会弹出"创建图纸集-图纸集详细信息"对话框，如图11-5所示。

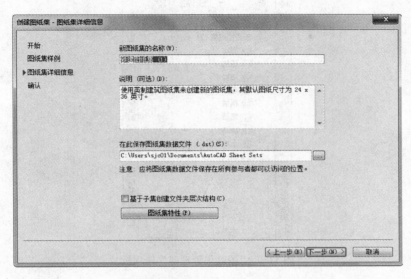

图11-5 "创建图纸集-图纸集详细信息"对话框

该对话框包括以下内容：新图纸集的名称、说明、保存路径、"基于子集创建文件夹层次结构"复选框和"图纸集特性"按钮。

3）在"创建图纸集-图纸集详细信息"对话框中进行详细设置后，单击"下一步"按钮，接着在屏幕上会弹出"创建图纸集-确认"对话框，如图11-6所示。

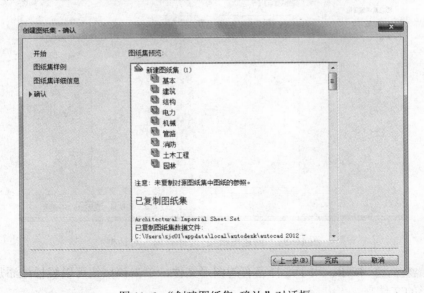

图11-6 "创建图纸集-确认"对话框

在"创建图纸集-确认"对话框中主要需要用户确认一下图纸集中包含的图纸内容以及

图纸集数据库中的数据文件的来源路径。确定无误后，单击"完成"按钮，弹出"图纸集管理器"选项板，如图 11-7 所示（在 11.2.3 节会具体介绍"图纸集管理器"选项板）。

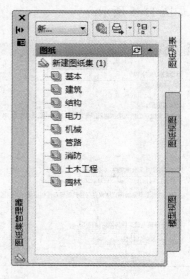

图 11-7 "图纸集管理器"选项板

（2）使用现有图形创建图纸集

选择现有图形创建图纸集的向导，与从样例图纸集创建图纸集的向导基本上是一样的，只是在向导的第 3 步"创建图纸集-选择布局"不一样，如图 11-8 所示。

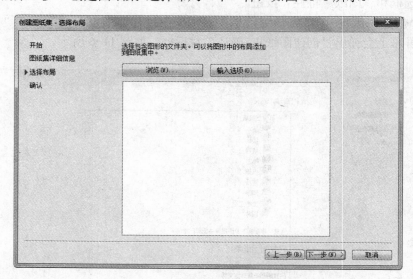

图 11-8 "创建图纸集-选择布局"对话框

- 浏览(W)... 按钮：用于选择已有的图形文件，单击该按钮可以轻松地添加更多包含图形的文件夹。
- 输入选项(0)... 按钮：可以指定让图纸集的子集组织复制图形文件的文件夹结构，以便这些图形的布局能够自动输入到图纸集中。

262

11.2.3　图纸集管理器

1．功能

图纸集管理器用于在图纸集中创建、整理和管理图纸。

2．命令调用

单击功能区"视图"选项卡→"选项板"面板→"图纸集管理器"按钮 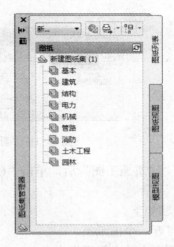。

3．操作示例

根据上述方法执行"图纸集管理器"命令，弹出"图纸集管理器"选项板，如图 11-9 所示。

图 11-9　"图纸集管理器"选项板

该选项板中各选项的功能如下。

1）"图纸集"控件：在"图纸集"控件的下拉列表中可以选择最近使用的文件、新建图纸集或者打开现有图纸集。

2）"图纸列表"选项卡：用于显示图纸集中所有图纸的有序列表。图纸集中的每张图纸都是在图形文件中指定的布局。

3）"图纸视图"选项卡：用于显示图纸集中所有图纸视图的有序列表，仅列出用 AutoCAD 2005 和更高版本创建的图纸视图。

4）"模型视图"选项卡：用于列出用做图纸集资源的图形的路径和文件夹名称。

5）树状图：用于显示选项卡的内容，可以在树状图中执行以下命令。

- 右击，访问当前选定项目的相关操作的快捷菜单。
- 双击项目打开。该方法很方便，可用来从"图纸列表"选项卡或"模型视图"选项卡中打开图形文件；也可以双击树状图的项目，展开或收拢该项目。
- 单击一个或多个项目选中它们，以进行打开、发布或传递等操作。
- 单击单个项目，显示选定图纸、视图或图形文件的说明信息或缩微预览图。
- 在树状图中拖动项目可重新排序。

保存图纸选择的步骤如下。

1）在"图纸集管理器"中打开一个图纸集。

2）选择"图纸集管理器"选项板中的"图纸列表"选项卡，单击要包含在图纸选择中的图纸和子集，可以使用〈Shift〉或〈Ctrl〉键从列表中指定多个项目。

3）选择"图纸集管理器"右上角的"图纸选择"下拉列表中的"创建"命令，如图 11-10 所示，在屏幕上会弹出如图 11-11 所示的"新的图纸选择"对话框，对图纸进行命名保存。

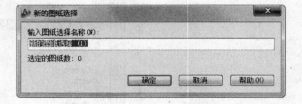

图 11-10 "图纸选择"下拉列表   图 11-11 "新的图纸选择"对话框

4）对新的图纸选择命名为"建筑施工图"后，单击"确定"按钮，将以新的名称进行保存。

重命名或删除图纸选择的步骤如下。

1）在"图纸集管理器"中打开一个图纸集。

2）单击"图纸选择"下拉列表中的"管理"命令。

3）在屏幕上会弹出如图 11-12 所示的"图纸选择"对话框，选择图纸选择的名称"建筑施工图"，并执行下列操作之一。

● 单击"重命名"按钮，以重命名该图纸选择，输入该图纸选择的新名称。

● 单击"删除"按钮，以从列表中删除该图纸选择名称。单击"确认"按钮，确认要删除此图纸选择名称。

4）选择操作之一后，单击"关闭"按钮。

图 11-12 "图纸选择"对话框

将图层、块、图纸集和图纸信息包含在已发布的 DWF 文件中的步骤如下。

1）在"图纸集管理器"的"图纸列表"选项卡中，选择要在 DWF 文件中发布的图纸集。

2）单击"发布"按钮 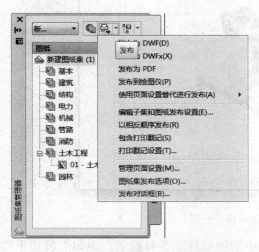，从下拉列表中选择"图纸集发布选项"命令，如图 11-13 所示。

3）在屏幕上会弹出如图 11-14 所示的"图纸集发布选项"对话框，在该对话框的"DWF 数据选项"下，根据要包含在已发布的 DWF 文件中的信息，单击以下任一选项以便将选项更改为"包含"：图层信息、图纸集信息（可以包含的属性有说明和自定义特性）、图纸信息（可以包含的属性有图纸标题、图纸编号、说明、图纸集、子集和图纸自定义特性）、块信息。

图 11-13 "图纸集发布选项"命令

图 11-14 "图纸集发布选项"对话框

4）单击"确定"按钮。

11.3 布局与布局管理

AutoCAD 窗口提供了一个工作环境——"布局"选项卡，在每个布局视口中的显示屏幕类似于包含模型"照片"的相框。每个布局视口包含一个视图，该视图按用户指定的比例和方向显示模型。用户也可以指定在每个布局视口中可见的图层。

11.3.1 新建布局

选择"插入"→"布局"→"新建布局"命令或在命令行中输入"Layout"命令，命令行提示如下。

```
命令: _layout
输入布局选项 [复制(C)/删除(D)/新建(N)/样板(T)/重命名(R)/另存为(SA)/设置(S)/?]<设置>: _ new
输入新布局名 <布局 1>: （按默认值或输入新的布局名后按〈Enter〉键）
```

11.3.2 浮动视口的特点

在创建布局图时，浮动视口是一个非常重要的工具，用于显示模型空间中的图形。因此，浮动视口相当于模型空间和图纸空间的一个"二传手"。

创建布局图时，系统会自动创建一个浮动视口。如果在浮动视口中双击，可进入浮动模型空间，其边界将以粗线显示，如图 11-15 所示。

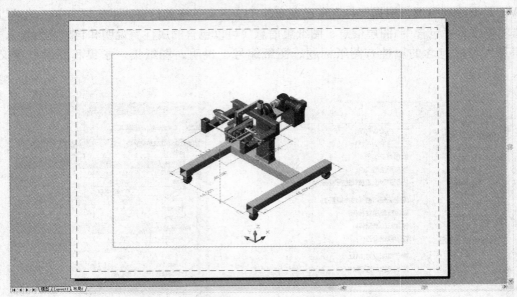

图 11-15　进入浮动模型空间

在浮动模型空间中，用户可以对浮动视口中的图形施加各种控制，例如缩放和平移图形，控制显示的图层、对象和视图。用户还可以像在模型空间中一样对图形进行各种编辑。要从浮动模型空间切换到图纸空间，只需要在浮动视口外双击即可。

11.3.3　来自样板的布局

1．功能

布局样板是一类包含特定图纸尺寸、标题栏和浮动视口的文件。利用布局样板可以快速地创建标准布局图。

布局样板文件的扩展名为 dwt，AutoCAD 提供了众多布局样板，以供用户设计新布局环境时使用。通常情况下，由于布局样板大多包含规范的标题栏，在使用布局样板创建标准输出布局图后，只需简单地修改标题块属性，即可获得符合标准的图纸。

2．命令调用

选择"插入"→"布局"→"来自样板的布局"命令。

3．操作示例

1）执行上述操作后，在屏幕上会弹出"从文件选择样板"对话框。

2）在"从文件选择样板"对话框的列表中选择布局样板文件，如图 11-16 所示。

3）单击"打开"按钮，在屏幕上会弹出如图 11-17 所示的"插入布局"对话框。

4）在"插入布局"对话框的"布局名称"列表中选择布局样板，然后单击"确定"按钮，其结果如图 11-18 所示。

5）在浮动视口区双击，激活浮动视口，然后通过缩放与平移图形，调整浮动视口中视图的显示，如图 11-19 所示。

图 11-16 "从文件选择样板"对话框

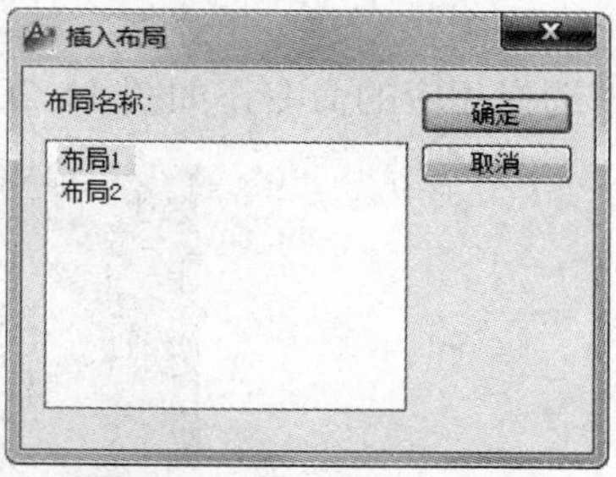

图 11-17 "插入布局"对话框

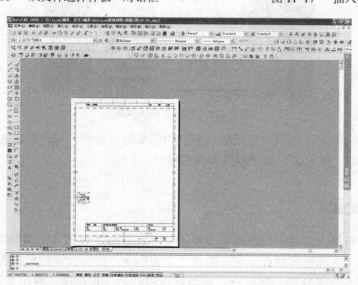

图 11-18 根据布局样板创建的初步布局图

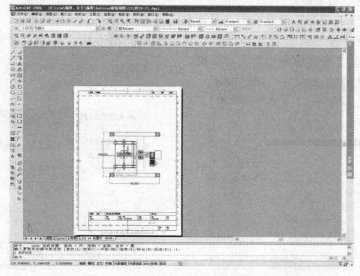

图 11-19 调整浮动视口中视图的显示

11.3.4 布局管理

要删除、新建、重命名、移动或复制布局，可以右击"布局"选项卡，从弹出的快捷菜单中选择相应的命令，如图 11-20 所示。

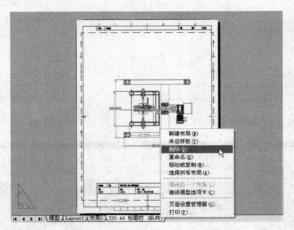

图 11-20　布局管理快捷菜单

在快捷菜单的提示下，用户可以根据自己的需要进行选择，可以新建布局、重新选择布局样板，以及删除、重命名、移动或复制布局等。

11.4　页面设置

要创建打印布局，只需要简单地单击绘图窗口下方的"布局 1"、"布局 2"等布局选项卡即可。如果第一次选择布局选项卡，选择"文件"→"页面设置管理器"命令或单击功能区"输出"选项卡→"打印"面板→"页面设置管理器"按钮，弹出如图 11-21 所示的"页面设置管理器"对话框。

在"页面设置管理器"对话框中，可以对选定的页面进行修改或新建。接下来将以新建页面的设置为例讲解"页面设置管理器"对话框的使用方法。单击"新建"按钮，弹出如图 11-22 所示的"新建页面设置"对话框。

图 11-21　"页面设置管理器"对话框

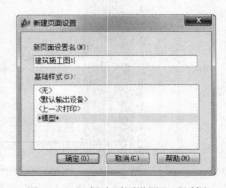

图 11-22　"新建页面设置"对话框

在该对话框中，对新建的页面命名为"建筑施工图 1"，单击"确定"按钮后，在屏幕上会弹出如图 11-23 所示的"页面设置-模型"对话框。

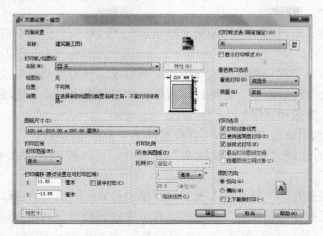

图 11-23 "页面设置-模型"对话框

该对话框中各选项的功能如下。

1）打印机/绘图仪：在这里主要选择打印机设备，以便打印布局。选择设备后，可以查看有关设备的名称和位置的详细信息，并可以修改设备的配置。在这里选择的打印机或绘图仪决定了布局的可打印区域。打印区域通过布局中的虚线表示。如果修改图纸尺寸或打印设备，可能会改变图形页面的可打印区域。

2）图纸尺寸：可以从列表中选择图纸尺寸。列表中可用的图纸尺寸由当前为布局所选的打印设备确定。如果配置绘图仪进行光栅输出，则必须按像素指定输出尺寸。通过使用绘图仪配置编辑器可以添加存储在绘图仪配置（PC3）文件中的自定义图纸尺寸。

3）打印区域：利用该区域的设置，可以选择打印的区域。其默认设置为"布局"，表示打印布局选项卡中图纸尺寸边界内的所有图形。其他各选项的含义如下。

- 窗口：要打印布局中的某个区域，可以选择"窗口"选项，使用鼠标或键盘定义打印区域的边界。
- 范围：在图纸中打印图形中的所有对象。
- 显示：根据"模型"选项卡中的当前显示状态，打印绘图区中所有显示的几何图形。

4）打印偏移：利用该区域中的"X"和"Y"文本框，可以指定相对于可打印区域左下角的偏移。如果选择"居中打印"复选框，系统可以自动计算输入的偏移值以便居中打印。

5）打印比例：利用该区域可以选择标准缩放比例，或者输入自定义值。如果选择标准比例，该值将显示在"自定义"中。

6）打印样式表：利用该区域可以指定给"布局"选项卡或"模型"选项卡的打印样式的集合。与线型和颜色一样，打印样式也是对象特性，可以将打印样式指定给对象或图层，打印样式控制对象的打印特性；也可以创建新的打印样式表保存在布局的页面设置中，或编辑现有的打印样式表。

7）着色视口选项：该选项区域设置会影响对象的打印方式。该区域选项为用户向他人展示三维设计提供了很大的灵活性。用户可以通过选择视口的打印方式并指定分辨率级别来展示设计。

使用该区域选项，用户可以选择使用"按显示"、"线框"、"消隐"或"渲染"选项打印着色对象集。

该选项区域将应用于视口和模型空间中的所有对象。使用"着色"或"渲染"选项时，页面设置中包含的打印样式表不会影响打印效果。如果使用"渲染"选项，则不会打印二维线框对象（如直线、圆弧和文字）。

8）打印选项：利用该选项区域，可以设置以下4个打印选项。

通过选择或取消选择"打印对象线宽"复选框，可以控制是否按指定给图层或对象的线宽打印。

如果选择"按样式打印"复选框，表示对图层和对象应用指定的打印样式特性。

如果选择"最后打印图纸空间"复选框，表示先打印模型空间图形，再打印图纸空间图形。如果取消选择"最后打印图纸空间"复选框，表示先打印图纸空间图形，再打印模型空间图形。

如果选择"隐藏图纸空间对象"复选框，表示打印时将不打印图纸空间对象。

9）图形方向：利用该选项区域，可以设置图形在图纸上的放置方向（纵向或横向）。使用"横向"设置时，图纸的长边是水平的；使用"纵向"设置时，图纸的短边是水平的。修改图纸方向的效果就像是在图形下面旋转图纸。

在横向或纵向方向上，可以选择"上下颠倒打印"复选框，以控制首先打印图形顶部还是图形底部。

在"页面设置"对话框中进行适当的设置后，单击"预览"按钮，可以查看即将打印的图形的布图情况。查看无误后，单击"确定"按钮，系统将生成如图11-24所示的布局图。

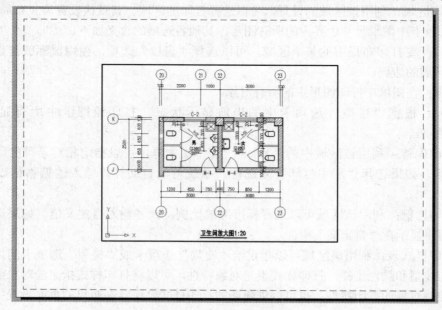

图11-24 生成的布局图

11.5　绘图仪管理器

在 AutoCAD 中，绘图仪管理器负责添加和修改 AutoCAD 绘图仪配置文件或 Windows 系统绘图仪配置文件。在绘图仪管理器中，可以创建和管理用于 Windows 系统和 Autodesk 设备的 PC3 文件。

选择"文件"→"绘图仪管理器"命令，在系统提示下，在屏幕上会弹出如图 11-25 所示的"Plotters"窗口。在该窗口中，单击其中的"添加绘图仪向导"图标，会弹出如图 11-26 所示的向导提示。

图 11-25　"Plotters"窗口

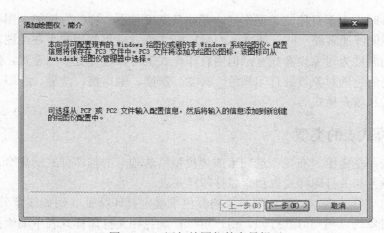

图 11-26　添加绘图仪的向导提示

在向导提示下进行下一步，完成操作后绘图仪添加成功。

如果要修改绘图仪配置，可以双击选定的绘图仪，系统将弹出如图 11-27 所示的"绘图仪配置编辑器"对话框。

图 11-27 "绘图仪配置编辑器"对话框

在该对话框中，主要包括"常规"、"端口"以及"设备和文档设置"3 个选项卡。

1）常规：可以查询出该绘图仪的安装驱动程序等信息。

2）端口：在该区域中主要对端口等进行重新设置。

3）设备和文档设置：用户可以重新定义介质、图形的分辨率及用户自定义的尺寸和标准等。

11.6　打印样式管理器

在输出图形时，由于对象的类型不同，其线条宽度是不一样的。例如，图形中的实线通常粗一些，而辅助线通常细一些。就 AutoCAD 2012 而言，尽管用户可在绘图时直接通过设置图层或对象的属性为对象设置线宽，但用打印样式表可以进行更多的设置。例如，可用打印样式表为不同颜色的对象设置打印颜色、抖动、灰度、笔指定、淡显、线型、线宽、端点样式、连接样式和填充样式等。

11.6.1　打印样式表的类型

打印样式表是指定给"布局"选项卡或"模型"选项卡的打印样式的集合。打印样式表有两种类型：颜色相关打印样式表和命名打印样式表。

颜色相关打印样式表（CTB）用对象的颜色来确定打印特征（例如线宽）。例如，图形中所有的红色对象均以相同方式打印。用户可以在颜色相关打印样式表中编辑打印样式，但不能添加或删除打印样式。颜色相关打印样式表中有 256 种打印样式，每种样式对应一种颜色。图 11-28 所示为与颜色相关的打印样式表。

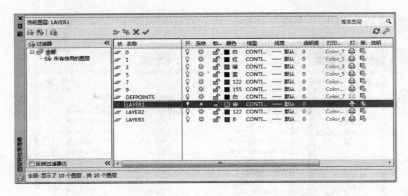

图 11-28 通过为图层指定不同的颜色设置不同的打印样式

命名打印样式表（STB）包括用户定义的打印样式。使用命名打印样式表时，具有相同颜色的对象可能会以不同方式打印，这取决于指定给对象的打印样式。命名打印样式表的数量取决于用户的需要量，用户可以将命名打印样式像所有其他特征一样指定给对象或布局。

11.6.2 打印样式表的切换、创建和编辑

1. 打印样式表的切换

用户可以修改图形中使用的打印样式表类型（颜色相关打印样式表或命名打印样式表）。

用户可以使用 CONVERTPSTYLES 命令修改图形中使用的打印样式表类型。

将图形从使用颜色相关打印样式表转换为使用命名打印样式表时，图形中附着于布局的所有颜色相关打印样式表将被删除，其位置由命名打印样式表取代。如果在转换为使用命名打印样式表之后，希望使用在颜色相关打印样式表中定义的样式，首先应将颜色相关打印样式表转换为命名打印样式表。

将图形从使用命名打印样式表转换为使用颜色相关打印样式表时，指定给图形中的对象的打印样式名将丢失。

除了可以修改图形使用的打印样式表的类型外，还可以使用 CONVERTCTB 命令将颜色相关打印样式表转换为命名打印样式表，但是不能将命名打印样式表转换为颜色相关打印样式表。

2. 打印样式表的创建

1）选择"文件"→"打印样式管理器"命令，在系统提示下，弹出如图 11-29 所示的"Plot Styles"窗口。

2）在"Plot Styles"窗口中双击其中的"添加打印样式表向导"图标，弹出如图 11-30 所示的"添加打印样式表"对话框。

3）在该对话框中单击"下一步"按钮，弹出如图 11-31 所示的"添加打印样式表-开始"对话框。

4）在该对话框中，可以选择使用配置文件（CFG）或绘图仪配置文件（PCP 或 PC2）来输入设置、将新的打印样式表基于现有打印样式表或从头开始创建。选择后，单击"下一步"按钮，根据提示进行下一步操作。在设置的过程中，将对打印样式表的类型进行设置和

命名。在设置完成后，单击"完成"按钮，新的打印样式表设置成功。

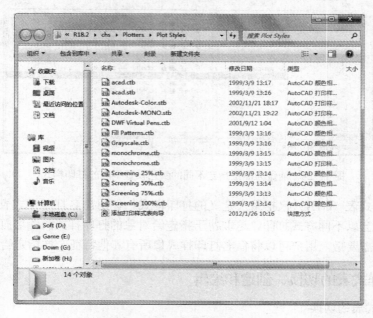

图 11-29 "Plot Styles"窗口

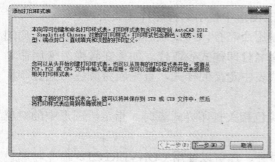

图 11-30 "添加打印样式表"对话框

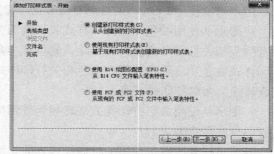

图 11-31 "添加打印样式表-开始"对话框

对于所有使用颜色相关打印样式表的图形，新打印样式表在"打印"和"页面设置"对话框中都可使用。

3. 打印样式表的编辑

在"Plot Styles"窗口中，双击要修改的打印样式表，在屏幕上会弹出如图 11-32 所示的"打印样式表编辑器"对话框。

选择"打印样式表编辑器"的"表格视图"选项卡，在"打印样式"列表框中选择打印样式并进行编辑。设置完成后，如果希望将打印样式表另存为其他文件，可单击"另存为"按钮；如果直接单击"保存并关闭"按钮，则修改结果将直接保存在当前打印样式表文件中。

如果用户当前处于图纸空间，则通过在"页面设置"对话框中选择"打印样式表"选项区域中的"显示打印样式"复选框，可将打印样式表中的设置结果直接显示在布局图中。

图 11-32 "打印样式表编辑器"对话框

11.7 打印预览

在将图形发送到打印机或绘图仪之前,最好先生成打印图形的预览。生成预览可以节约时间和材料。

选择"文件"→"打印预览"命令或单击功能区"输出"选项卡→"打印"面板→"预览"按钮。在命令行的提示下,进入打印预览状态后,图形处于缩放操作状态。此时单击并拖动,可以缩放打印预览画面,如图 11-33 所示。如果此时右击,系统将弹出快捷菜单。从快捷菜单中选择不同的菜单项,可以退出打印预览、缩放或平移预览画面等。

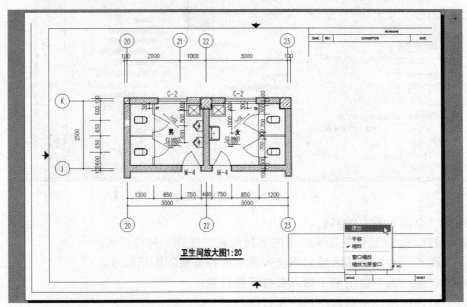

图 11-33 打印预览

如果用户未在"页面设置"对话框中指定打印设备，则系统将无法进行打印预览。

11.8 打印

在完成图纸的设计之后，为了将图纸完整、清晰地表达出来，需要在将图纸进行相应的设置后输出。

11.8.1 打印图形的步骤

1．功能

图形可以在模型空间下打印，也可以在布局空间下打印。

2．命令调用

1）选择"文件"→"打印"命令。

2）单击功能区"输出"选项卡→"打印"面板→"打印"按钮。

3）在"模型"选项卡上和"布局"选项卡上右击，然后在弹出的快捷菜单中选择"打印"命令。

3．操作示例

1）选择"文件"→"打印"命令，弹出"打印–模型"对话框，如图 11-34 所示。

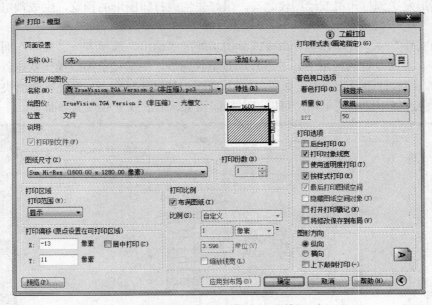

图 11-34 "打印–模型"对话框

2）选择"页面设置"的名称。

3）在"打印机/绘图仪"选项区域的下拉列表中选择一种绘图仪。

4）在"图纸尺寸"选项区域的下拉列表中选择需要的图纸尺寸。

5）在"打印份数"数值框中输入要打印的份数。

6）在"打印区域"中指定图形中要打印的部分。

7）在"打印比例"中选择缩放的比例。

8）要设置其他选项，单击"其他选项"按钮⊙。

9）设置完成后，单击"确定"按钮。

11.8.2 查看已打印作业的详细信息

可以选择"文件"→"查看打印和发布详细信息"命令，也可以使用快捷方式，在状态栏中的绘图仪图标上右击，选择"查看打印和发布详细信息"命令，弹出"打印和发布详细信息"对话框，查看有关已打印作业的详细信息。

11.8.3 批处理打印

AutoCAD 提供一个利用 Visual Basic 编制的批处理打印实用程序，利用它可打印一系列 AutoCAD 图形。要执行该程序，可以单击 ⊞ 开始 按钮，选择"程序"→"Autodesk"→"AutoCAD 2012"→"标准批处理检查器"命令。

执行"标准批处理检查器"命令后，用户可以将图形保存在批处理打印文件（BP3）中，供将来使用。在使用批处理打印实用程序打印成批图形之前，应该检查所有必要的字体、外部参照、线型、图层特性和布局的有效性，以保证成功地加载和显示图形。

11.9 实训操作——图纸布局与打印示例

1．实训要求

运用本章所学知识，将图 11-35 所示的建筑立面门进行图纸布局和打印。

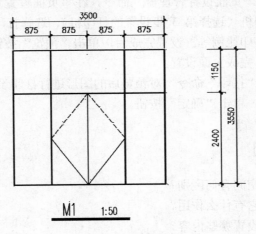

图 11-35 建筑立面门

2．操作指导

1）选择"插入"→"布局"→"来自样板的布局"命令，弹出"从文件选择样板"对话框，在该对话框中选择需要的样板，建立新的标准布局图。

2）在浮动视口内双击，可以激活视口，然后在浮动视口中进行缩放或平移，如图 11-36 所示。

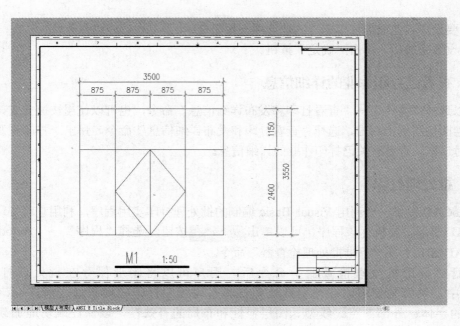

图 11-36 激活的浮动视口

3）选择"文件"→"绘图仪管理器"命令，设置绘图仪。在系统提示下，在"Plotters"窗口中双击"添加绘图仪向导"图标，在"添加绘图仪向导"中进行设置。

4）选择"文件"→"打印样式管理器"命令，在系统提示下，在"Plot Styles"窗口中双击"添加打印样式表向导"图标，在"添加打印样式表向导"中命名打印样式表。

5）选择"文件"→"页面设置管理器"命令，在"页面设置管理器"对话框中进行相关设置。例如：选择打印机（选择第 3 步设置的打印机）、选择打印样式（选择第 4 步设置的打印样式）以及设置打印比例等。设置完成后，单击"预览"按钮 进行预览，预览完成后，单击"确定"按钮，完成页面设置。

6）选择"文件"→"打印"命令，对预览后的图形进行打印设置。

7）打印设置完成后，单击"确定"按钮。

11.10　思考与练习

1．模型空间和图纸空间有何区别？

2．什么是图纸集？它有什么作用？

3．打印样式表可以设置哪些内容？

参 考 文 献

[1] 胡仁喜，路纯红，等．AutoCAD 2012 中文版建筑与土木工程制图快速入门实例教程[M]．北京：机械工业出版社，2011．

[2] 王建华，程绪琦．AutoCAD 2012 标准培训教程[M]．北京：电子工业出版社，2012．

[3] 林彬．AutoCAD 2012 中文版完全自学一本通[M]．北京：电子工业出版社，2011．

[4] 陈志民．AutoCAD 2012 实用教程[M]．北京：机械工业出版社，2011．

[5] 崔洪斌．AutoCAD 2012 中文版实用教程[M]．北京：人民邮电出版社，2011．

[6] 马玉仲，王珂，郝相林，等．AutoCAD 2012 中文版建筑设计标准教程[M]．北京：清华大学出版社，2012．

本科精品教材推荐

AutoCAD 2010 中文版建筑制图教程

书号：978-7-111-28328-7 定价：31.00 元

作者：曹磊 配套资源：电子教案

推荐简言：

★ 本书将 AutoCAD 2010 的基础知识和建筑制图标准相结合，突出实用性与专业性。

★ 本书遵循由浅入深的原则，逐一讲解 AutoCAD 2010 的各项功能，以及建筑制图标准的要求，内容全面、知识丰富。

★ 本书通过大量典型案例介绍使用 AutoCAD 2010 绘制建筑图形的方法，讲解中配有大量建筑设计图样以及详细的操作步骤，并在每章中安排了相应的实训内容和练习题。

AutoCAD 2011 中文版建筑制图教程

书号：978-7-111-32799-8 定价：32.00 元

作者：曹磊 配套资源：电子教案

推荐简言：

★ 适合教师教学，学生学习。本书内容覆盖了建筑工程专业图形的设计与绘图，包括教程、实训及练习三大部分。每一个知识点均包括功能介绍、命令操作方法（菜单命令、功能区命令，快捷命令）和操作实例。

★ 突出实用、够用的原则。本书叙述简明清晰，突出实用，在介绍绘图方法时，用简明的形式介绍在工程制图中常用的、实用的方法，以突出基础和重点。

AutoCAD 2011 及天正建筑 8.2 应用教程

书号：978-7-111-34837-5 定价：39.00 元

作者：曹磊 配套资源：电子教案

推荐简言：

★ 本书由浅入深、循序渐进地介绍了 AutoCAD 2011 和 TArch 8.2 的基本功能和应用技巧，内容翔实，图文并茂，语言简洁，思路清晰，充分考虑了内容的系统性。

★ 本书融合了大量的工程实例，并在每章最后增加了实训环节和操作练习，选取典型设计案例，具有较强的实用性。通过案例教学和实训教学，使读者能够在较短的时间内熟练地掌握 AutoCAD 2011 和 TArch 8.2 的操作方法与应用技巧。

AutoCAD 2012 室内装潢设计

书号：978-7-111-39683-3 定价：45.00 元

作者：段辉 配套资源：素材光盘、电子教案

推荐简言：

★ 本书系统全面地介绍了利用 AutoCAD 2012 绘制二维工程图和室内装潢设计图的方法与技巧。

★ 本书所论述的知识和案例内容翔实、典型。结合具体的实例，将重要的知识点嵌入，使读者可以循序渐进、随学随用，边看边操作，动眼、动脑、动手，符合教育心理学和学习规律。

★ 光盘中包含全书实例的源文件素材，以及全程实例动画，方便读者系统全面地学习。

AutoCAD 2008 中文版应用教程

书号：978-7-111-22244-6 定价：28.00 元

作者：孙士保 配套资源：电子教案

推荐简言：

★ 本书突出实用性，以大量的插图、丰富的应用实例，结合建筑、机械行业制图的不同需要和标准而编写，既满足了初学者的要求，又能使有一定基础的用户快速掌握 AutoCAD 2008 新增功能的使用技巧。

★ 本书每章最后附有综合实训，通过具体实例操作进行详细的讲解和说明，使读者能在实践中掌握 AutoCAD 2008 的使用方法和操作技巧。读者也可据此检验各部分的学习效果并巩固所学知识。

AutoCAD 2013 工程制图 第 4 版

书号：978-7-111-40440-8 定价：39.00 元

作者：江洪 配套资源：电子教案、素材文件

推荐简言：

★ 本书将画法几何、工程制图和计算机应用结合起来，在进行知识点讲解的同时，列举大量的实例，培养读者的空间想象能力。

★ 本书充分利用图表和实例，生动地讲解了 AutoCAD 2013 的常用功能，并将知识点融入到具体实例中，读者可以随学随用，边看边操作。

★对于同类型的图形，在不同的例子中采用不同的命令来实现，使读者更全面地掌握 AutoCAD 的功能，并对其进行比较。